大学计算机基础教育规划教材

C++程序设计教程

赵英良　主编
冯博琴　审
仇国巍　夏秦　贾应智　乔亚男　编著

清华大学出版社
北京

内容简介

本书以问题求解的过程为主线，以 C++ 语言为载体，介绍计算机程序的基本结构、信息的表示、流程的控制、模块化方法、指针操作、面向对象的编程方法、输入输出格式控制与文件操作和基本数据结构及应用等内容。本书采用"精讲多练"的教学模式，有丰富的例题和习题。例题从题目描述、问题分析、源程序、运行结果、程序分析、思维扩展等方面进行讲解。本书的特点是层次清晰、循序渐进、清楚易懂。书中源码有丰富的注释，能有效帮助学生理解解题思路。

本书不仅涵盖了 C++ 语言的基本语法知识，而且更注重讲解计算机程序求解问题的思想方法；目的在于既培养编程能力，又启发思维。本书既可作为高等学校理工类专业计算机程序设计课程的教材或参考书，也可供程序设计爱好者、工程技术和软件开发人员学习、参考。

图书在版编目(CIP)数据

C++ 程序设计教程/赵英良主编. —北京：清华大学出版社，2013(2022.9 重印)
大学计算机基础教育规划教材
ISBN 978-7-302-33057-8

Ⅰ. ①C… Ⅱ. ①赵… Ⅲ. ①C 语言－程序设计－高等学校－教材 Ⅳ. ①TP312

中国版本图书馆 CIP 数据核字(2013)第 145944 号

责任编辑：焦　虹
封面设计：常雪影
责任校对：梁　毅
责任印制：刘海龙

出版发行：清华大学出版社
网　　址：http://www.tup.com.cn，http://www.wqbook.com
地　　址：北京清华大学学研大厦 A 座　　**邮　　编**：100084
社 总 机：010-83470000　　**邮　　购**：010-62786544
投稿与读者服务：010-62776969，c-service@tup.tsinghua.edu.cn
质 量 反 馈：010-62772015，zhiliang@tup.tsinghua.edu.cn
课 件 下 载：http://www.tup.com.cn，010-83470236
印 装 者：涿州市京南印刷厂
经　　销：全国新华书店
开　　本：185mm×260mm　　**印　　张**：23　　**字　　数**：575 千字
版　　次：2013 年 8 月第 1 版　　**印　　次**：2022 年 9 月第 5 次印刷
定　　价：48.00 元

产品编号：055009-03

前　言

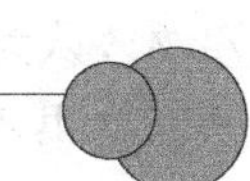

2010年7月,C9高校联盟在西安召开了"计算机基础课程研讨会","计算思维"一词成为大家讨论的热点。会后,C9高校联盟发表联合声明,"计算思维"一词在2660字的声明中出现了18次,可见"计算思维"的重要性和地位。从此我国开始了"计算思维"研究和教学改革的热潮,特别是在计算机基础教育领域。结合程序设计课程中存在的问题,我们也进行了思考,编写了本书。

本书以思维能力培养为目的,以提高编程能力为目标,以C++语言为载体,以问题求解的过程为主线,介绍计算机程序的基本结构、信息的表示、流程的控制、模块化方法、指针操作、面向对象的编程方法、输入输出格式控制与文件操作和基本数据结构及应用等内容。

本书采用"精讲多练"的教学模式,有丰富的例题和习题。例题从题目描述、问题分析、算法描述、编程指南、源程序、运行结果、测试指南、程序分析、思维扩展等方面进行讲解。本书的特点是层次清晰、循序渐进、清楚易懂。

本书希望对解决C++程序设计学习中的以下问题有所帮助。

(1) 提高独立编程的能力。程序设计课程常常会使学生陷入语法的复杂规则中,使其在问题、求解方法和程序之间,无法建立清晰的关联。这就使得他们在看到问题时,用手工是会做的,看别人的程序也懂,但自己写就不行了。为此,本书对稍微复杂的例题,一是给出问题的分析,分析问题求解的关键;二是写出步骤详细的算法,这是问题和程序之间的桥梁;三是在源程序中给出详细清晰的注释,并与算法之间有一致的对应关系,能有效帮助学生理解解题思路。希望同学们思考:对于待求解的问题,关键是什么,其中的物理量如何表达,如何将方法写成算法,如何将算法"翻译"成程序。

(2) 提高程序调试的能力。调试方法本身不在本书中讲述,是在实验中渗透的。从第二次实验开始,在第2章、第3章对应的实验中,会教给学生跟踪程序的方法,强调跟踪、调试的重要性。这是每个学生必须学会的。

(3) 提高自学和独立解决问题的能力。本课程要求学生必须学会使用帮助,认识程序设计中的英语词汇。遇到问题先尝试到教材、网络、MSDN以及同学那儿去获取帮助,然后再问老师。学生遇到英文的编译错误信息和帮助时,在理解上还是很有困难。本书对大部分术语都列出了对应的英文词汇,在配套的《C++程序设计实验指导》的附录中列出了编译中见的英文词汇。

(4) 提高思维能力。本书的例题绝大部分都有"思路扩展"一项,对求解的思路、方法进行概括,进一步介绍这种方法的适用场合或提出问题让学生思考。本书作为讲义已使用了两届。调查结果显示，认为本课程的教学对解决问题的一般方法“很有启发”的占 31.71 % ，认为“有启发”的占 58.54 % ，两项合计占 90.25% 。

本书不仅涵盖了 C++ 语言的基本语法知识，而且更注重讲解计算机程序求解问题的思想方法；目的在于既培养编程能力，又启发思维。本书可作为高等学校理工类各专业的计算机程序设计教材或参考书，也可供程序设计爱好者、工程技术和软件开发人员学习、参考。

本书由赵英良主编，冯博琴教授审阅。第 1～4 章由赵英良编写，第 5、6 章由贾应智编写，第 7～9 章由夏秦编写，第 10 章由仇国巍编写，第 11 章由乔亚男、仇国巍编写。本书由赵英良、仇国巍统稿。在编写过程中还得到了西安交通大学计算机教学实验中心许多同事的关心、指导和帮助，2011 级、2012 级的许多同学提出了很多建议，在此表示感谢。本书编写过程中参考了很多资料，向这些图书的作者表示诚挚的谢意。由于作者水平有限，书中可能会有错误和不当之处，恳请读者指正。

编 者

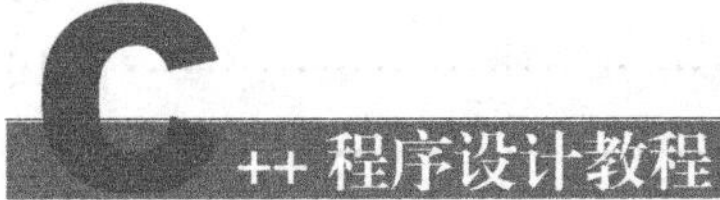

目 录

第1章 程序设计与C++概述

计算机是一种自动计算装置。然而计算什么？怎么计算？需要人们以命令的形式告诉计算机。所有命令、符号及使用规则的集合，就是计算机语言。人们用自然语言写成文章，记录事实，表达意愿，交流信息。为了用计算机解决问题，人们需要按一定的顺序使用计算机命令，这种为解决问题，用计算机语言表达的命令的序列就是计算机程序。计算机程序及相关文档的集合称为计算机软件。没有计算机软件，再好的硬件也无法发挥其性能。因此，有人称软件是计算机的“灵魂”。

1.1 程序设计与计算机语言

计算机程序设计（简称程序设计）就是用某种计算机语言编写程序。计算机语言并不唯一，即使能被计算机直接执行的机器语言也是如此。根据不同的需要，人们已经开发出上千种计算机语言，而且仍有新语言不断产生。每种语言都有它的特点。没有哪种语言是最好的，能替代其他所有语言。下面先概括性地介绍计算机语言。

1.1.1 计算机语言的发展

计算机语言的发展经历了机器语言、汇编语言和高级语言等几个阶段。

1. 机器语言

电子计算机是由电子元件和线路组成的，用电子信号表示数据和要执行的操作（也就是命令，计算机中称指令）。命令的表现形式就是0、1组成的序列。不同的序列，可以表示不同的指令，称为**指令的编码**。这样的编码系统称为**机器语言**。人们把要做的事情用机器语言的指令序列表达出来，这便是计算机程序（机器语言程序）。机器语言是计算机可以直接“理解”的语言，机器语言的程序是计算机可以“看得懂”的“文件”，它可以遵照执行，结果就完成了人们交给它的任务。

机器语言用二进制数表示命令，计算机可以直接执行。然而，无论是程序的编写还是阅读都是一件困难的事情。特别是当程序有错误时，要想查找并修改错误，是非常困难的，因为程序员看到的是一系列数字。

2. 汇编语言

20 世纪 40 年代，研究人员为了简化程序设计的过程，开发了记号系统。使用单词的缩写符号来表示指令，而不再使用数字形式，这些符号称为**指令助记符**。同时也用符号表示数据（汇编语言中称操作数）、数据的存放地址以及 CPU 中暂时存放数据的装置——寄存器(register)等。例如使用 ADD 表示加，MOV 表示移动数据，JZ 表示转移等。

用指令助记符、地址符号等符号表示的指令称为**汇编格式指令**(assemble instruction)。汇编格式指令及其表示和使用这些指令的规则，称为**汇编语言**(assembly language)。用汇编语言编写的程序称为**汇编语言程序**或**汇编语言源程序**，或简称**源程序**。

由于汇编语言使用了助记符和用符号表示的数据的存储位置(称为存储单元的地址，简称地址)，自然比机器语言容易掌握和使用。然而，机器只能识别机器语言表示的指令，比如，"MOV CX,E024"要翻译为 B924E0H。所以用汇编语言编写的程序并不能被计算机直接执行，还需要将它们翻译为一系列机器指令。实际上，这个工作不需要人来做，可以用机器语言编写一个程序来做这项工作。这个程序称为**汇编程序**(assembler)。翻译的过程称为**汇编**(assemble)，翻译的结果称为**目标程序**(object program)。

汇编语言是在机器语言基础上的巨大进步，以至于被称为第二代程序设计语言。然而，由于汇编格式指令是机器指令的符号表示，而不同的 CPU 能识别的机器指令可能是不同的，所以汇编格式指令与机器有着密切的关系。也就是说，为一种 CPU 编写的求解某一问题的程序在另一种 CPU 的机器上不一定能正确执行。另一个缺点是程序员在编写求解问题的程序时，需要考虑计算机中的寄存器、数据的存储位置、内存的容量等细节问题，而不仅需要关心例如如何求解方程的问题。因此机器语言、汇编语言又被人们称为**低级语言**。

3. 高级语言

1953 年，美国 IBM 公司约翰·贝克斯(John W. Backus)向他的主管提出一项建议，开发一种更实用的计算机语言代替汇编语言为他们的计算机 IBM 704 编写程序。这就是 FORTRAN 语言，是 IBM mathematical formula translating system 的缩写。1954 年，完成了计算机语言的详细说明书。1956 年 10 月第一本 FORTRAN 指南问世。1957 年 4 月开发出第一个 FORTRAN 编译器。约翰·贝克斯说："我的工作来源于懒惰。我不喜欢写程序，所以当我参加 IBM704 项目，为计算弹道写程序时，我开始设计一套编程系统以使写程序更容易。"

从 FORTRAN 开始，以后计算机科学家还开发了多种语言，如 COBOL、BASIC、PASCAL、C、C++ 等。它们一是与机器无关，使用这些语言编写的程序可以较容易地移至到不同的计算机上；二是其命令注重描述解决问题的方法和步骤，而不是某种机器的指令。因此它们又称为**高级语言**。

高级语言的命令也是用单词或缩写符号来表示的，但更加接近于问题的求解方法，因而容易被人理解，但这样的程序也不能被计算机直接识别，所以，也需要翻译成机器语言命令的程序，这样的程序称为**编译器**(complier)。通常，一条高级语言的命令(有时称为语句)编译后会对应几条机器指令。对不同的计算机系统,可能翻译后的机器指令序列也不同。

编译器一次将高级语言程序翻译成可执行的机器指令序列,以后再执行程序时不再需要翻译。还有另外一种翻译的策略,就是翻译的同时执行指令;实际是翻译一条高级语言命令,接着就执行这些机器指令,然后再翻译下一条高级语言命令并执行。这样的翻译方式称为**解释执行**,这样的翻译程序称为**解释器**(interpreter)。使用解释器的高级语言有 BASIC、DBASE、Python 等,编译执行的语言有 Fortran、C、C++ 等。

本书以 C++ 语言为例,介绍计算机程序设计的基本方法。

1.1.2 C++ 语言

C++ 语言的鼻祖可以追溯到 20 世纪 50 年代末的 ALGOL 60。1963 年,剑桥大学将 ALGOL 60 语言发展成为 CPL(Combined Programming Language)语言。1967 年,剑桥大学的 Matin Richards 对 CPL 语言进行了简化,于是产生了 BCPL 语言。1969 年,美国贝尔实验室的 Ken Thompson 将 BCPL 进行了修改,为它起了一个有趣的名字“B 语言”,并用 B 语言写了第一个 UNIX 操作系统。1973 年,同在贝尔实验室的 Dennis Ritchie 在 B 语言的基础上设计实现了 C 语言。1973 年,Ritchie and Thompson 在 PDP-11 计算机上用 C 语言重新改写了 UNIX 操作系统。与此同时,C 语言的编译器也被移植到 IBM360/370、Honeywell 11 以及 VAX－11/780 等多种计算机上。此后,C 语言经过多次修改,迅速成为应用最广泛的计算机语言。

1. C++ 的诞生

1983 年,贝尔实验室的 Bjarne Stroustrup 博士在 C 语言基础上引入并扩充了面向对象的概念,设计出了 C++ 语言。后来 Stroustrup 和他的同事又为 C++ 引入了运算符的重载、虚函数、模板和异常处理、名字空间等许多特性。1997 年,C++ 语言成为美国国家标准。1998 年 C++ 语言成为国际标准(ISO/IEC: 1998—14882),各软件厂商推出的 C++ 编译器都支持该标准。

2. C++ 的特点

1) C++ 全面兼容 C

C++ 保持了 C 的简洁、高效和接近汇编语言等特点,对 C 的类型系统进行了改革和扩充,因此 C++ 比 C 更安全,C++ 的编译系统能检查出更多的类型错误。

由于与 C 保持兼容,因此许多 C 代码不经修改就可以在 C++ 的编译环境下使用。大多数用 C 编写的库函数和实用软件也可以用于 C++ 中。

2) C++ 是面向对象的语言

面向对象之前是面向过程的程序设计语言和面向过程的程序设计。面向过程的程序设计以数据为操作、处理对象,对数据进行计算、加工、处理,输出处理结果。面向对象的程序设计认为,真实世界是由对象(各种事物)组成的,多种对象的作用组合起来完成一项任务。面向对象的程序设计用程序设计语言描述客观事物,称为对象。每个对象均有其特征(称为属性)和功能(称为行为),多个对象的组合及作用,完成一项软件任务。这就是面向对象程序设计的基本思想。C++ 支持对象的描述,同类对象的一般描述称为"类"(class)。通过类的继承、多态等一系列特征技术,面向对象的程序设计能够方便地实现代码重用,提高编程效率,缩短开发周期,提高软件的可维护性。软件开发人员能够利用人类认识事物的一般思维方法来进行软件开发。

1.2 第一个 C++ 程序

"Hello World!"程序是几乎所有程序设计语言教学的第一个程序。该程序最早在1972年由贝尔实验室的成员布莱恩·柯林汉(Brian Kernighan)撰写在内部技术文件《Introduction to the Language B》之中,不久他又在1974年所撰写的《Programming in C: A Tutorial》中使用了这个范例。"Hello World!"就是编写程序在屏幕上显示这行字。该程序虽然简单,但却包含了一种语言编程的最基本的组成、内容、结构和语言的使用方法。"Hello World!"没有一行是可有可无的,它的所有内容在今后几乎所有的程序中都要用到。

1.2.1 在屏幕上显示"Hello World!"

高级语言的程序是语句的有序集合,要使程序能够被计算机执行,需要再经过编译、链接两个步骤。需要借助其他计算机软件。不同的编译环境,操作方法会略有不同。以VC6为例的实现过程见与本书配套的实验指导。

【例 1-1】 编写程序,在屏幕上显示"Hello World!"。

解

① 在记事本或 C++ 编程环境中输入如下的程序:

```
/* Example1-1 hello world!  */                  //程序注释
#include <iostream>                             //包含基本输入输出库头文件
using namespace std;                            //使用名字空间
int main()                                      //主函数
{
    cout<<"Hello World!";                       //在屏幕显示 Hello World!
    cout<<endl;                                 //换行
    return 0;                                   //程序结束
}
```

② 编译、链接。

③ 运行此程序,屏幕显示文字:

```
Hello World!
```

1.2.2 C++ 的程序结构和 C++ 程序的执行顺序

例 1-1 是一个最简单的 C++ 程序,展示了 C++ 程序的基本结构,包含了以后编写程序时的必备内容。

程序的第1行是注释。/＊和＊/之间的内容为注释，其中的注释可以连续写在多行中。每行从//开始到末尾的内容也是注释。这是注释的两种形式。注释用于说明或解释其后面的程序段或本行程序的功能、变量的作用以及需要向程序的阅读者说明的任何内容。注释对完成程序的功能没有作用，但却对程序员理解程序的功能有很大帮助。在程序中适当添加注释是好的编程习惯。

第2行是编译预处理命令，用来指示编译器将输入输出的基本程序添加到当前程序中。程序中的"cout"就是iostream中的一个对象。由于几乎每个程序都需要有输入和输出，所以，这一行是以后编写的所有程序都要有的一行。

第3行说明使用std名字空间，这一行也是以后编写基本程序时都要有的一行。当编写的程序较大时，需要多个人的参与，多人可能使用相同的符号表示不同的意义。为了避免产生混淆，C++允许每个程序员为自己使用的符号的集合起一个名字，这就是名字空间(namespace)。当使用这些符号时，采用"名字空间∷符号"的形式，例如"std∷cout"，这样就知道使用的是哪个人编写的程序中的符号了。然而，这样使用符号有时觉得太烦琐。比如，C++的标准程序库为其使用的符号起的名字空间的名字叫"std"。如果在使用其中的符号时都要加上"std∷"，这样例1-1程序中的cout都要写成"std∷cout"，"endl"也要写成"std∷endl"。如果程序再长，其他符号也都要加上"std∷"。当使用了同一个名字空间中的符号时，可以在程序前加上"using namespace ＜名字空间名＞;"，如"using namespace std;"。这样在程序中就不必再加名字空间名的前缀了。不加前缀就是使用"＜名字空间名＞"中的符号。

第4行到最后一行称为主函数，其中第4行的main称为**函数名**。前面的int表示函数的计算结果是整数，第5行和最后一行组成的一对大扩号{}之间的部分称为**函数体**。它们是完成函数的功能的程序，例如其中的cout…。

函数是C++的最小功能单位。一个复杂的C++程序，可以由很多函数组成，但有且仅能有一个名字叫main的函数。一个C++程序被执行时，就是从main函数开始执行的，称为**程序执行的起点**(或开始点)。

main函数的函数体内，程序的第6行完成输出功能。其中cout称为**输出流对象**，＜＜称为**提取运算符**。简而言之，"cout＜＜"将后面的内容输出到屏幕上。第6行和第7行可以合并为一行："cout＜＜"Hello World!"＜＜endl;"，可以理解为每加一对小于号"＜＜"，后面就可以加一项输出的内容。

第7行也是输出行，其中endl是一个控制符号，表示换行，这样其后输出的内容写到下一行，而不是在"Hello World!"后面与"Hello World!"在同一行。

第8行"return 0;"称为函数的**返回语句**。其中的0表示函数的计算结果，可以改变，如写成1,2,3等。本程序里，0没有实际意义。这一行程序也是几乎所有的简单程序照抄的一行。

另外必须知道，C++程序的每一条语句都必须以分号";"结束。本例中＃include一行不是可执行语句，不加分号";"。大括号说明程序段的开始和结束，不是语句，不加分号。其他各行均有分号。int main()和后面的一对大括号可以看做一个整体，是**函数的定义**。

【思考题】 编写程序，在屏幕上显示：

```
******************************
  Xi'an Jiaotong University
  No.28, West Xianning Road
  Xi'an, China
******************************
```

【例 1-2】 编写程序，从键盘输入两个整数，计算它们的和，在屏幕上输出这两个数的和。

【问题分析】 C++ 中，输入使用 cin＞＞＜变量名＞;。若 a,b 表示两个整数，则 a＋b 就表示它们的和。如果想用 c 表示和，可以写成 c＝a＋b;。

【源程序】

```
/* example1-2 calculate c=a+b */               //程序注释
#include <iostream>                            //包含基本输入输出库头文件
using namespace std;                           //使用名字空间
int main()                                     //主函数
{
    int a,b;                                   //说明用 a,b 表示整数
    int c;                                     //说明用 c 表示整数
    cin>>a>>b;                                 //输入 a,b
    c=a+b;                                     //计算 a,b 的和,结果用 c 表示
    cout<<c<<endl;                             //输出结果 c
    return 0;                                  //程序结束
}
```

【运行结果】

```
3 5
8
```

（注：其中的下划线表示输入的数据，下同。）

【程序分析】 第 1～5 行不再解释。第 6 行，说明用 a,b 两个符号表示整数，它们称为**变量**。C++ 使用的变量都需要先**声明**。第 7 行可以和第 6 行合并写为“int a,b,c;”，也就是说被说明的多个变量可以用逗号“,”分隔开。第 8 行是输入语句，cin 之后，每加一对大于号，就可以添加一个待输入数据的变量。该行还可以写为两条语句“cin＞＞a; cin＞＞b;”。注意，不管是不是写在两行，只要有两个分号，就是两条语句。c＝a＋b，其中＋号是**加法运算符**，表示四则运算的加；＝号称为**赋值运算符**，它的作用之一是计算右边式子(称为表达式)的值，然后将该值赋给左边的变量。程序执行时，显示闪动的光标，输入两个数字，中间用空格隔开，它们在程序中分别传给变量 a 和 b。第 9 行是计算，第 10 行是输出，这里将换行符和数据写在了一行。

【思考题】 如果要求运行结果的形式如下：

```
10 19
```

```
10+19=29
```

如何修改程序？注意，与例 1-2 不同的是，不仅要把输入的两个数显示出来，还要显示加号＋和等号＝。

除加法以外，C++ 中，两个数的减法、乘法和除法分别使用－、* 和/符号。C++ 中还有一种算术运算是**求余运算**。例如 18/8 的余数为 2。求余运算使用％，例如 a＝21；b＝16；c＝a％b；计算得到 c 的值为 5。注意，C++ 中的乘法运算符 * 不能用・代替，也不能省略。

＋、－、*、/、％等表示运算的符号称为**运算符**(operator)。运算的对象称为**运算对象**或**运算数**、**操作数**(operand)。由运算符将运算对象连接起来的式子称为**表达式**，如 a＋b，a＋b＋c 等。表达式中不能将两个运算符直接相连，如 a＋＋b 是错误的。运算对象可以是简单的变量，也可以是表达式。例如 a＋b＋c 可以理解为第 2 个加号连接 a＋b 和 c。C++ 的算术运算也有优先级，也是先乘除、后加减。求余运算与乘除有相同优先级。优先级相同时，从左至右顺序运算。C++ 使用小括号改变优先级，小括号中的运算优先。例如 a*(b＋c)，就成为先加再乘了。C++ 中不用中括号、大括号表示优先级别(有其他用途)，但小括号可以嵌套，最内层的小括号中的运算优先。

1.2.3　C++ 程序的基本要素

计算机程序是解决某个问题的能被计算机直接或间接执行的命令的序列。要解决问题，一般是有条件的。比如要计算两个数的和，就需要知道这两个数。程序运行时，用户提供数据的过程称为**输入**。根据输入的不同，程序计算出不同的结果。显示、打印结果或将结果写到某个文件中称为**输出**。中间的处理过程可以统称为**计算**。加法用＋表示，减法用－表示。它们称为**运算符**。程序中要处理的数据、一段程序等常用一些符号表示，称为**标识符**。

1. 标识符

标识符是程序中变量、类型名、函数名和标号等的名称。例如前面程序中的 main 是函数名，int 是数据的类型名(表示整数)，a，b 是变量名。有些标识符已经有其意义和功能，不能再用作其他用途，如 using、int、return 等，它们称为**关键字**。

1) C++ 中的关键字

C++ 中的其他关键字还有：

using	if	class	break
void	else	public	catch
return	switch	private	const
int	case	asm	const_cast
double	do	auto	continue
char	while	bad_cast	default
bool	for	bad_typed	delete

dynamic_cast	inline	signed	type_info
enum	long	sizeof	typedef
except	mutable	static	typeid
explicit	namespace	static_cast	typename
extern	new	struct	union
false	operator	template	unsigned
finally	protected	this	virtual
float	register	throw	volatile
friend	reinterpret_cast	true	wchar_t
goto	short	try	

其中,第 1 列是最常用的关键字,其他关键字也会陆续学习到。

2）标识符的命名规则

表示变量的名称、函数名以及以后的类的名称、结构体的名称、对象的名称是程序员可以自己命名的,它们称为**自定义变量**、**自定义函数**等。标识符由字母、数字和下划线_组成,第一个字符不能是数字(即使关键字也遵循这一规则)。C++ 中大写和小写当做不同的字符,即是区分大小写的。如,int a,A;小写 a 和大写 A 被认为是两个变量,它们可以分别代表一个整数。这种特性常称作"**大小写敏感的**"。不同的 C++ 编译器对标识符的长度规定各不相同。ANSI 标准规定编译器应识别标识符的前 6 个字符。建议命名标识符时与其代表的意义一致,可以使用单词或单词的缩写以增加程序的可读性。

3）编译预处理命令的标识符

另外,C++ 还有 12 个用于编译预处理命令的标识符,编程时也不要改变它们的用途。它们是:

define	endif	ifdef	line
elif	error	ifndef	progma
else	if	include	undef

2. 变量和常量

C++ 中,表示可变数据的标识符称为**变量**。如"int a,b,c;"中的 a,b,c 可以表示整数,a 即可以表示整数 1,也可以表示整数 2 等。直接写出待计算的数据,这些数据在程序运行过程中是不变的,这样的数称为**常量**。如"a=5;b=3;"的意义是 a 代表 5,b 代表 3,其中 5、3 是常量,a 和 b 是变量。也有用符号表示的常量,称为**符号常量**(见第 2 章)。例 1-1 中,带双引号的一串字符"Hello World!"也是常量。由于它是一串字符,而不是数值,称为**字符串常量**。注意它们一定写在双引号中(想一想,为什么?)。

3. 运算符和表达式

运算符是表示运算的符号,如+是加法运算,-表示减法运算。变量、常量用运算符连接起来,称为**表达式**。如 a+b。表达式还可以与其他表达式、变量、常量通过运算符再连接起来,仍是表达式,如"a+b+c"等。**注意**,表达式本身不是语句,不加分号。

C++ 的运算符分为算术运算、关系运算和逻辑运算。算术运算如加、减、乘、除、求余等，用于数值的计算；关系运算如大于、小于、等于等，用于比较；逻辑运算如与、或、非，用于判断（详见第 2 章）。

4. 输入和输出

C++ 程序的输入操作可以使用 cin 来完成，cin 称为**标准输入流对象**，用于从键盘输入数据，是系统提供的一项功能。cin 的使用方法如下：

```
cin>>v1>>v2>>v3>>…>>vn;
```

其中“>>”称为**提取运算符**，v1，v2，v3，…，vn 表示已定义的变量。变量的个数根据需要书写，每个变量前都有一对大于号，最后一个变量后加分号“;”，表示一条语句。程序执行该语句时，屏幕上显示闪烁的光标，从键盘输入 n 个数据，数据之间用空格（或 Tab 键）隔开，然后按 Enter 键，系统会将输入的 n 个数据依次存入对应的 n 个变量中。也可以每输入一个数据按一次 Enter 键。

C++ 的输出可以使用 cout 完成。cout 称为**输出流对象**，用于将数据显示到屏幕上，称为标准输出。用法如下：

```
cout<<e1<<e2<<e3<<…<<en;
```

其中，e1，e2，e3，…，en 可以是常量、变量或表达式。程序执行该语句时，在屏幕上依次显示各表达式（实际上，一个常数也是一个表达式）的值。注意，输出时，系统并不会自动在显示的数据间添加空格以将数据分开。如果需要空格，要将其中的某些 ei 写为“　”，即一对双引号中间有一串空格，输出由几个空格组成的字符串。如果没有特殊控制，这些数据将显示在一行中；如果要分行显示，可以在要分行的地方输出 endl。endl 相当于一个用符号表示的常量，表示换行。参见前面的例题。

1.3　C++ 的编程步骤

C++ 是一种编译语言，其源程序需要经过编译、链接，生成可执行文件才能运行。使用 C++ 编写一个求解问题的程序一般需要以下步骤。

1. 数学建模

首先对问题进行分析，找到该问题在数学上的描述方法，是公式、方程、方程组等，然后写出在数学上的求解方法。

2. 编写算法

数学上的求解方法可能是笼统的、模糊的、不具体的，也与人的知识背景有关。而写出求解问题的计算机程序要求是步骤具体的、清晰的、确定的。例如，求解一元二次方程，数学上的求解方法可以笼统地说“使用求根公式”，但先算什么、后算什么、遇到二次项的系数为零怎么办？根的判别式为负数怎么办？等等，这些问题在计算机程序中都要考虑和确定。为此，在写出计算程序之前，常常要求写出算法。

算法是求解问题的具体步骤。算法的特征是有输入，有输出，具有确定性、有限性、可行性。输入是待处理的数据，输出是处理结果，中间的每一步是明确的(确定性)，问题的求解能在有限步完成(对于极限问题，只能得到近似解)，每一个步骤都是在计算机上可以实现或完成的(可行性)。描述算法的方法有自然语言、流程图和伪语言。

自然语言的描述方法是使用人类的文字进行描述，对步骤写出序号，如①②③……

流程图是使用一些图形符号进行表达，如用圆角矩形表示开始和结束，用平行四边形表示输入和输出，用矩形表示计算，用菱形表示判断，用带箭头的线表示计算顺序等。

自然语言的描述有时写得烦琐还不够清晰；流程图画起来啰唆不易实现；伪语言是结合自然语言和程序设计语言的一种描述方法，描述方便、结构清晰。

【例 1-3】 用三种描述方法，描述求 n 个数中最大数的算法。

解 用自然语言、流程图和伪语言描述的求 n 个数中最大数的算法如下：

(1) 自然语言描述。

用 max 表示当前最大数，a 表述输入的数，i 表示输入的数的个数，开始 i＝1。

① 输入 n，输入第一个数 a1，当前最大数为 max＝a1，i＝2。

② 输入下一个数 ai。

③ 如果 ai＞max，则 max＝ai。

④ 如果 i＝n，转⑤；否则 i＝i＋1，转②。

⑤ 打印 max。

⑥ 停止。

(2) 流程图。

见图 1-1。

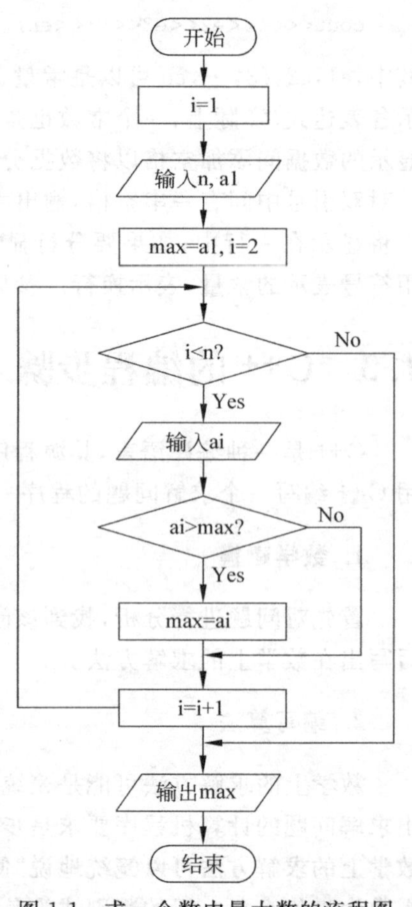

图 1-1 求 n 个数中最大数的流程图

(3) 伪代码。

```
输入 n,a
max=a
循环 i 从 2 到 n
    输入 a
    若 a>max
        max=a
输出 max
```

3. 编写、编辑源程序

算法清楚后，就可以使用某种计算机语言编写程序了。对算法中的每一个步骤，一般有计算机语言中的一个或几个语句对应。对于简单的问题，源程序可以直接在计算机上编写，边写、边改、边调。**对于复杂的程序，应先在纸上写出主要的语句，然后再在计算机上编辑。对初学者，建议先在纸上写出源程序。**以上问题的 C++ 源程序如下：

【源程序】

```
/* example1-3 max(ai) */                    //程序注释
#include <iostream>                         //包含基本输入输出库头文件
using namespace std;                        //使用名字空间
int main()                                  //主函数
{
    int a,max,i,n;                          //说明 a,max,i,n 均用来表示整数
    cin>>n;                                 //输入 n
    cin>>a;                                 //输入 a
    max=a;                                  //当前最大数为 a
    for(i=2;i<=n;i++)                       //对 i 从 2~n 循环
    {
        cin>>a;                             //再输入一个数
        if(a>max)                           //如果新输入的数比当前最大数还大
            max=a;                          //当前最大数改为新输入的数
    }
    cout<<"The maximum number of them is "<<max<<endl;     //打印结果
    return 0;                               //程序结束
}
```

【运行结果】

```
5
12 43 56 21 8
The maximum number of them is 56
```

【程序分析】 比较源程序和前面的算法，它们是对应的。程序 for 的功能是多次做相同的事情(只是处理的数会有所不同)，称为**循环**。if 表示根据条件采用不同的方法做事情(满足条件，做什么或怎么做)。所以，先写出算法，程序就是相对简单的翻译过程了。

4. 编译、连接

理论上源程序可以使用任何文本编辑器编辑，只要将文件保存为文本类型的文件，而且文件扩展名为 cpp(C++ 源程序)即可。然而，这样的程序是不能被计算机直接执行的，必须经过编译。编译的过程就是将源程序翻译为计算机可以直接执行的机器指令的过程。编译的结果称为**目标文件**。由于一个程序(或软件)常常需要多个人参与编写(或开发)，这时需要将多个人编写的程序和使用的系统的程序“组装”到一起，所以，在执行程序前还需要一个步骤就是连接。编译、连接的结果是可执行程序。它以 exe 为扩展名，是可以单独执行的。在资源管理器中找到它，双击即可执行程序。也可以通过集成的编辑环境执行，还可以复制到其他地方执行，或发送给你的朋友，让他们使用你编写的程序，分享你的快乐。

编译和连接过程中，编译器会检查程序的语法。如果有错误，会提示错误在程序中的

位置，程序员可以依此修改程序然后重新编译和连接。

5. 测试、调试

源程序经过编译、连接，生成可执行文件。执行该文件，程序完成设计的功能。然而，一个程序能编译、连接通过，未必能完成设计的功能。比如，例 1-2 中将 a+b 误写成的 a-b，这个程序可以编译连接通过，但完成的却不是计算两个数和的功能。不仅如此，即使通过输入一两组数据(称为测试用例)检查程序确实能完成设计的功能，也不能说明程序是正确的。

【例 1-4】 下面是计算分段函数

$$y=f(x)=\begin{cases}2/3x, & x\leqslant 12\\ 1.2x-5.2, & x>12\end{cases}$$

值的程序。检查程序当 x=10、x=20 时的计算是否正确，当 x=12 时呢？

【源程序】

```
//example1-4 segment function                 //程序注释
#include <iostream>                           //包含基本输入输出库头文件
using namespace std;                          //使用名字空间
int main()                                    //主函数
{
    double x,y;                               //说明 x,y 代表实数
    cin>>x;                                   //输入 x
        if(x<12)
        {
            y=2.0/3.0*x;                      //计算 x 小于 12 时的函数值
        }
        else
        {
            y=1.2*x-5.2;                      //计算 x>=12 时的函数值
        }
    cout<<y;                                  //打印函数值
    cout<<endl;                               //输出一个换行符
    return 0;                                 //结束
}
```

解 按题中的分段函数，当 x=10、x=20、x=12 时，函数值应分别为：6.66667、18.8 和 8。将题中程序编译连接，当输入 10 时运行结果为：

```
10
6.66667
```

当输入 20 时运行结果为：

```
20
18.8
```

当输入 12 时运行结果为：

```
12
9.2
```

从运行结果看，前两个输入数据的计算结果是正确的，而第 3 个输入数据的计算结果不正确。分析程序，当输入 10 时，满足 x<12，执行 y=2.0/3.0 * x ；当输入 20 时，不满足 x<12，执行 y=1.2 * x−5.2，与题目要求一致，结果是正确的；当输入 12 时，不满足 x<12，执行的是 y=1.2 * x−5.2，与题目要求不一致，所以结果是错误的。应将 if 后括号中的条件改为 x<=12。同时可以看到，编写的程序**即使不执行，只要仔细分析也能检查出存在的问题，这也是学习程序设计时应学到的能力**。

通过例 1-4 看到了“运行正确”的程序不一定正确，所以，程序完成后，要找一些有代表性的测试用例进行检验。通过测试用例检验程序有无误错误的过程称为**测试**。如果有错误，要对程序进行分析，查找并修改错误，这个过程称为**调试**。即使经过这样的测试和调试，也不能证明程序是正确的，但错误会越来越少。为了尽可能检查出程序的错误，测试用例应具有代表性。比如可输入数据的各区间的内部和边界上的数据等。测试是软件开发的重要过程，也有一些专门的技术，有兴趣的同学可以参考有关书籍。

6. 运行

运行是使用阶段。经过充分的测试和调试，程序可以交付用户使用。其实，使用过程中，用户还可能发现原来没有发现的错误，或需要扩充、修改软件的功能，这称为系统的**维护**。

7. 学会使用帮助

使用帮助不是单独的步骤，它伴随着问题求解的每一个步骤。编程的集成环境一般提供系统的帮助功能，在编辑程序、编译、连接等过程中均可以使用帮助系统，查询语言的语法、语义、函数等有关语言和程序设计的任何内容。一个人不可能永远记住所有见过的事情，在需要的时候能够快速找到它们是一项基本技能。

1.4 编程实例

1.4.1 打印中秋贺卡

【例 1-5】 编写程序，打印如下形式的中秋贺卡：

```
########################################
zhang

    Happy Mid-autumn Festival!

         sincerely yours    wang
```

```
########################################
```

其中,zhang、wang 是收卡人和发卡人的名字,由用户从键盘输入。

【问题分析】 本例中不变的文字可以使用前面的 cout 直接输出,而对于运行时会变的两个名字,需要说明两个符号(暂且也叫变量)分别代表这两个名字。C++ 中使用 char 说明这样的符号,如:

```
char name1[30];
char name2[30];
```

其中,char 是关键词,说明后面的标识符是**字符型的变量**;name1,name2 是变量名,是程序员可以改变的,说明它们表示字符。由于 name1,name2 代表的字符不是一个,而是多个。比如"zhang"是 5 个字符,所以后面加一个方括号,其中写 30 表示这样的 name1,name2 可以分别代表最长为 30 的一串字符(称为**字符串**),这时的 name1,name2 称为是**字符数组**。30 是可以修改的,只要大于可能的名字的长度即可。另一个要解决的问题是输入。与输入数值一样,使用 cin。例如,要输入 name1,使用:

```
cin>>name1;
```

【源程序】

```
//example1-5 happy mid-autumn day              //程序注释
#include <iostream>                            //包含基本输入输出库头文件
using namespace std;                           //使用名字空间
int main()                                     //主函数
{
    char name1[30];                            //说明 name1 代表最长为 30 的字符串
    char name2[30];                            //说明 name2 代表最长为 30 的字符串
    cin>>name1;                                //输入 name1
    cin>>name2;                                //输入 name2
    cout<<"########################################"<<endl;  //输出字符串常量
    cout<<name1<<endl;                                      //输出 name1
    cout<<endl;                                             //换行
    cout<<"    Happy Mid-autumn Festival!"<<endl;           //输出字符串常量
    cout<<endl;                                             //换行
    cout<<"          sincerely yours    "<<name2<<endl;     //输出 name2(落款)
    cout<<"########################################"<<endl;  //输出字符串常量
    return 0;                                               //结束
}
```

【运行结果】

```
zhang
wang
########################################
zhang
```

```
    Happy Mid-autumn Festival!

            sincerely yours  wang
########################################
```

【程序分析】 大家注意到，此程序执行时，输入的名字只能是连续的，字母中间不能有空格。例如，发卡人的名字可以输入 WangWei，而输入 Wang wei 时，显示出来也只有 Wang。这是因为使用 cin 输入数据时，数据是以空格、Tab 键或 Enter 键为分隔符的。也就是说，它从键盘输入数据时，遇到空格、Tab 键和 Enter 键之一时就认为是一个数据结束了，后面的数留给下一个变量读取。解决这一问题的办法是使用 cin. getline 函数。用法如下：

```
cin.getline(v1,length);
```

其中，v1 是字符数组名，如例中的 name1 和 name2，length 是输入的最大长度，它应小于字符数组的大小，本例应小于 30。

【思考题】 修改例 1-5 的程序，使输入的名字中间可以有空格。运行结果如下：

```
Zhang jun
Wang wei
########################################
Zhang jun

    Happy Mid-autumn Festival!

            sincerely yours  Wang wei
########################################
```

1.4.2 计算存款利息

【例 1-6】 计算银行存款本息。用户输入存款金额 money，存款期 years 和年利率 rate，根据公式：$sum=money(1+rate)^{years}$，计算到期存款本息。

【问题分析】 本例实际是根据自变量的值计算函数值。需注意的是，指数在 C++ 中不能用题中的公式表达，而需要使用一个叫 pow 的幂函数，格式如下：

```
y=pow(x,k);
```

计算结果赋值给变量 y。该函数对应的数学公式为 $y=x^k$，其中 x 是底数，k 是指数，它们均可以为实数。若 k 是较小的整数时，如 2、3 时，一般用 y=x*x 和 y=x*x*x 实现。pow(x,k)也可以用于其他表达式中。

另外，这个叫 pow 的函数实际是编译器提供的已经编好的一段程序，程序员使用前，应将它所在的**头文件** cmath 包含进来。

【源程序】

```
//example1-6 principal and interest                  //程序注释
```

```
#include <iostream>                                 //包含基本输入输出库头文件
#include <cmath>                                    //包含数学库函数头文件
using namespace std;                                //使用名字空间
int main()                                          //主函数
{
    double money,rate;                              //声明能表示实数的变量
    int years;                                      //存期是整数
    double sum;                                     //本息是实数
    cin>>money>>years>>rate;                        //输入本金、存期和年利率
    sum=money * pow((1.0+rate),years);              //计算本金,注意 pow 的用法
    cout<<sum<<endl;                                //输出结果
    return 0;                                       //结束
}
```

【运行结果】

```
2000 3 0.05
2315.25
```

【程序分析】

(1) 数学公式中,乘号常常省略;而在程序中,乘号任何时候都不能省略。

(2) 注意 pow 在本例中,底数是 1.0+rate。它是个表达式。

(3) 本例练习了数学库函数的使用。除 pow 之外,头文件 cmath 中的常用数学库函数还有:

- 求平方根的函数 sqrt(x),计算$\sqrt{x}$。
- 绝对值函数 fabs(x),计算$|x|$。
- 指数函数 exp(x),计算 e^x。
- 对数函数 log10(x),计算 $\log_{10} x$。以 e 为底的对数函数为 log(x),计算 $\ln x$。
- 正弦函数 sin(x),计算 $\sin x$。其他三角函数还有:余弦 cos(x)、正切 tan(x)、反正切 arctan(x)等。

如果在一个程序中使用同一头文件中的多个函数,头文件只需包含一次。

【思考题】 (1) 运行程序时注意到,如果记不住数据的输入顺序,比如存期和利率输反了,计算结果就会有错误。请修改程序,在输入每个数据前给出提示,运行结果如下所示(其中带下划的文字是输入):

```
Please input the money:1000
Please input years:2
Please input interest rate:0.044
The principal and interest are 1089.94
```

(2) 修改程序,使利率的单位是百分比。例如利率是 4.4%,输入 4.4 而不是 0.044;分别显示本金和利息(而不加到一块)。

1.5 小结

本章主要介绍了如下内容：

(1) 程序设计语言的发展，低级语言、高级语言、C++ 语言的基本概念。

(2) C++ 程序的基本结构是头文件、名字空间、主函数、其他自定义函数。main 函数有且只有一个。main 函数的返回类型是 int 时，main 函数体中一定至少有一行 return。

(3) C++ 的基本要素有标识符、变量、常量、运算符、表达式、语句、控制结构。

(4) 数学库函数的使用，应包含头文件。

(5) 输入、输出。

(6) 编程步骤：数学建模，写出算法，编辑源程序，编译、连接，测试、调试等。

习题 1

1. 输入长、宽(均为整数)，计算矩形的面积。
2. 输入长、宽、高(为实数)，计算长方体的表面积和体积。
3. 输入半径(实数)，计算圆的周长和面积。
4. 编写程序，输入 5 个实数，计算它们的平均数。

提示：说明 a,b,c 等符号表示实数，使用格式：

```
double a,b,c;
```

5. 编写程序，打印矩形

```
**************************
*                        *
*                        *
*                        *
*                        *
**************************
```

6. 编写程序，打印如下所示的卡片，其中姓名和电话号码从键盘输入。

```
**********************************
    Wang Feng
    Xi'an Jiaotong University
   Add.
    No.28 West Xianning Road
    Xi'an China,710049
   Tel.86-29-82668888
**********************************
```

7. 输入 n,计算

$$y=\left(1+\frac{1}{n}\right)^n$$

的函数值。

提示：使用 pow 函数,编程时 1 应写为 1.0,n 为整数。当 $n\to\infty$时,$y\to e$。试着输入几个较大(100,200,500)的数,查看计算结果。

8. 输入大于 0 的数 x,计算

$$y=\sin x-\ln x+\sqrt{x}-5$$

的函数值。

9. 输入 x,计算

$$y=\frac{x}{\sqrt{x^2-3x+2}}$$

的函数值。

提示：x^2 通过 x * x 来计算,$3x$ 写成表达式时不能省略乘法运算符 *。

10. 输入 x、a 计算

$$y=\log_a(x+\sqrt{x^2+1}),\quad (a>0,a\neq 1)$$

的函数值。

提示：C++ 中没有以任意数 a 为底的对数函数,但对数有换底公式:

$$\log_a b=\log_n b/\log_n a$$

其中/表示除号。

第2章 简单信息的表达与运算

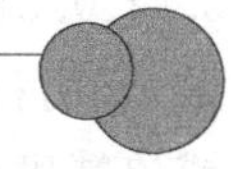

大家知道，信息在计算机中都是以二进制形式表示的。数通常以二进制数的形式表示，文字、声音、图像等通常以二进制代码的形式表示。本课程是程序设计，是讲信息处理的命令表达方法和方式的，那就要知道信息和命令在程序设计中的表达方法和形式是什么样的。本书的编程语言选用的是 C++，所以，下面说明的是在 C++ 语言中信息和运算如何表达。本章先介绍简单的信息表达和运算方法。

2.1 信息的表达

信息处理的对象是携带信息的各种数据，本节先说明各种信息在程序设计中的表达方法。

2.1.1 数据类型与常量

已知两地距离 6km，车辆行驶时间为 5 分钟，请计算车辆的行驶速度。数学上，算式是 6÷(5.0÷60.0)＝72(km/h)。在程序设计中，表达方式相同，只是“72”不用自己计算，由计算机计算，写出的程序是：

```
cout<<6/(5.0/60.0);
```

这样就把计算结果显示在了屏幕上，其中/表示除法运算，与数学上的÷对应。其中的数据是直接写出数值的，这种直接写出来的数，在程序设计中称为常量。常量(constant)是程序运行过程中不能被改变的量。其中 6 没有小数点，是整数；5.0，60.0 有小数点，是实数。

1. 基本数据类型

在数学中，数有不同的类型，如整数、正数、负数、自然数、实数和复数等。它们是从数的性质上划分的。在计算机中，数据也有不同的类型。类型的分法不仅考虑数的性质，还考虑存储数的空间。因此计算机中的数据类型与数学中的数据类型是有所不同的。

在直接写出的数据中，如果没有小数点，如 5、6、4，称为**整型**(int)**常量**。在计算机中，整型的数据用 4 个字节表示，那么表示的数的范围是 $-2^{31}\sim2^{31}-1$。有小数点的数在计算机中用8个字节的浮点形式表示，称为**双精度类型**的数或**双精度数**(double)。双精度数的范围是$-1.8\times10^{-308}\sim1.8^{308}$。如果书写常量时后面加上 f 或 F,常称为**后缀**,如3.0f、0.3F 和 7.1f 等。这样的数在计算中表示时用 4 字节的浮点形式表示,称为**单精度数**,或简称**浮点数**(float)。单精度数的表示范围是$-3.4\times10^{-38}\sim3.4^{38}$。注意,写双精度或单精度数时,小数点一定要有,但可以没有整数或小数部分,如 3.或.4 等是可以的。

对于要显示或处理的字符,也可以直接写出来。例如,要在屏幕上显示"Shenzhou-9 crew members exited re-entry capsule on June 29th,2012.",程序为:

```
cout<<" Shenzhou-9 crew members exited  re-entry capsule on June 29th,2012.";
```

注意,待显示的一串字符要写在一对英文的双引号之间,称为**字符串常量**(string)。在计算机中,字符串常量是用这些字符的 ASCII 码顺序表示的。如果是单个字符,可以写在一对单引号之间。如:

```
cout<<'A'<<'B'<<'C';
```

显示三个字符 A、B 和 C。注意,这行程序写成:

```
cout<<"A"<<"B"<<"C";
```

屏幕显示的效果没有任何不同,它们在计算机中的存储方式却有本质的区别。写在单引号之间的一个字符称为**字符常量**(character),在计算机中占一个字节。写在双引号之间的一个字符,也是字符串常量,只不过它只有一个字符,但在计算机中占两个字节。一个字节是字符的 ASCII 值,另一个字节是 0 这个数值。实际上,字符串在计算机中表示时,除保存每个字符的 ASCII 值外,还在最后保存一个数 0,表示字符串的结束,称为**结束符**。字符串末尾的 0 这个数,在字符串处理中有重要的作用。

例如"Friday"有 6 个字符,在计算机中的存放形式见图 2-1。其中图 2-1(a)是存放的逻辑形式;图 2-1(b)是存放的真实情况;0X0012ff58 是十六进制的内存地址,图中显示的是字符的十六进制 ASCII 值(请查书后的附录核实)。

字节序号	1	2	3	4	5	6	7
存放内容	'F'	'r'	'i'	'd'	'a'	'y'	0

(a) "Friday" 在计算机中的逻辑形式

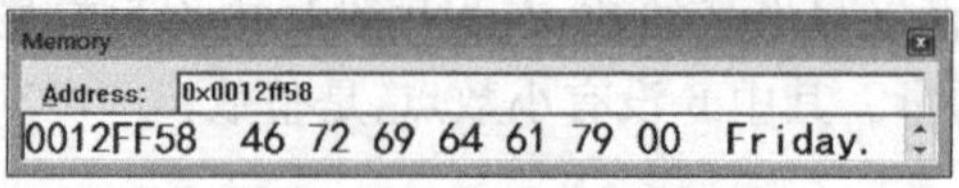

Memory
Address: 0x0012ff58
0012FF58 46 72 69 64 61 79 00 Friday.

(b) "Friday" 在计算机中的真实情况

图 2-1 字符串的存放形式

在 C++ 中,基本的数据类型、使用的符号、占用的字节数和表示范围见表 2-1。

从表 2-1 看出,C++ 中整型、长整型是相同的。浮点型和双精度型均用来表示实数,只不过双精度类型表示的数的范围更大、更精确。字符型数据主要用来表示 ASCII 字符表中的符号、各国文字,也包括控制符。计算机中实际存放的是字符的 ASCII 码值和文字的机内码等,如对字符'0'存放的是 48,对字符'A'存放的是 65,字符'a'存放的是 97。布尔型数据只有两个值,true和false,在计算机中实际上存储的是1和0,所以也可以用1和0

表 2-1　C++ 中的基本数据类型

类型	类型说明符	占用字节数	表示的数的范围
短整型	short int	2	整数，−32 768～32 767
整型	int	4	整数，$-2^{31}\sim 2^{31}-1$
长整型	long int	4	整数，$-2^{31}\sim 2^{31}-1$
字符型	char	1	整数，−128～127；ASCII 字符
布尔型	bool	1	true，false；1，0
浮点型	float	4	实数，$-3.4\times 10^{-38}\sim 3.4^{38}$
双精度型	double	8	实数，$-1.8\times 10^{-308}\sim 1.8^{308}$

表示 true 和 false。实际上，C++ 中一般可以给 bool 型的变量赋任何值。如果赋的值是非 0 整数或实数都表示 true；如果赋的值是整数 0 则表示 false。

【例 2-1】 检查不同类型的数据在内存中占的字节数。编写程序，显示整型、长整型、字符型、逻辑型、浮点型和双精度型数据的类型名称和所占字节数。

【问题分析】 本例的关键是使用一个运算符 sizeof()，它计算括号中的类型、变量或表达式结果占的字节数。

【算法描述】 检查不同类型的数据在内存中占的字节数。

① 输出字符串"int"；

② 用 sizeof(int)计算整型数占的字节数 n；

③ 输出 n；

④ 将整型依次改为长整型、字符型、逻辑型、浮点型和双精度型，重复①～③。

【源程序】

```
/* example2-1 Bytes of data type  */          //程序注释
#include <iostream>                            //包含基本输入输出库头文件
using namespace std;                           //使用名字空间

int main()                                     //主函数
{
    int n;                                     //说明用 n 表示整数
    n=sizeof(short int);                       //计算类型大小，将所占字节数赋值给符号 n
    cout<<"short int  "<<n<<endl;              //显示
    n=sizeof(int );                            //整型
    cout<<"int        "<<n<<endl;
    n=sizeof(long int);                        //长整型
    cout<<"long int   "<<n<<endl;
    n=sizeof(char);                            //字符串
    cout<<"char       "<<n<<endl;
    n=sizeof(bool);                            //逻辑型 (布尔型)
    cout<<"bool       "<<n<<endl;
```

```
    n=sizeof(float);                    //浮点型
    cout<<"float      "<<n<<endl;
    n=sizeof(double);                   //双精度型
    cout<<"double     "<<n<<endl;
    return 0;                           //程序结束
}
```

【运行结果】

```
short int    2
int          4
long int     4
char         1
bool         1
float        4
double       8
```

【程序分析】 本例程序中定义的变量 n 是不必要的，可以将 sizeof()放在 cout 中 n 的位置。还有，看 sizeof 用法很像函数，C++ 却称它是运算符。

【思路扩展】 可以将题中 sizeof 括号中的数据类型名换为常量、变量和表达式。

2. 字面常量

将数据直接写出来的常量称为**字面常量**，字面常量的常见类型是整型、双精度型、字符型和字符串。还有其他特殊形式的表示，例如浮点型(float)、十六进制形式、八进制形式、科学计数法形式等。表 2-2 列出了不同书写格式代表的常量数据类型。

表 2-2 常量的书写格式及数据类型

书写举例	特　征	类　型
0,1,1739,−8	整数，可以带符号，不带修饰	整型
0L,1l,−8L	整数，以 L 或 l 结尾	长整型
0x11,−0x11	以 0x 为整数的前缀	整型，十六进制整数
011,−011	以 0 为整数的前缀	整型，八进制整数
1.2,0.,1., 17.45E5,1.7e−3	有小数点或使用科学记数法，注意，即使数据没小数，也要加上小数点或.0，否则认为是整数	双精度型
'a', 'b','1','\n','\t'	以单引号引起的单个字符或转义字符	字符型
"summer", "c++ programming\n"	以双引号引起的一串字符或转义字符	字符串常量
true, false	两个特殊单词，小写	布尔常量

双精度常量的科学记数法表示中，用 e(大写或小写均可)代替数学表达式中的 10。例如 17.45E5 表示 17.45×10^5，1.7e−3 表示 1.7×10^{-3}。

字符型常量要么是用单引号引起来的单个字符，要么是用单引号引起来的转义字符。

转义字符就是改变原来含义的符号。比如,'n'表示 ASCII 字符 n,而'\n'则表示换行符。在输出时与 endl 有相同的作用,即 cout<<endl;与 cout<<'\n';得到的效果是一样的。C++ 中的常用的转义字符还有:

\n 换行符	\f 换页符	\' 单引号
\r 回车符	\b 退格符	\" 双引号
\t 制表符	\\ 反斜杠符	\0 0

\nnn 八进制值为 nnn 的 ASCII 码,如\141 为小写 a

单独使用时,转义符要写在单引号中,如 cout<< '\t';;也可以用在字符串常量中,如

```
cout<<"how\nare you";
```

的输出效果为:

```
how
are you
```

【例 2-2】 以下列格式使用前面列出的 10 种转义字符,看得到什么效果。

```
cout<<"1abcde\n#12345\n";
```

其中,字符串常量中开头 1 是序号,以后要依次替换为 2,3,4,…,10;中间的\n 是转义字符,以后依次换为\r、\t、\f 等。

【问题分析】 本例主要是演示转义字符的作用,特别是\n、\t 的作用。

【算法描述】 查看转义字符的效果。

① 输出字符串"1abcde\n#12345\n"。

② 将\n 依次换为'\r'、'\t'、'\f'等,将开头的'1'换为 2、3、4 等,重复步骤①9 次。

【源程序】

```
//example2-2  转义字符的功能                    //程序注释
#include <iostream>                           //包含基本输入输出库头文件
using namespace std;                          //使用名字空间
int main()                                    //主函数
{
    cout<<"1-abcde\n#12345\n";                //  \n
    cout<<"2-abcde\r#12345\n";                //  \r
    cout<<"3-abcde\t#12345\n";                //  \t
    cout<<"4-abcde\f#12345\n";                //  \f
    cout<<"5-abcde\b#12345\n";                //  \b
    cout<<"6-abcde\\#12345\n";                //  '\\'
    cout<<"7-abcde\'#12345\n";                //\'
    cout<<"8-abcde\"#12345\n";                //  \"
    cout<<"9-abcde\0#12345\n";                //  \0
    cout<<"10-abcde\141#12345\n";             //  \nnn
    return 0;                                 //结束
}
```

【运行结果】

```
1-abcde
#12345
#12345e
3-abcde #12345
4-abcde♀#12345
5-abcd#12345
6-abcde\#12345
7-abcde'#12345
8-abcde"#12345
9-abcde10-abcdea#12345
```

【结果分析】 将运行结果与程序的输出语句对应。

第 1 条输出语句的序号为 1，运行结果分为两行（前两行），这是中间转义符\n 的作用。

第 2 条输出语句的序号为 2，在结果中却没有开头为 2 的行，实际上第 3 行是这条语句的结果。注意本句的转义符是\r，含义是回车，作用是显示位置回到本行开头，再显示 12345，最后的 e 是因为\r 前面有 7 个字符，而＃12345 是 6 个字符，只盖掉 6 个，e 没被盖住所以显示出来了。

第 3 条输出语句对应结果的第 4 行，中间有空格，这是\t 的作用，它使后面的输出从下一个制表位开始，这里的一个制表位是 8 个字符位置。不同的系统，制表位字符的个数可能不同。

第 4 条输出语句对应输出的第 5 行，注意其中的♀符号是为排版添加的，实际上是换页符。如果是输出到打印机，则该行的＃12345 就从下一页开始显示了。将输出结果直接复制到 Word 中也可以看到分页效果。

后面的结果请读者自己分析。

【思路扩展】 转义字符实际都是一些控制字符、有冲突的字符，这些符号不像 26 个英文字母、数字、标点符号有现成的符号表示。由于表示这些符号，直接的方法不行，因此就想了一个办法，就是转义符。请大家再做一个练习：输出 9 个大小不等的整数，分 3 行、3 列输出，要求每列的数据对齐，如何实现？

3. 符号常量

在数学、物理中，用 π 表示圆周率，用 e 表示自然对数的底 2.718 281 83，用 g 表示重力与质量的比 9.8N/kg 或重力加速度，用 G 表示牛顿引力常量 $6.672\,59(85)\times10^{11}$ mkg · s，等等。在程序设计中，也可以用符号表示常量，称为**符号常量**。但在程序设计中不能直接使用原来数学、物理等学科中的常量符号，而是要用语句进行说明。说明一个符号表示某个常量，通常有两种方法。

(1) 使用关键字 const

格式为：

```
const  <数据类型><标识符>=<数值>;
```

例如：

```
const double PI=3.1415926;
const int N=3,M=5;
```

其中第 1 行说明符号 PI 表示常量，是双精度类型的，它的值是 3.1415926，以后出现的 PI 就代表 3.1415926。第 2 行说明了两个常量，一个是 N，其值是 3，另一个是 M，其值是 5，它们都是整型的。这两行程序是语句，没做什么计算，是**说明语句**，行末有分号。一个说明语句可以说明多个符号常量，之间用逗号分隔，如上面的 N＝3，M＝5。

(2) 宏定义＃define

格式为：

```
#define <标识符>  <数值>
```

其中标识符是代表常数的符号，数值是符号代表的常数。例如：

```
#define PAI 3.1415926
```

PAI 代表 3.1415926。

＃define 说明的常量，不标明数据类型。实际上，在程序编译时，系统会先将程序中的 PAI 替换为 3.1415926，就像文本编辑软件中查找和替换一样。这样的说明不是语句，行末没有分号，称为**宏定义**或**宏**。

(3) 使用符号常量的好处

程序中可以不使用符号常量，但使用符号常量会使得编写的程序容易维护。例如，程序中有多处 3.14。这是字面常量，但它们的意义却不同，有的表示圆周率 π，有的表示某圆的半径，有的表示物体的高度。程序编写完毕后，用户认为计算精度不够，需要将圆周率改为 3.1415926。这时，需要修改程序，将其中圆周率的 3.14 改为 3.1415926。虽然可以使用编辑软件的“查找”、“替换”功能自动进行，但要注意的是要区分圆周率、半径还是高度？这非常容易产生错误。而如果使用符号常量，如：

```
const double PI=3.14;
const double RADIUS=3.14;
const double Height=3.14;
```

修改时，不管程序中出现过多少次的 PI，只要将上述常量定义中的 PI 的值改为 3.1415926 即可，即改为：

```
const double PI=3.1415926;
```

用符号常量是编程的好习惯。

4. 字符和整数的关系

设在信息处理中，计算机收到两条信息，一条是“宽度 2m”，另一条是“高度 3m”。希望计算机回答“面积 6 square meters”。通常，如果信息是文字，计算机中是用字符串的形式表示的，那么信息中的 2 在计算机中存放的是 50，3 在计算机中存放的是 51。如果计算机直接做乘法,得到的就是 50 * 51=2550,是错误的。如果是(50-48) * (51-48),那就是 6,是正确的结果。实际上,字符在计算机中就是用一个整数表示的。它是一个字节的整数,关键是看人怎样看待这个整数。比如'B',在计算机中存的数值是 66。如果将其看作字符,它是'B'的 ASCII 码,就表示'B'。如果将其看作整数,它就是数值 66。如果将计算机中的 66 加 3 就变成 69。当整数看,它是整数 69;当字符看,它就是'E'。所以,字符型和整型常常混用,当在表示数字形式的字符时要注意量上的区别。比如上面的举例,字符'2'在计算机中的值是 50,但在人的思维中它表示数量上的 2,所以要进行运算时就要减 48。实际上人们不写成 50-48,而是'2'-'0',就相当于将字符的'2'转换成的数量上的 2;反过来,如果想将数量上的 2 转换为字符上的'2',就加上'0',写为 2+'0',它们将来也可以用符号(变量)表示。

2.1.2 单项特征的表达——变量

矩形的面积计算公式可以写为 $S=a\times b$,其中 a、b 表示矩形的宽和高,S 表示面积。程序设计中,更常用符号表示数据,这就是变量。**变量**(variable)是指在程序运行期间其值可以改变的量。形式上,变量就是代表数据的符号,这个符号称为**变量名**,用标识符来表示。变量代表的数据可以改变。数学中,写出公式后,需要对公式中的符号进行说明。C++ 中,变量也需要说明。不过,说明的是其数据的类型而不是物理意义(物理意义在注释中说明),而且要先说明,后使用。一个变量,用于描述一个事物的单个特征。如 $S=a\times b$ 中,a 表示宽,b 表示高,S 表示面积。

1. 变量的定义

在程序中使用符号表示数据,先要说明用哪个符号表示什么类型的数据,这就是**变量的定义**。C++ 中变量的定义也叫变量说明或变量的声明,格式如下:

```
<类型说明符><变量名 1>,<变量名 2>,<变量名 3>,…,<变量名 n>;
```

其中,<类型说明符>可以是表 2-1 中的类型说明符,指出变量的数据类型,它决定了变量的存储格式和行为。例如:

```
int i,j,k;                           //定义三个整型变量
double radius,area;                  //定义两个双精度型变量
char c1,c2;                          //定义两个字符型变量
bool flag;                           //定义一个布尔型变量
```

定义变量说明三件事:一是使用的符号,二是数据类型,还有就是编译器会为变量分配合适的存储空间。如定义 int i;程序会分配一段 4 字节的空间,名字叫 i。它表示整数,以后可通过变量名在这个空间中放入数据或读取数据。例如:

```
i=10;              //在 i 对应的 4 字节内存空间中放入数值 10,10 是当前 i 的值
cout<<i<<end;      //从 i 对应的 4 字节内存空间中取出数据显示出来
```

双精度变量分配 8 字节的空间;字符型变量分配 1 字节的空间;布尔型变量分配 1 字

节的空间，但其取值只能是 1 或 0。

声明一个变量不仅说明了类型，定义了存储空间，还决定了其能进行的运算。如两个整型数可以进行求余运算，而实型数则不能。

2. 变量的初始化

定义了变量意味着给变量分配了内存空间，但变量值是多少，是不确定的。如果定义变量的同时在相应的内存单元中存储上变量的初始值，称为**变量的初始化**。C++ 变量的初始化有两种形式：**复制初始化**(copy-initialization)和**直接初始化**(direct-initialization)。复制初始化使用等号=，直接初始化使用圆括号()。例如：

```
int a=5*2;                    //复制初始化
int a(5*2);                   //直接初始化
```

其中等号的右边和括号内可以是常量、变量或表达式。

3. 变量的赋值和使用

变量被定义或同时初始化之后，变量可以被多次赋值，已经初始化或赋过值的变量可以出现在表达式中参与运算。例如：

```
double length,width,area;     //变量的定义
length=6.0;                   //变量的赋值
width=3.2;                    // 变量的赋值
area=length*width;            //length,width 在表达式中使用,结果赋给变量 area
cout<<area;                   //area 在表达式中被使用
```

注意，**使用变量时，一定是对变量进行过初始化或已经赋过确定的值**。编译时常常遇到这样的编译警告(warning)：local variable '＜变量＞' used without having been initialized，说明＜变量＞没有被初始化或赋值就开始使用了。实际上那个空间中是定义前存放的数，但这个数不是自己的程序要表达的量的值，所以，如果直接进行运算，结果肯定是错误的。假如这个变量是 a，如果没有给 a 赋过值，就意味着 a 是多少是不知道的。怎能期望 a*2 得到正确的结果？再有就是对变量的赋值一定是在使用之前，否则就成了“先斩后奏”了。

【例 2-3】 说明下列程序中的错误之处。

```
/* example 2-3 finding error  */        //程序注释
#include <iostream>                     //包含基本输入输出库头文件
using namespace std;                    //使用名字空间
int main()                              //主函数
{
    double PI=3.1415926;
    double r;
    double area;
    area=PI*r*r;
```

```
    cin>>r;
    cout<<"area\t"<<area<<endl;
    return 0;                                   //程序结束
}
```

解 具体问题请读者分析。这样的问题是编程时常犯的错误,请重视。

【思路扩展】 通过这个例子,请读者注意,**程序是顺序执行的**。C++ 程序从 main 函数开始,逐行向下执行。当执行到 area=PI＊r＊r;这一行时,PI 的值已确定,但 r 的值是未知的,将导致 area 的计算结果错误。虽然下面一句 cin>>r;输入了 r 的值,但程序不会再回到上一行重新计算 area。这样在下面显示 area 时,就是错误的结果了。

2.1.3 多个相同类型的特征的表示——数组

一个变量表示一个事物的单个特征。数学中有向量,一个向量有 N 个元素(N 可能是 10、20 或 1000)。如果用变量表示这些信息,就需要定义几十、几百甚至上千的变量,这显然是一件枯燥的事情。C++ 中,使用数组表示事物的一组相同类型的特征,特别是相同的数据类型。本节仅介绍一维数组。

数组是一组类型相同的有名的数据。名字就是代表这组数据的符号。

1. 一维数组的定义

要说明用哪个符号代表一组什么类型的数据,使用下列的格式:

```
<类型>  <标识符>[<大小>];
```

其中<类型>说明数据的类型,如 int、double、char 等,也可以是后面将学到的类;<标识符>是代表这一组数据的符号,称为**数组名**;<大小>说明元素的个数,它是一个整型常量或常量表达式,写在一对方括号中;最后是分号,它是一个声明语句。还可以同时定义多个数组,多个项之间用逗号隔开。例如:

```
const int N=100,M=20;               //定义两个整型常量 N 和 M
double length[30], width[30]; //定义两个数组 length 和 width
                                    //它们的大小均用字面常量表示
int  score[N*M];                    //定义数组 score,大小用常量表达式表示,实际大小为 200
double average[N];                  //定义数组 average,大小用符号常量表示
```

2. 数组元素的表示

一个数组可以表示多个元素,数组中的每一个元素可以用数组名和它在数组中的序号表示,序号从 0 开始。如 score[0]表示第 1 个元素,score[1]表示第 2 个元素,score[i]表示第 i+1 个元素,i 称为**下标**,它可以是整型变量或整型表达式。对上面的例子,i 应小于 N＊M。超出这个范围,元素是不存在的,计算就会出错,称为**下标越界或下标超界**。

特别注意,定义数组时<大小>必须是整型常量或常量表达式,一定不能是变量或有变量的表达式。如下的程序是错误的:

```
int n;                          //定义变量 n
cin>>n;                         //输入变量的值
int A[n];                       //定义数组
```

上述错误的根本原因是定义 A 的大小的 n 是变量。尽管在它的上一行程序中输入了 n 的值，也是不允许的。所以，定义数组时要考虑待处理的问题的规模。如果是表示一个小班的人的成绩，而且一个小班最多不超过 50 人，就可以定义大小为 50 的数组表示一个小班一门课的成绩。实际可以存入 1～50 个人的成绩，最多不超过 50。

3. 一维数组的使用

一个一维数组代表若干个元素，每个元素可以通过数组名和下标单独使用。例如：

```
int x[30];                      //定义数组
int sum;                        //定义变量
x[0]=1;                         //将数组 x 的第 1 个元素设置为 1
x[1]=3;                         //将数组 x 的第 2 个元素设置为 3
x[2]=5;                         //将数组 x 的第 3 个元素设置为 5
sum=x[0]+x[1]+x[2];             //对数组的前三个元素求和
cout<<sum<<endl;                //输出和
cin>>x[0]>>x[1]>>x[2];          //输入数组的前三个元素
sum=x[0]+x[1]+x[2];             //再次对数组的前三个元素求和
cout<<x[0]<<" "<<x[1]<<" "<<x[2]<<"\n";      //输出三个元素，用空格隔开，用
                                //\n 控制换行，与 endl 效果相同
cout<<sum<<endl;                //再次输出和。由于输入会改变 x[0],x[1],x[2]的值
                                //所以这次的和可能会与前面的和不同了
```

该例中，要注意数组元素的赋值（设置其值）、输入、用于计算、输出等用法。特别注意非字符数组不能整体输入、输出和赋值。例如下面关于数组的使用是错误的：

```
int  length[10],width[10];      //定义两个数组，中间用逗号隔开
cin>>length;                    //错误，非字符数组不能整体输入
cin>>length[10];                //错误，下标超界。使用 length[-1]也是错误的
width=length;                   //错误，数组不能整体赋值
cout<<length;                   //错误，数组不能整体输出
```

使用本例中元素的求和、输入、输出是用逐个列出数组元素（用加号连接）的方式实现的。三个、五个可以，如果是成百上千个元素，这样当然是不现实的。第 3 章学了循环控制结构之后，就会有更好的办法。

4. 一维数组的初始化

给数组元素赋值，可以像上例一样，在定义之后逐个为其元素赋值，也可以在定义数组的同时为其赋值，一般形式为：

```
<类型>  <数组名>[<常量表达式>]={<表达式 1>, <表达式 2>,  …};
```

也就是在原来定义的数组后写个等号，在等号后面的大括号中写出用逗号隔开的若干个数据项，它们可以是常量、变量或表达式。数据项的个数不超过＜常量表达式＞的值的大小，这些数按顺序赋值给各个元素。例如：

```
double a=11.2,b=21.7;                                    //定义两个双精度变量并初始化
double average[30]={21.0, 2012.7, 7.5+2.3,a * b};        //定义数组并初始化
                                                         //数据项有常量和表达式
```

第 2 行定义了一个大小为 30 的双精度型数组 average，并同时给前四个元素赋了值，后面的 26 个没有赋值。

如果在大括号中列出了所有元素的值，则数组的大小可以省略。例如：

```
double room[]={401,402,403,404,405,606,407,408,409,411};
```

或者说，数组的＜大小＞省略时，大小就是初始化数值的个数。上述 room 的大小为 10。

2.1.4 文字信息的表达——字符串

前面讲到表示文字信息可以用字符常量或字符串常量。字符也可以用变量表示，类型是 char。但如何用变量表示字符串呢？

一维数组的类型是整数时，数组可以存放若干个整数。当一维数组的类型是字符时，数组就可以存放若干个字符，这就是**字符串**(string)。

【例 2-4】 用户从键盘输入一个由 4 个小写字母组成的英文单词，将其转换为大写，然后显示到屏幕上。

【问题分析】 首先考虑单词在程序中的表示问题。一个字符变量可以表示一个字母，如果数组的类型是字符型，那么这个数组就可以表示多个字符，也就可以表示字符串了。所以，C++ 中可以用字符数组表示字符串。再考虑小写到大写的转换问题。一个字母，在计算机中存放的是它的 ASCII 码的值。小写 a 在计算机中存放的是 97，大写 A 存放的是 65，可见小写、大写的区别在计算机中就是数值上的差别 32。小写字母的 ASCII 码的值减去 32 就是对应大写字母的 ASCII 码的值，大写字母的 ASCII 码的值加上 32 就是对应小写字母的 ASCII 码的值。

【算法描述】 将长度为 4 的小写字母的单词转换为大写字母。

① 用字符数组 str 表示字符串。

② 输入字符串 str。

③ 将 str 的每个元素减去 32。

④ 输出字符串。

【源程序】 将长度为 4 的小写字母的单词转换为大写字母。

```
//例 2-4 将长度为 4 的小写字母的单词转换为大写
#include <iostream>                          //包含需要的头文件
using namespace std;                         //名字空间
int main()                                   //主函数
{
```

```
    char str[5];                    //定义字符数组用于存放字符串
    const int c=32;                 //定义常量,表示大小写字母的ASCII码值的差
    cin>>str;                       //输入字符串
    str[0]=str[0]-c;                //转换第1个字母
    str[1]=str[1]-c;                //转换第2个字母
    str[2]=str[2]-c;                //转换第3个字母
    str[3]=str[3]-c;                //转换第4个字母
    cout<<str<<endl;                //输出字符串
    return 0;
}
```

【运行结果】

```
club
CLUB
```

【程序测试】 检验这个程序是否正确。按题目设计要求,至少是输入一个由4个小写字母组成的单词,看结果是否是由4个字母组成的大写单词。还有可以想一下,如果输入的不是4个字母,而是3个、5个呢?如果输入的不是字母而是数字呢?如果有问题,请读者在将来有能力的时候将其修改得更完善。

【程序分析】 ①程序中定义的字符数组的大小是5,比要保存的字符串的长度大。如果再大些,也是可以的。可如果是4呢?按说,要保存4个字符,用大小是4的字符数组也是没问题的。事实也是如此。但请注意,在2.1.3节中介绍了数组不能整体输入和输出。而对字符数组,是可以整体输入和输出其中的字符串的。输入时系统自动在字符串的末尾添加数值0,表示字符串的结束。输出时系统从第1个字符开始输出,然后输出第2个字符,直到遇到0停止。所以,本题字符数组定义成大小为5,是为了保存字符串末尾的0。字符串的长度为4加上结束符0,就需要5个元素(字节)了。图2-2显示了字符串CLUB在内存中的存储情况,43、4C、55、42分别是这4个字母的ASCII码值的十六进制形式,后面的00是结束符。再后面的CC已不是数组str的元素了,与str无关(是别的东西了)。

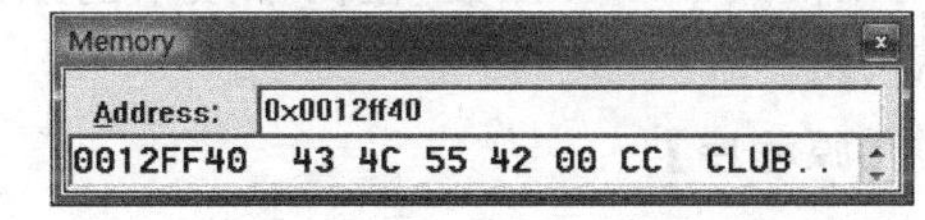

图2-2 字符串CLUB在内存中的存储情况

如果本题不使用整体输出,而是使用:

```
cout<<str[0]<<str[1]<<str[2]<<str[3]<<endl;
```

输出4个字母,将str的大小定义成4也是可以的。关键是要知道它们的区别是什么。这一点非常重要。

所以当提到字符串时,一定要想到字符串在内存中占的字节数比它的长度大1。例如,字符串"string",它的长度为6,在内存中占7个字节的空间,因为有一个结束符0。即使对于一个字符,写成's'是字符,占一个字节;写成"s"是字符串,占两个字节。

【思路扩展】 通过本例,应学会以下几点:

① 可以用字符数组存放字符串,字符数组的大小应比待表示的字符串的长度至少大1;

② 用字符数组表示的字符串可以整体输入和输出，但仍不可整体赋值。整体输出时要注意字符串的末尾有结束符 0；

③ 字符在内存中存储的是其 ASCII 码值，实际也是一个整数，数值的改变就是字符的改变。所以如果想将一个字符修改成另一个字符，只需要修改其值即可，可加、可减并可赋值一个整数。

2.2 数据的运算

上一节解决的是信息在程序中的表达的问题。下面要介绍数据的运算。本节先介绍基本运算，后面再通过基本运算的组合，达到处理复杂问题的目的。

2.2.1 算术运算

对于数值数据来说，常作的运算包括加、减、乘、除以及乘方、开方、指数、对数、三角函数等数学运算。

1. 算术运算符

C++ 中，算术运算符包括：+、-、*、/和%，分别表示加法、减法、乘法、除法和求余运算。其他运算要通过函数实现。例如 sqrt(x)表示 x 的开方运算，log(x)是求 x 的自然对数，log10(x)是求 x 以 10 为底的对数，exp(x)是求 e^x，pow(x，y)是求 x^y，sin(x)是求 x 的正弦等。它们需要包含头文件 cmath。**C++ 没有乘方运算符**。

【例 2-5】 算术运算。编写程序，用户输入两个整数，计算它们的和、差、积、商、立方、指数、对数。

【问题分析】 算术运算使用运算符或算术运算函数(也称数学函数)。对于立方，虽然可以使用 pow()函数，但由于效率的原因，一般使用连乘的方法，即用 x * x * x 表示 x 的立方。

【源程序】

```
//例 2-5 算术运算举例
#include <iostream>                           //包含需要的头文件
#include<cmath>                               //使用 string 类需要包含头文件 string
using namespace std;                          //名字空间
int main()                                    //主函数
{
    int a,b;                                  //定义两个整型变量
    cin>>a>>b;                                //输入两个整数
    cout<<"和: "<<a+b<<endl;                  //计算和并显示
    cout<<"差: "<<a-b<<endl;                  //计算差并显示
    cout<<"积: "<<a*b<<endl;                  //计算积并显示
    cout<<"商: "<<(double)a/b<<endl;          //计算商并显示
    cout<<"余数:"<<a%b<<endl;                 //求 a 除以 b 的余数
```

```
    cout<<a<<"的立方:"<<a*a*a<<endl;                    //求 a 的立方
    cout<<b<<"的立方:"<<b*b*b<<endl;                    //求 b 的立方
    cout<<a<<"的 3.5 次方:"<<pow(a,3.5)<<endl;          //计算 a 的 3.5 次方
    cout<<"exp("<<a<<")="<<exp(a)<<endl;                //指数
    cout<<"log("<<a<<")="<<log(a)<<endl;                //以 e 为底的对数
    cout<<"log10("<<a<<")="<<log10(a)<<endl;            //以 10 为底的对数
    cout<<"sin("<<a<<")="<<sin(a)<<endl;                //a 的正弦
    return 0;
}
```

【运行结果】

```
30 7
和: 37
差: 23
积: 210
商: 4.28571
余数:2
30 的立方:27000
7 的立方:343
30 的 3.5 次方:147885
exp(30)=1.06865e+013
log(30)=3.4012
log10(30)=1.47712
sin(30)=-0.988032
```

【程序测试】 程序输入 30 和 7,能得到正确的结果。如果输入 1012 和 2012 呢?如果输入的是 3.14 和 5 呢?请分析问题及原因,可以解决吗?

【程序分析】 程序设计中,表示运算的符号叫做**运算符(operator)**,如+、-、*、%等。运算的对象称为**操作数**(operand)。将操作数用操作符连接起来的式子称为**表达式**(expression)。操作数可以是常量、变量、函数或其他表达式。有的操作符需要两个操作数,这样的操作符称为**双目操作符**(binary operator),如+、-、*、/等;有的需要一个操作数,称为**单目操作符**(unary operator),如负号-、++运算、--运算以及后面会学到的取地址运算符 &,指针运算符 * 等;还有的运算符需要三个操作数,称为**三目运算符**(ternary operator),如?:。

程序中,表达式 a/b 前面加了(double),称为**强制类型转换**。因为,a,b 都是整型数,C++ 规定**整型数和整型数的运算结果还是整型数**,这样如果 a=30,b=7,则 a/b 的结果就是 4,小数会被舍去。为了得到实数的结果,在前面加上(double)是将 a 转换为双精度数。C++ 规定,**双精度数和整数的运算结果是双精度数**。实际上是将整数转换为双精度数再运算,结果仍为双精度。如果整数是字面常量,加上小数点就成为双精度数。例如 1/3 的结果为 0,1.0/3 的结果为 0.333333。这一问题要特别注意,是经常出错的地方。

程序中%是求余运算,它要求两个操作数均为整型量,否则编译会出错。

C++ 中的运算符也有优先级。负号运算优先于乘除运算,乘除运算优先于加减运

算。小括号运算是优先级最高的运算。所以，为了改变运算的优先顺序或清楚标明优先级，要经常使用小括号。例如：(a－b)*(a＋b)等。

【思路扩展】 运算符就是表示运算的符号，不同的语言有不同的定义。如有的语言用**表示乘方，有的语言用^表示乘方。而C++却没有定义乘方运算符，但它可以通过函数扩展其他计算功能，实现乘方等算术运算。

2. 算术复合运算符

算术运算经常和赋值运算一起使用，将一个表达式的值赋给一个变量。C++提供了一种简洁的写法，称为**复合运算**或复合赋值运算。

算术复合运算符有：＋＝、－＝、*＝、/＝、%＝。它们的用法如下：

```
a+=b;                //等价于 a=a+b;
a-=b;                //等价于 a=a-b;
a*=b;                //等价于 a=a*b;
a/=b;                //等价于 a=a/b;
a%=b;                //等价于 a=a%b;
```

复合运算不是必要的，但它可以简化程序的编写。可以根据习惯选用复合运算，但认识它是必要的。

2.2.2 关系运算

数不仅有量的属性，还有顺序的属性。在数学上，设有两个数a，b，如果a－b结果为正，就说a大于b，记作a＞b；如果a－b结果为负，就说a小于b，记作a＜b；如果a－b结果为0，就说a等于b，记作a＝b。给两个数4、3，问谁大谁小？如果有人写4＞3，就是对的；如果有人写4＜3就是错的。

程序设计中，判断数据的大小关系的运算称为**关系运算**(relational operation)。表示关系运算的**关系运算符**(relational operator)有：

＞(大于)、＞＝(大于等于)、＜(小于)、＜＝(小于等于)、＝＝(等于)、!＝(不等于)。

这里要注意，表示“等于”的关系运算符不是＝，而是＝＝。两个等号，因为一个等号已经另有意义。大于等于、小于等于、不等于的符号是因为原来的程序都是用英文的ASCII字符集写成的，没有≥、≤、≠这样的符号。所以，信息的表示就是人们的共同约定。

关系运算符将两个运算对象连接起来就构成了**关系表达式**(relational expression)，其中的运算对象可以是整数、双精度数、字符及表达式。例如5＞3，2＋5＜4，a＋b＞c，'a'＜'b'等。数学上对于比较得到的判断结果是“正确”和“错误”。例如5＞3是正确的，2＋5＜4是错误的。C++中定义了两个常量true和false分别表示“正确”和“错误”。如5＞3为true，2＋5＜4为false。true和false在内存中的实际值是1和0。所以，有时即使看起来不是关系表达式，只要结果是0就可以认为是false，非0就认为是true。这种表示两种状态的数据称为**逻辑数据**，所以，比较的结果是逻辑值(即**布尔值**)。

在程序设计中，逻辑值常作为分支和循环的条件。

2.2.3　逻辑运算符和表达式

逻辑运算符用于表达、判断多个条件之间的关系，同时成立？之一成立？不成立？等等。逻辑运算符有三个：&&(与)、||(或)、!(非)。逻辑运算符的运算结果为逻辑值true(1，非 0，成立)和 false(0，不成立)。

当 &&(逻辑与)两边的两个条件均为 true 时，结果为 true；否则，结果为 false。

当||(逻辑或)两边的两个条件均为 false 时，结果为 false；否则为 true(只要有一个为true，结果就为 true)。

当！(逻辑非)后面的条件为 false 时，结果为 true；当后面的条件为 true 时，结果为false。

对于有两个条件的逻辑运算，先计算运算符左边的条件，只有左边的条件无法确定逻辑表达式的值时，才计算右边的条件。这种求值策略成为"**短路求值**"(short-circuit evaluation)。

注意：这里说的条件是关系表达式或逻辑表达式。

【例 2-6】　判断闰年。用户输入年份，如果为闰年输出 1，否则输出 0。判断闰年的规则为：

(1) 能被 4 整除且不能被 100 整除的为闰年(如 2004 年是，1900 年不是)。

(2) 能被 400 整除的是闰年(如 2000 年是，1900 年不是)。

【问题分析】　题中，(1)、(2)是"或"的关系，只要一条成立就是闰年。(1)中实际有两个条件，"能被 4 整除"和"不能被 100 整除"它们是"且"，就是"与"的关系。再就是如何表达整除。x 能被 n 整除的话，余数一定为 0。以此可判断是否能够整除。

设年份用 year 表示，则依题意，判断闰年的逻辑表达式为：

```
(year%4==0  &&  year%100!=0) || (year%400==0)
```

【算法描述】

① 输入整数 year 表示年份。

② 计算表达式的(year%4==0 && year%100!=0) || (year%400==0)值result。

③ 输出 result。

【源程序】　判断闰年。

```
//例 2-6 判断闰年
#include <iostream>                        //包含需要的头文件
using namespace std;                       //名字空间
int main()                                 //主函数
{
   int year;                               //定义整型变量表示年份
   bool result;                            //定义逻辑变量表示判断结果
   cout<<"请输入年份：";                    //提示信息
   cin>>year;                              //输入年份
```

```
    result=(year%4==0  &&  year%100!=0) || (year%400==0);   //计算逻辑表达式
                                                            //结果赋给逻辑变量 result
    cout<<"闰年判断结果："<<result<<endl;                    //打印结果,result 为 true 显示 1
                                                            //result 为 false 显示 0
    return 0;
}
```

【运行结果】

(1) 第一次运行输入 2012：

请输入年份：2012

闰年判断结果：1

(2) 第二次运行输入 2100：

请输入年份：2100

闰年判断结果：0

【程序分析】

(1) 逻辑运算符有优先级：&& 最高、||次之，且它们的优先级低于关系运算符。也就是说，在上述解答的第 1 个括号内，先计算 year%4==0，再计算 year%100!=0，然后计算 &&。即使不加括号，也先计算 &&，再计算||。至于逻辑非!，它的优先级较高，高于所有需要两个操作数的运算符(即双目运算符)。

(2) 尽管不写小括号也能按默认的优先级正确运算，但小括号的优先级较高。写上小括号，表达的意义更清楚。所以，使用小括号是好习惯。另外，书写时，习惯上在逻辑"与"和逻辑"或"运算符两边各添加一个空格，这样可使它与关系运算的层次更清楚。

【思路扩展】

(1) 能根据运行结果判断两个年份是否是闰年吗？

(2) 看程序的输出行，其中输出的是 result 这个变量。这个变量的值是逻辑值，true 或 false，而运行结果却是 1 或 0。事实上，条件、逻辑表达式的计算结果实际为一个整数值，或者为 1 或者为 0。反过来，整数 0 可以表示 false，非 0 可以表示！false 即 true。这也是信息的表示问题，是约定。

(3) 编程判断用户输入的数是否满足 $0\leqslant x\leqslant 100$，是则显示 1，不是则显示 0。

2.2.4 自增运算符和自减运算符

程序设计中，i=i+1;j=j−1;这样的语句使用得非常多。C++ 提供了自增运算符 ++ 和自减运算符 −− 分别使变量的值加 1 和减 1 以简化这种语句的书写。例如，使用自增运算和自减运算，上述语句变为 ++i;和 −−i;。自增运算和自减运算只需要一个操作数，是**单目运算**(unary operation)。

自增运算和自减运算符有两种使用方法，一种是将操作符放在前面，如 ++i，称为**前置情形**(prefix)；另一种是将运算符放在操作数的后面，如 i++，称为**后置情形**(postfix)。它们的结果均可使操作数加 1 或减 1。如果作为单独的语句，++i;和 i++;是完全相同的，结果都是使 *i* 增加了 1。但当它们作为表达式或其他表达式的一部分时，表达式 i++

的值是 i 加 1 之前的值；表达式＋＋i 是 i 加 1 之后的值。

【例 2-7】 下列程序中每个语句执行后 i,j 的值是多少？

```
int i=0,j=0;
j=++i;
j=i++;
```

解　第 1 行是声明语句，执行为 i,j 均初始化为 0。第 2 行，表达式＋＋i 是 i 加 1 之后的值 1，所以是将 1 赋值给 j；这条语句执行完，i 为 1，j 为 1。第 3 行，表达式 i＋＋的值是 i 加 1 之前的值 1，所以是将 1 赋给 j，但 i 会加 1 变为 2；所以，这条语句执行完，i 为 2，j 为 1。

自增、自减运算不是必要的，它完全可以被 i=i+1；这样的语句替代，但 i＋＋这样的简写确实更加快捷。但一般它们常用在第 3 章要讲的 for 循环语句中或单独作为一条语句出现。

2.2.5　位运算符和位运算表达式

一位同学问老师：“我的 U 盘被病毒感染了，文件夹变成了隐藏的，使用右键修改属性也改不过来，这是怎么回事？”在 U 盘上，除保存文件的内容外，还保存文件的基本特征信息，如文件名、扩展名、创建日期、文件大小、存放位置等，每项内容占一个或多个字节的空间。其中有一项内容称为文件属性。它用一个字节的空间保存文件是否只读、是否隐藏、是否是系统文件等信息，每项信息占一位。从低位开始，0～5 位分别是只读位、隐藏位、系统位、卷标位、子目录位、归档位，最高两位未用。如果该位为 1，表示具有这种属性；如果为 0，表示不具有这种属性。例如，如果该字节的值为 0x27，则表示该文件是系统、隐藏、只读的归档文件（完成写操作）。只要改变相应的一个位的值，就可以改变文件的相应属性。

C++ 提供了对某个或某些位进行改变的运算，称为**位运算**。位运算是双目运算，其操作数是整型的，它可以检验和设置整型数的每一个二进制位。位运算包括按位与、或、异或、取反、左移和右移等，相应的运算符为 &、|、^、~、<< 和 >>。

1. 按位与

按位与（&）是指将两个整型数据中的对应二进制位做“与”运算。“与”运算的规则为：如果两个二进制位均为 1，则结果为 1，否则结果为 0。例如下列程序：

```
int x=11,y=7,z;
z=x&y;
```

11 的二进制表示：00000000 00000000 00000000 00001011

7 的二进制表示：00000000 00000000 00000000 00000111

```
    00000000 00000000 00000000 00001011
&   00000000 00000000 00000000 00000111
-------------------------------------------
    00000000 00000000 00000000 00000011
```

则,z＝x&y 的结果十进制表示为 3。

【思考题】 能否通过"与"运算使一个数的指定位为 1 或为 0? 如果不能,为什么? 如果能,如何实现? 请举例说明。

事实上,使用这种办法,还可以保留一个数的指定二进制位。

2. 按位或

按位或(|)是指对两个整型数据中的对应二进制位做"或"运算。"或"运算的规则为:只要参加运算的两个二进制位中有一个为 1,则结果就是 1;只有参加运算的两个二进制位均为 0 时,结果才为 0。例如下列程序:

```
int x=11,y=7,z;
z=x|y;
```

```
    00000000 00000000 00000000 00001011
|   00000000 00000000 00000000 00000111
------------------------------------------
    00000000 00000000 00000000 00001111
```

则 z＝x|y 的结果的十进制表示为 15。按位或运算可以方便地将一个数的某些二进制位设置为 1。如果两个数代表两个集合,则按位"或"运算相当于两个集合的"并"运算。

3. 按位异或

按位异或(^)是指对两个整型数据中的对应二进制位进行"异或"运算。"异或"运算的运算规则为:如果两个参加运算的二进制位不同,则结果为 1,相同则为 0。例如下列程序:

```
int x=11,y=7,z;
z=x^y;
```

```
    00000000 00000000 00000000 00001011
^   00000000 00000000 00000000 00000111
------------------------------------------
    00000000 00000000 00000000 00001100
```

则 z＝x^y 结果的十进制表示为 12。

异或运算有一个性质,即在同一数据上两次异或一个值,结果会变回原来的值。例如,上面的 z 再异或 y:

```
    00000000 00000000 00000000 00001100
^   00000000 00000000 00000000 00000111
------------------------------------------
    00000000 00000000 00000000 00001011
```

结果为原来的 x。

4. 按位取反

按位取反(～)运算将整型运算对象的每个二进制位做“求反”运算。“求反”运算是单目运算。运算规则是：如果原来的二进制位为 1，则结果为 0；如果原来的二进制位为 0，则结果为 1。按位取反运算为单目运算，运算对象写在运算符之后。例如，

```
int x=11,z;
z=~x;
    ~00000000 00000000 00000000 00001011
-----------------------------------------------
z   11111111 11111111 11111111 11110100
```

5. 左移位运算

左移位运算(<<)将整型数据的二进制位全部依次向左移动若干二进制位，并在该数据的右端添加相同个数的 0。例如：

```
int x=179,z;
z=x<<4;

    00000000 00000000 00000000 10110011
<<4
-----------------------------------------------
    00000000 00000000 00001011 00110000
```

结果 z 的十进制形式为 2864。一个数每左移一位，相当于将这个数乘以 2。

左移运算常和按位或运算一起使用，用于将两个数的内容拼接在一起。

6. 右移位运算

右移位运算(>>)将整型数据的二进制位全部依次向右移动若干二进制位，并在该数据的左端添加相同个数的 0。例如：

```
int x=179,z;
z=x>>3;

        00000000 00000000 00000000 10110011
    >>3
-----------------------------------------------
        00000000 00000000 00000000 00010110
```

结果 z 的十进制形式为 22。一个数每右移一位，相当于将这个数除以 2。

右移运算常和按位与运算一起使用，用于从一个数中分离出某些二进制位。例如，取 x 的第三个字节，可以将其右移八位，和 0x00FF 做“与”运算。

【例 2-8】 判断文件属性的模拟。用户从键盘输入[0,63]内的整数，表示一个文件的属性。从低位开始，它的每个二进制位从低位到高位依次表示只读位、隐藏位、系统位、卷标位、子目录位、归档位。请判断该文件具有哪些属性，不具有哪些属性。有，用 1 表

示;没有,用 0 表示。

【问题分析】 检验属性,使用位运算,看该位是否为 1。例如,第 3 位(从 0 开始)的位权为 8,将一个数与 8 作"与"运算。如果这个数的第三位为 1,则结果是 8,保留了第三位,其他位为 0;如果这个数的第三位为 0,结果为 0,其他位总是 0。所以,"与"运算能保留指定位。输出时可以直接输出逻辑值。

【源程序】

```
//例 2-8 判断文件属性的模拟
#include <iostream>                        //包含需要的头文件
using namespace std;                       //名字空间
int main()                                 //主函数
{
    int attribute;                         //定义整型变量,表示属性字节的值
    int a0=1,a1=2,a2=4,a3=8,a4=16,a5=32;
                                           //定义 6 个变量并初始化,表示各属性位的位权

    cin>>attribute;                        //输入属性字节的十进制值

    //"与"运算保留了相应位的值。"=="运算比较是否与该位为 1 时的值相等
    //相等表示该属性有效,结果为 true,显示效果为 1
    //不相等表示该位无效,结果为 false,显示效果为 0
    cout<<"只读:"<<((attribute&a0)==a0)<<endl;
    cout<<"隐藏:"<<((attribute&a1)==a1)<<endl;
    cout<<"系统:"<<((attribute&a2)==a2)<<endl;
    cout<<"卷标:"<<((attribute&a3)==a3)<<endl;
    cout<<"目录:"<<((attribute&a4)==a4)<<endl;
    cout<<"归档:"<<((attribute&a5)==a5)<<endl;
    cout<<endl;
    return 0;
}
```

【运行结果】

```
39
只读:1
隐藏:1
系统:1
卷标:0
目录:0
归档:1
```

【程序测试】 题目要求输入的数在 0～63,但程序中并没有体现这一限制。如果输入 167,也能输出结果,这一结果是怎么计算出来的呢?如果输入负数呢?怎么解决这一问题呢?怎样让用户知道输入是否正确呢?

【程序分析】 本程序直接将逻辑表达式写在了输出语句中，也使用了小括号标明优先顺序。也可以将逻辑表达式的值赋给一个逻辑变量或整型变量，再输出该变量。

【思路扩展】 一个位可以表示两种状态事物的一种状态，例如开关的“开”或“关”状态。如果用一位表示一个开关，可控制一盏灯；那么一个字节就可以控制 8 盏灯，一个整型变量就可以控制 32 盏灯。用多个整型变量就可以控制更多的灯。

请思考，位运算还可以用在什么地方？

7. 复合位运算符

位运算的复合运算符有：&=、|=、^=、<<=、>>=。它们的用法如下：

```
x&=y;                    //等价于 x=x&y;
x|=y;                    //等价于 x=x|y;
x^=y;                    //等价于 x=x^y;
x<<=y;                   //等价于 x=x<<y;
x>>=y;                   //等价于 x=x>>y;
```

注意，没有按位取反运算的复合运算。

2.2.6　三目条件运算符

数学中，经常遇到分段函数，例如单位函数：

$$y(t)=\begin{cases}1 & t\geqslant 0\\0 & t<0\end{cases}$$

是一种简单的分情况处理问题。这样的问题可以使用三目条件运算符(?:)解决，它的格式是：

```
<逻辑表达式>?  <表达式 1>:<表达式 2>
```

执行过程是，先计算<逻辑表达式>的值。如果为 true(即 1 或非 0)，则计算<表达式 1>，整个表达式的值是<表达式 1>的值；如果<逻辑表达式>的值为 false(即 0)，则计算<表达式 2>的值，整个表达式的值是<表达式 2>的值。例如，上面的分段函数，用下列程序计算：

```
double t;
int y;
cin>>t;
y=(t>=0?1:0);
cout<<y<<endl;
```

其中的圆括号可以不加，但加上括号使程序清楚，减少歧义。

三目条件运算符组成的表达式也称**问号表达式**，它相当于简单的 if…else…分支结构(将在第 3 章学习)，表达的意义是：

```
如果 <逻辑表达式>的值为 true
    结果为 <表达式 1>的值
```

否则

结果为 <表达式 2>的值

【例 2-9】 100 以内整数加法练习系统。编写程序，自动产生两个小于 100 的整数，显示给用户，并让用户输入它们的和。如果用户计算正确，显示“正确，祝贺！”；如果不正确，显示“错误，加油啊！”。

【问题分析】 本题要点：一是自动产生数据。查本书附录中的 C++ 数学函数，其中 rand()用于产生[0,32767]之间的随机数。二是小于 100。如果以 100 作为除数，一个数除以 100 的余数是小于 100 的，所以可以用求余运算符%。三是判断。就看用户输入与程序计算的和是否相等，用比较运算符==。四是显示“正确”和“错误”，是依据条件的，可以使用问号表达式。

【算法描述】

① 产生小于 100 的两个随机数 a，b；

② 计算 c=a+b；

③ 用户输入 x；

④ 如果 x 等于 c，显示“正确，祝贺！”；

否则，显示“错误，加油啊！”。

【源程序】

```
//例 2-9 100 以内加法练习系统
#include<iostream>                          //包含头文件 cout,cin 需要
#include<cmath>                             //包含头文件,rand()需要
using namespace std;                        //名字空间

int main()                                  //主函数
{
    int a,b,c;                              //分别表示两个数及它们的和
    int input;                              //存放用户输入的和
    char right[20]="正确,祝贺!";            //保存字符串
    char wrong[20]="错误,加油啊!";          //保存字符串
    a=rand()%100;                           //产生小于 100 的随机数
    b=rand()%100;                           //产生小于 100 的随机数
    c=a+b;                                  //计算和
    cout<<a<<"+"<<b<<"=?";                  //显示两个数并提示用户输入
    cin>>input;                             //用户输入的和
    cout<<(input==c?right:wrong);           //根据正确与否显示不同的信息
    cout<<endl;
    return 0;
}
```

【运行结果】

(1) 第一次运行：

```
41+67=?18
```

错误,加油啊!

(2) 第二次运行:

41+67=?108

正确,祝贺!

【程序测试】 上述运行按照要求,输入两个整数,一对、一错。如果输入108.55呢?如果输入一个或一串字符呢?

【程序分析】 本程序中的问号表达式,input==c为true时表达式的结果为right,input==c为false时表达式的结果为wrong,然后将结果输出。该句还可以写成下列形式:

```
input==c?cout<<right:cout<<wrong;
```

即input==c为true时输出right;input==c为false时输出wrong。

另外要注意到,本程序每次运行显示的两个数都是41和67,这还是随机的吗?通常,称直接用rand()产生的随机数为**伪随机数**。如果在程序中再写两个rand(),在运行之前,无法预料它们是什么,但运行之后,再次运行,产生的4个数还是相同的。也就是说,在第一次运行前,是多少?不确定,是随机产生的,但以后每次运行时产生的序列都是相同的,所以叫伪随机。解决这一问题的方法:

① 包含头文件ctime;

② 在程序的开始处,使用rand函数之前加一条语句:srand(time(0));该语句的功能是置随机数种子,从而使每次运行产生的随机数序列都是不同的。

2.2.7 运算符的优先级

C++有几十种运算符。当这些运算符混合运算时,像四则运算的"先乘除、后加减"一样,C++规定了运算符的优先级别。各运算符的优先顺序见表2-3。其中,优先级别的数字越大,级别越低,运算顺序越靠后。对于同级别的运算符,按"结合方向"的顺序运算。

表2-3 运算符的优先级和结合方向

优先级	运算符	名称或含义	使用形式	结合方向
1	()	圆括号	(表达式)/函数名(形参表)	从左到右
	[]	数组下标	数组名[常量表达式]	
	.	结构体或对象成员选择	对象.成员名	
	->	用指针访问对象的成员	对象指针->成员名	
2	-+	负号和正号	-表达式 +表达式	从右到左
	++	自增运算符	++变量名/变量名++	
	--	自减运算符	--变量名/变量名--	
	!	逻辑非	!表达式	

续表

<table>
<tr><th>优先级</th><th>运算符</th><th>名称或含义</th><th>使用形式</th><th>结合方向</th></tr>
<tr><td rowspan="5">2</td><td>～</td><td>按位取反</td><td>～表达式</td><td rowspan="5">从右到左</td></tr>
<tr><td>(类型)</td><td>强制类型转换</td><td>(数据类型)表达式</td></tr>
<tr><td>*</td><td>取值运算符</td><td>*指针变量</td></tr>
<tr><td>&</td><td>取地址运算符</td><td>&变量名</td></tr>
<tr><td>sizeof</td><td>对象或类型的大小</td><td>sizeof(表达式或类型)</td></tr>
<tr><td rowspan="2">3</td><td>*　/</td><td>乘　除</td><td>表达式*表达式</td><td rowspan="2">从左到右</td></tr>
<tr><td>%</td><td>余数(取模)</td><td>整型表达式/整型表达式</td></tr>
<tr><td>4</td><td>＋　－</td><td>加 减</td><td>表达式＋表达式</td><td>从左到右</td></tr>
<tr><td>5</td><td>＜＜　＞＞</td><td>左移　右移</td><td>变量＜＜表达式</td><td>从左到右</td></tr>
<tr><td>6</td><td>＞　＞＝
＜　＜＝</td><td>大于　大于等于
小于小于等于</td><td>表达式＞表达式</td><td>从左到右</td></tr>
<tr><td>7</td><td>＝＝　！＝</td><td>等于　不等于</td><td>表达式＝＝表达式</td><td>从左到右</td></tr>
<tr><td>8</td><td>&</td><td>按位与</td><td>表达式&表达式</td><td>从左到右</td></tr>
<tr><td>9</td><td>^</td><td>按位异或</td><td>表达式^表达式</td><td>从左到右</td></tr>
<tr><td>10</td><td>|</td><td>按位或</td><td>表达式|表达式</td><td>从左到右</td></tr>
<tr><td>11</td><td>&&</td><td>逻辑与</td><td>表达式&&表达式</td><td>从左到右</td></tr>
<tr><td>12</td><td>||</td><td>逻辑或</td><td>表达式||表达式</td><td>从左到右</td></tr>
<tr><td>13</td><td>?:</td><td>条件运算符</td><td>表达式1? 表达式2: 表达式3</td><td>从右到左</td></tr>
<tr><td rowspan="8">14</td><td>＝</td><td>赋值运算符</td><td>变量＝表达式</td><td rowspan="8">从右到左</td></tr>
<tr><td>/＝　*＝</td><td>除后赋值　乘后赋值</td><td>变量/＝表达式</td></tr>
<tr><td>%＝</td><td>取模后赋值</td><td>变量%＝表达式</td></tr>
<tr><td>＋＝　－＝</td><td>加后赋值　减后赋值</td><td>变量＋＝表达式</td></tr>
<tr><td>＜＜＝　＞＞＝</td><td>左移后赋值　右移后赋值</td><td>变量＜＜＝表达式</td></tr>
<tr><td>&＝</td><td>按位与后赋值</td><td>变量&＝表达式</td></tr>
<tr><td>^＝</td><td>按位异或后赋值</td><td>变量^＝表达式</td></tr>
<tr><td>|＝</td><td>按位或后赋值</td><td>变量|＝表达式</td></tr>
<tr><td>15</td><td>,</td><td>逗号运算符</td><td>表达式,表达式,…</td><td>从左到右</td></tr>
</table>

表 2-3 中的运算符,大部分已经讲过,其余的将在后续章节讲到。

运算符中,圆括号的级别最高,所以如果要改变混合运算的运算次序,或者对运算符的优先级别把握不准时,可以使用圆括号来明确指定运算顺序。这也是推荐的做法,因为这样可使程序更容易阅读。

运算符的结合方向是对优先级别相同的运算符而言的,大部分运算符的结合方向是从左向右。如 a/3 * b 的运算次序是先计算 a/3，结果再乘 b。相当于数学中的$\frac{ab}{3}$，而不是$\frac{a}{3b}$。这在编程时要特别注意。如果要实现$\frac{a}{3b}$的运算，可以写为 a/3.0/b 或 a/(3.0 * b)。

【思考题】 写出下列计算公式的 C++ 表达式。

$$y = \frac{2n^2 - n + 3}{n^3 + 2n^2 - 1}$$

结合方向从右至左的运算符有三组：一组是优先级别为 2 的这一组，这组运算符都是单目运算。单目运算一般是操作数在运算符的右侧，运算顺序是离操作数近的运算优先。例如：

```
int a,b;
a=5;
b=-++a;
```

先计算＋＋a，结果为 6，再计算负号。结果为－6。

第二组是条件运算，这组运算符只有一个，结合方向没有实际意义。有些教材举的一些例子如：

```
int  i=0,j=1;
i=j==3 ?4 : j ?(j=3):5;
```

实际是嵌套问题，并不推荐大家这样写程序。最好将上述第 2 行写为两行或加上小括号，以使意义更加清楚。

第三组自右结合的运算符是复合运算符。例如：

```
int a=1,b=2,c;
c=a+=b+=4;
```

先计算 b＋＝4，结果为 6；再计算 a＋＝6，结果为 7；最后 a 为 7，b 为 6，c 为 7。

虽然利用结合性和优先级可以使得表达式看起来简洁（没那么多括号）和“高深”，但这样的程序不容易理解，甚至自己都看不懂，所以建议大家使用括号和分几个语句写的方式使程序清晰易懂。

2.2.8　不同类型数据的混合运算

C++ 中，有些运算符对操作数的类型有严格的要求。例如，求余运算符％和位运算符只能用于整型数据。有些运算符对类型要求不那么严格。例如四则运算可以用于整型、浮点型和双精度型，甚至两个操作数可以是不同的类型，那么它们运算结果又应该是什么类型呢？

1. 数据类型的级别

C++ 规定了数据类型的级别，从低到高是：

char→int→unsigned→long→unsigned long→float→double

2. 不同类型数据的运算

C++ 规定：

不同类型的数据在参加运算之前，自动将级别低的类型转换为级别高的类型，然后再进行运算，结果为转换后的类型。例如，char 型和 int 型运算，结果为 int 型；int 型和 double 型运算，结果为 double 型。

要注意的是，如果两个操作数的级别都是低级类型，则结果的类型仍然会是低级类型。例如，int 型和 int 型运算，结果仍为 int 型，即使是除法也是如此。这样使得 1/3 的结果为整型，所以得到的值是 0 而不是 0.333……

【思考题】

(1) 怎样使 1 除以 3 得到带小数的实数结果？

(2) 有符号类型和无符号类型混合运算，结果为无符号型。

(3) 赋值运算将等号右边的类型自动转换(如果不一致)为等号左边的变量的数据类型，然后再赋值。这时要注意，如果实数赋值给整型变量，将直接取整。

3. 强制类型转换

虽然混合运算有自动的数据类型转换，但有时并不能满足需求。例如，n 表示某班的人数，用整型，没问题；m 表示男生数，用整型，也没有问题。但如果要计算男生的比例，使用语句 p=m/n;，即使 p 为双精度类型，也无法得到正确结果，这是因为 m/n 的结果将先取整再赋给 p。这时，可以明确指示系统将 n 或 m 转换为 double 类型，再混合运算，就可以得到 double 的结果。这种类型的转换方式称为**强制类型转换**。强制类型转换有两种格式。

- (类型名)操作数：将相邻的操作数转换为指定类型。
- 类型名(表达式)：将表达式的值转换为指定类型。

【思考题】 请分析并实践下列程序的结果。

```
int a=1,b=2;double c;
c=(double)1/2;                          //强制类型转换，类型名在括号中
cout<<c<<endl;
c=double(1/2);                          //强制类型转换，表达式在括号中
cout<<c<<endl;
```

2.3 程序设计实例

2.3.1 已知三边计算三角形面积

【例 2-10】 用海伦公式计算三角形的面积。用户输入三角形的三条边长 a、b、c，用海伦公式计算三角形的面积。

$$A = \sqrt{s(s-a)(s-b)(s-c)}$$

其中，$s=\frac{1}{2}(a+b+c)$，三边长可能为实数。

【问题分析】 本例根据输入的三个实数，用公式计算面积，算法并不复杂。需要注意的一是计算公式的书写，即表达式的书写。开方使用数学函数 sqrt()，根号下的乘积不能省略星号 *；再有就是数据类型的混合运算，其中$\frac{1}{2}$有多种写法，注意类型转换。输入的 a、b、c 三边长度应保证能构成三角形。

【算法描述】 用海伦公式计算三角形的面积。

用 a、b、c 表示三角形的三条边长。

① 输入 a、b、c 3 个数；

② 计算 $s=(a+b+c)/2$；

③ 计算面积 $A=\sqrt{s(s-a)(s-b)(s-c)}$；

④输出面积 A。

【源程序】

```
/* example2-10 area of a triangle */               //程序注释
#include <iostream>                                  //包含基本输入输出库头文件
#include <cmath>
using namespace std;                                 //使用名字空间

int main()                                           //主函数
{
    double a,b,c;                                    //定义双精度变量
    double s,A;
    cout<<"Please input three edges a,b,c=";        //输入提示
    cin>>a>>b>>c;                                    //输入
    s=(a+b+c)/2.0;                                   //计算 s
    A=sqrt(s*(s-a)*(s-b)*(s-c));                     //计算面积
    cout<<"The area is "<<A<<endl;                   //打印面积
    return 0;                                        //程序结束
}
```

【运行结果】

```
Please input three edges a,b,c=4 5 6
The area is 9.92157
```

【思考题】

① 计算 s 右边的表达式时应注意什么问题？还可以怎样书写？

② 程序中怎么有两个 a(一个大写 A，一个小写 a)呢？

2.3.2 从反序数到回文数

【例 2-11】 构造一个 5 位数的反序数。例如，用户输入 12345，构造出 54321 并输出。

【问题分析】 本题要点有两个，一个是分离出一个数的每一位，另一个是构造一个新

数。分离各位，可以使用整数的求余运算和除法取整的特点。设输入的数是 a，则个位为 a%10；将这个数除以 10，则原来的十位变成了个位；再除 10 求余，分离出十位；依次类推，分离出各位。构造新数：如果是两位数，十位 a，个位 b，则这个数为 a＊10＋b；如果为三位数，百位 a，十位 b，个位 c，则该数为 a＊100＋b＊10＋c，还可以写为(a＊10＋b)＊10＋c。依此，5 位数各位为 a、b、c、d、e，则该数为(((a＊10＋b)＊10＋c)＊10＋d)＊10＋e。这是程序设计中的常用技巧。

【算法描述】 构造 5 位的反序数。

用 n 表示输入的原 5 位数，用 m 表示构造出的新 5 位数。

① 输入五位数 n；

② 依次分离出个位、十位、百位、千位和万位，分别用 a、b、c、d、e 表示；

③ 用式子(((a＊10＋b)＊10＋c)＊10＋d)＊10＋e 构造新的 5 位整数(注意，原来的个位变为新数的万位，原来的万位变为新数的个位)；

④ 输出新数。

【源程序】

```
/* example2-11 inversed number */                    //程序注释
#include <iostream>                                  //包含基本输入输出库头文件
#include <cmath>
using namespace std;                                 //使用名字空间

int main()                                           //主函数
{
    int n,m;                                         //n,m表示输入的数和反序后的数
    char a,b,c,d,e;                                  //分别表示原数的个、十、百、千、万位
    cout<<"Please input a five-digit number ";      //输入提示
    cin>>n;                                          //输入一个五位整数

    a=n%10;                                          //分离个位

    n=n/10;
    b=n%10;                                          //分离个十位

    n=n/10;
    c=n%10;                                          //分离百位

    n=n/10;
    d=n%10;                                          //分离千位

    n=n/10;
    e=n%10;                                          //分离万位

    m=(((a*10+b)*10+c)*10+d)*10+e;                   //构造新数
```

```
    cout<<"The inversed nunber is "<<m<<endl;  //输出
    return 0;                                  //程序结束
}
```

【运行结果】

```
Please input a five-digit number 12345
The inversed nunber is 54321
```

【程序分析】 本例中,由于各位数字最大不超过 9,而 char 型数表示的范围为－128～127,所以可以用 char 型变量表示。

【思路扩展】

(1) e 和最后的 n 有什么关系？最后的求余有必要吗？

(2) 本例中,不用 n＝n/10;这种方式,分离十位还可以写成 b＝n/10%10。类似地,分离其他位呢?

(3) 有兴趣的读者可以考虑：用户任意输入一个数,构造其反序数并输出。

(4) 如果一个数的反序数与它相等,那么这就是一个回文数。修改上面的程序,判断用户输入的数是不是回文数。

2.3.3 数字符号的数值形式和 ASCII 形式

【例 2-12】 一位数的整数形式和 ASCII 形式的转换。编写程序,用户输入一位数,存入整型变量,然后将其转换为字符存入字符型变量,打印字符变量及其代表字符的 ASCII 值。

【问题分析】 本例的关键是理解数和 ASCII 字符在计算机中的表示的不同。数在计算机中以其二进制形式存放,如 int 型的数 9 在计算机中存放的是 00001001B(其中 B 表示二进制);ASCII 字符在计算机存放的是其 ASCII 值的二进制。如 char 型的字符'9',在 ASCII 表中的代码是 57,二进制形式为 00111001B。char 型的'9'和 int 型的 9 在内部存储的数值上相差 57－9＝48,所以,将一个 int 型的数字加上 48 就可转换为一个字符型的数字字符。

【算法描述】 一位数的整数形式和 ASCII 形式的转换。

① 输入一个一位整数,用整型变量 n 表示;

② c＝n＋48;

③ 以字符形式输出 c。

【源程序】

```
/* example2-12 exchange int and char  */     //程序注释
#include <iostream>                          //包含基本输入输出库头文件
using namespace std;                         //使用名字空间

int main()                                   //主函数
{
    int n;                                   //声明整型变量
```

```
    char c;                                          //声明字符型变量

    cout<<"Please input a digit ";                   //输入提示
    cin>>n;                                          //输入
    c=n+'0';                                         //数字转换为字符
    cout<<c<<"  ASCII "<<(int)c<<endl;               //以字符和数值形式打印
    return 0;                                        //程序结束
}
```

【运行结果】

```
Please input a digit 8
8  ASCII 56
```

【程序分析】 上述程序中,n 加的是'0'。实际上,字符'0'的 ASCII 值就是 48,所以加'0'就是加了 48。另外,c 是字符型变量,如果直接输出,就是输出其代表的字符。如果将其转换为整型(int)c,其值不变,输出的是所代表字符的 ASCII 码。所以,输入 8,用整型变量 n 保存,n 的值为 8。n+'0'的值为 56,将其存放在字符变量 c 中。输出 c,输出的是 56 对应的 ASCII 码符号'8'。输出(int)c,输出的就是 c 的值 56。其中的 c 也可以改成 int 类型,这样直接输出的就是其代表的整数。输出(char)c,输出的是以 c 为 ASCII 值的符号。

字符和数的转换,在程序设计中经常遇到。比如,输入一个大数 8147483647,这个数超出了 int 型数的表示范围。一种方法是将其以字符串的形式保存,但字符串就失去了数的特性,比如四则运算就很不方便。如果要求这个数各位数字的和,就需要分离出各位数字,转换为整型,再求和。

【思考题】

(1) 编写程序,将数字字符转换为数值(将一个字符型的数字,转换为一个整型的数字)。

(2) 使用集成环境的跟踪功能,观察 int 和 char 型数据在内存中的值。

2.3.4 启闭指定设备

【例 2-13】 大型超市在顾客不是很多时,收银台经常是隔一个打开一个。设这些收银台除操作员密码外,还由控制室统一控制,只有控制室打开该设备后操作员才能使用。设每个设备用一个二进制位表示,1 表示开启,0 表示关闭。用户输入一个无符号整数表示初始的状态。编写程序分别将这个数的二进制的奇数位置成 0 和置成 1(从最低位开始为第 0 位),以十六进制形式打印设置后的两个数。

【问题分析】 无符号整型变量用 unsigned int 说明。置 1 用按位"或"运算,置 0 用按位"与"运算。以十六进制形式输出使用:

```
cout<<hex<<v;
```

其中 v 是待输出的变量。

【算法描述】

① 输入无符号整数 a;

② 设奇数位为 0 的数为 odd0＝0x55555555，奇数位为 1 的数为 odd1＝0xAAAAAAA;

③ 将 a 分别与 odd0,odd1 做"与"运算和"或"运算,结果用 a0,a1 表示;

④ 输出 a0,a1 的十六进制形式。

【源程序】

```
/* example2-13 binary operation */          //程序注释
#include <iostream>                          //包含基本输入输出库头文件
using namespace std;                         //使用名字空间

int main()                                   //主函数
{
    unsigned int a;                          //声明无符号整型变量,保存原数
    unsigned int odd0=0x55555555;            //奇数位 0    5=0101B
    unsigned int odd1=0xAAAAAAAA;            //奇数位 1    A=1010B
    unsigned int a0,a1;                      //声明无符号整型变量,保存设置后的数
    cout<<"Please input a number ";          //输入提示
    cin>>a;                                  //输入
    a0=a & odd0;                             //与运算,将奇数位置 0,其他位不变
    a1=a | odd1;                             //或运算,将奇数位置 1,其他位不变
    cout<<"odd digit 0-"<<hex<<a0<<endl;     //以十六进制形式输出奇数置 0 的数
    cout<<"odd digit 1-"<<hex<<a1<<endl;     //以十六进制形式输出奇数置 1 的数
    return 0;                                //程序结束
}
```

【运行结果】

```
Please input a number 57
odd digit 0-11
odd digit 1-aaaaaabb
```

【程序测试】 57 的二进制形式为 0011 1001B。奇数位置 0 是什么？奇数位置 1 是什么？

【思考题】 编写程序保留一个数的第 3 个字节(左起)。

2.3.5 加密解密

【例 2-14】 一段意义明确的文字,经过变换后变得无法理解了;合法用户可以将其变回原来的文字,而不合法用户则不能。这就是加密。加密的一种方法叫替换加密法。将原来文字中的字母用其后的第 k 个字母替代(26 个字母的字母表看做是循环的,即 z 后的字母是 a)。例如,k＝3,对"today"的每一字母用其后的第 3 个字母代替,结果为"wrgdb"。

编写程序,用户从键盘输入一个小写字母和 k 值,将输入的小写字母用替换加密法加

密并输出加密后的字母。

【问题分析】 字母的 ASCII 码是顺序相邻的，所以，给一个字母加 k 就是另一个字母。本题的关键是如何处理循环字母表。对 k=3，字母 w 直接加 3 是字母 z，而字母 x 就不能直接再加 3 了。程序设计中，处理这种“循环”的方法是利用求余运算。当整数超过 m 时，对 m 求余，就可得到 0～m−1 的整数，使得结果在 0～m−1 内循环。但 26 个字母的 ASCII 值不是从 0 开始的。这时，可以将它们均减去 97(即'a'的 ASCII)，26 个字母对应的数字变为 0～25；这时可将待加密字母加 3 除 26 求余，结果在 0～25；最后再将该数加上 97 变成某个字母对应的 ASCII 值。

【算法描述】 替换加密。

① 输入单个小写字符 c 和数 k；

② 计算它在英文字母表中的序号 n=c−'a'(从 0 开始)；

③ 将序号 n 加 k(n=n+k)；

④ 除 26 求余(n=n%26)；

⑤ 输出新序号位置的字母(ec=n+'a')。

【源程序】

```
/* example2-14 encryption  */          //程序注释
#include <iostream>                    //包含基本输入输出库头文件
using namespace std;                   //使用名字空间
int main()                             //主函数
{
    char c;                            //定义字符变量,存放原字母
    char ec;                           //定义字符变量,存放加密后的字母
    int k;                             //定义整型变量,存放密钥 k
    cout<<"Please input a lower character and k"<<endl;      //输入提示
    cin>>c>>k;                         //输入
    ec=((c-'a')+k)%26+'a';             //加密算法
    cout<<ec<<endl;                    //输出密文字母
    return 0;                          //程序结束
}
```

【程序分析】 程序中的'a'实际就是 97，所以编程时并不需要记住字母的 ASCII 值，可以使用字符常数，它在计算中存储的就是其 ASCII 码。如果按整型数打印，就可输出其 ASCII 值，例 2-12 曾用过。

【思路扩展】

(1) 如何实现大写字母的加密？

(2) 如何解密？

(3) 该例实现一个字母、一个密钥的加密。输入一组数据，程序结束。这非常不实用。如何实现程序一次运行，就可以输入多组数据呢？

请将程序改为：

```
/* example2-14 encryption  */          //程序注释
```

```
#include <iostream>                     //包含基本输入输出库头文件
using namespace std;                    //使用名字空间

int main()                              //主函数
{
    char c;                             //定义字符变量,存放原字母
    char ec;                            //定义字符变量,存放加密后的字母
    int k=1;                            //定义整型变量,存放密钥 k
    cout<<"Please input a lower character and k"<<endl;       //输入提示
    while(k!=0)          //当 k 不等于 0 时,循环执行下面大括号中的程序,k 为 0 时停止
    {
        cin>>c>>k;                      //输入
        ec=((c-'a')+k)%26+'a';          //加密算法
        cout<<ec<<endl;                 //输出密文字母
    }
    return 0;                           //程序结束
}
```

(4) 上面的程序也只能实现小写字母的加密,也就是说用户只能输入小写字母。要同时实现大写和小写字母的加密怎么办呢?

将上面 while 后面的一对大括号中的程序改为:

```
cin>>c>>k;                              //输入
if(c>='a')                              //用户输入的字母是小写字母
{
    ec=((c-'a')+k)%26+'a';              //加密算法
}
else                                    //用户输入的字母不是小写字母(默认为大写字母)
{
    ec=((c-'A')+k)%26+'A';              //加密算法
}
cout<<ec<<endl;                         //输出密文字母
```

实际上,这个程序还有很多问题。例如,可否输入一次密钥,多次输入待加密字母?如果用户输入的不是字母怎么办呢?真正加密输入的应是一段话,这又怎样实现呢?随着 C++ 知识的丰富,这些问题都可迎刃而解。

2.4 小结

(1) 程序设计语言中,根据数据存储结构的不同,将数据分成不同的数据类型。不同的数据类型不仅占据的存储单元不同,表示的数据的范围和能进行的运算也不相同,所以,编程时应为待表示的数据选择合适的数据类型。

(2) C++ 中的基本数据类型有 bool、char、short、int、float、double，它们占的字节数分别为 1、1、2、4、4、8。当一种类型的变量只用于表示正整数时，符号位也用于数的表示。此时称这种类型为无符号数据类型。在定义变量时，将 unsigned 写在类型前面，如 unsigned short，unsigned int 等。

(3) C++ 中的常量有字面常量和符号常量两种形式。

字面常量直接写出数据。字符常量是由一对单引号引起来的一个字符。如'a'、'\n'、'\t'等。不加小数点的数是整数，加小数点的数是双精度数，如 5 和 5. 是不一样的。整数以 0x 开头是十六进制表示，以 0 开头是八进制表示。还要注意实数可以使用科学记数法，如 1.0E-10，其中的 E 大小写均可。

符号常量使用 const 说明。例如：

```
const int   A=48;
const double PI=3.14159;
```

注意，其中的类型名不能省略，例如 const A=48;是错误的。

还有一种常量的用法，叫"宏"。用 # define 说明：

```
#define PI  3.1415926
```

这一行程序末尾不加分号，不是 C++ 的语句，一般写在 main 函数前。在编译时，系统先将程序中出现 PI 的地方统统用 3.1415926 替换，然后再编译，所以实际是字面常量。

(4) C++ 程序中的所有变量必须先定义，后使用。一般将所有的变量定义放在程序的开头。定义变量时，一个类型名后可以有多个变量名，即一次定义多个同类型的变量，变量名之间用逗号隔开，最后要加分号。它是 C++ 的语句，称为说明语句。

变量不仅要先定义，还应该在使用前为其正确赋值。可以在定义变量的同时初始化，也可以在使用前用赋值运算符赋值。

(5) 注意字符型数据在内存中的值。字符型变量只能存放一个符号。赋值时将字符写在一对单引号中。也可以使用字符的 ASCII 值直接赋值，可以是十进制、十六进制或八进制。例如：

```
char  c1='a',c2=97,c3=0x61,c4=0141;
```

那么 c1、c2、c3 和 c4 表示的是同一个字符。

如果改变了字符型变量的值，就是改变了其所代表的字符，所以可以实现字符的加密、大小写转换等字符变换。

对于数字，如果以整型数据存放，内存中存放的是其数的二进制形式。如果以字符型数据存放，内存中存放的是其 ASCII 值的二进制形式。这也是在编程中要注意的。

(6) 运算符。本章介绍的运算符主要有：

赋值运算符：=。

算术运算符：+、-、*、/、%。

关系运算符：>、>=、<、<=、==、!=，特别注意"等于"的比较是两个等号。

逻辑运算符：&&(与)、||(或)、!(非)，注意不要写成位运算符。

位运算符：&(与)、|(或)、^(异或)、~(反)、<<(左移)、>>(右移)。

自增自减：++ 、-- ，注意前置后置的用法。

复合运算符：+=、-=、*=、/=、%=、&=、|=、^=、<<=、>>=。

(7) 关系表达式和逻辑表达式的值均为逻辑值。“真”或“假”在 C++ 中分别用 true 和 false 两个符号表示。实际上内存中存放的是数值 1 和数值 0，所以也可以用 1 表示 true，0 表示 false。给 bool 型变量赋值时，既可以使用 true 和 false，也可以使用 1 和 0。打印逻辑型变量或常量的值，会得到 1 或 0。

(8) 运算符的优先级不确定时，使用圆括号。

(9) 类型的混合运算不确定时，使用强制类型转换将运算对象转换为指定的类型。强制类型转换的使用格式有：

```
(类型)操作数
类型(操作数)
```

注意它们在写法和作用上的不同。

这里特别注意整型数的除法运算结果为整型数。如果结果有小数，一定要至少将其中一个先转换为 double 型，除非真要得到取整的结果。

习题 2

1. 按表 2-1 定义不同类型的变量，计算并显示不同类型的变量占的字节数。并尝试：与赋不赋值有关吗？将变量改为不同类型的常量呢？如 3、3.0，1.0E-4、'e'、"continue"、true、false 等。

2. 温度转换。输入华氏温度，用下列公式将其转换为摄氏温度并输出。

$$C = \frac{5}{9}(F - 32)$$

3. 编程试求函数

$$y = \frac{\sin x^2}{1 - \cos x}$$

当 $x \to 0$ 时的极限。提示：三角函数的值是通过数学函数 sin(x)(正弦)、cos(x)(余弦)来计算的(函数使用见附录)。输入的数值逐步变小，不要输入 0。

4. C++ 中的库函数 sin(x)，cos(x)等三角函数，自变量的单位为弧度。请编写程序，由用户输入角度，计算其正弦、余弦、正切(tan)和余切的函数值并显示出来。要求如果用到 π，请将其定义为符号常量。

5. 编程实现，用户从键盘输入 3 个整数，计算并打印这三个数的和、平均值及平均值的四舍五入整数值。

提示：直接将 double 型数转换为 int 型数，得到下取整结果。将一个数加 0.5，再取整(转换为 int 型数)呢？

6. 找零钱。为顾客找零钱时，希望选用的纸币张数最少。例如 73 元，希望零钱的面值为五十元 1 张，二十元 1 张，一元 3 张。设零钱面值有五十元、二十元、十元、五元和一元。请编写程序，用户输入 100 以下的数，计算找给顾客的各面值的纸币张数，并在程序中实现一个验证结果是否正确的办法。

7. 小写字母转为大写字母。用户输入小写字母，程序输出对应的大写字母。

8. 打印 ASCII 码表。输入一个字符（可能为字母、数字或标点符号等），在一行中打印该字符及该字符的 ASCII 码的十进制、十六进制形式和八进制形式，数据之间用'\t'分隔。

提示：输出八进制数使用 cout<<oct<<v;的格式，其中 v 是待输出的整型变量。

9. 用户输入不超过 255 的 4 个数，将这 4 个数从左向右顺序保存在一个整型变量的 4 个字节中。输出这个整型变量值的十进制和十六进制形式。

例如：

输入：1 2 3 4

输出的十进制数为：16909060

输出的十六进制数是：0X1020304

提示：(1) 由于每个数不超过 255，所以它只用了整型变量 4 个字节中最低的一个字节。设保存 4 个数的变量为 a，将第 1 个数赋值给 a，则第 1 个数暂时放在 a 的第 4 个字节(从左起)；将 a 左移 8 位，再与第 2 个数相加，则第 1 个数移到第 3 个字节，第 2 个数放在第 4 个字节。如此，可将第 1、2、3、4 个数放在第 1、2、3、4 个字节的位置。用十六进制形式输出，可以清楚地看到每个字节中的数。例如，用户输入的 4 个数是 255、15、14、13，则结果的十六进制形式为 ff0f0e0d，每两位是一个字节，这 4 个字节中的数就是输入的 4 个数的十六进制形式。

(2) 输出十六进制数使用：cout<<hex<<n<<endl; //n 为待输出的整型变量。

(3) 本题的实现有多种方法，请同学们思考。

10. 输入由 3 个减号隔开的 4 个 1 位数字，输出由这 4 个数字组成的 4 位数的 2 倍的数。例如输入 2-0-1-5，输出 4030。注意，输入时数据应保存在字符数组中，输出的是整数。

第3章 运算的流程控制

C++ 程序的基本组成单位是函数。函数是由语句组成的。语句是 C++ 程序的最小组成单位。将算法写成 C++ 编译器能识别的语句，编译后，计算机就按语句执行完成信息处理的任务。一条语句就是一条命令。然而，道路不是一帆风顺的，有岔路，有反复。选择的不同、反复的次数决定了到达目标的路径和时间，这就是流程控制。

3.1 程序的执行顺序

C++ 程序从 main 函数开始，按顺序逐行执行每一条语句。遇到函数，转去执行函数的那段程序。函数执行完毕，再回到 main 函数继续执行当前语句的其他操作，然后执行下一条语句。函数的使用可以嵌套，从而使得 C++ 可以解决更复杂的问题，但最后都要一级一级回到 main 函数。所以，程序基本的执行方式是串行的(逐行执行)。大家也常听说“并行”。并行就是同时执行。两人并排走路，是并行；把任务分成两部分，人分为两组，每组做一部分，8:00 开始，12:00 结束，也是并行。计算机科学中，数据在一条信号线上逐位传输，是串行；多条信号线，多位同时传输，是并行。代数运算中，两个向量相加，对应分量逐个相加，是串行；各对应分量同时相加(需要有多个 CPU)，是并行。打开计算机，启动多个应用程序，文字处理、计算、下载等工作同时进行就是并行。然而，并行需要有一个控制机构或控制程序，而这个机构对下面的受控对象来说，是串行的。比如，在计算机中同时运行的多个应用程序是在操作系统控制之下的，而且它们的启动过程是串行的。即使有多个 CPU，操作系统也要先分配任务，然后再发布执行命令，这一过程仍是串行的。所以说，串行是基本的运行方式。当有多个资源可以利用时，在控制机构的控制下，可以同时利用这些资源，就产生了并行。每个执行过程又可以利用其他资源，又产生了并行，这样世界又是在并行的状态中。因此，并行和串行是相互融合的。

生产中有这样一个问题：农产品生产线上，有一台分拣机，根据产品的直径进行产品分类。直径小于等于 6cm 的为三等，走通道 3；直径在 6～8cm 的为二等，走通道 2；直径在 8cm 以上的，为一等，分拣到通道 1。若有 n 件产品待分类，pi 表示第 i 件产品，di 表示第 i 件产品的直径，i=1，…，n，处理流程见图 3-1。

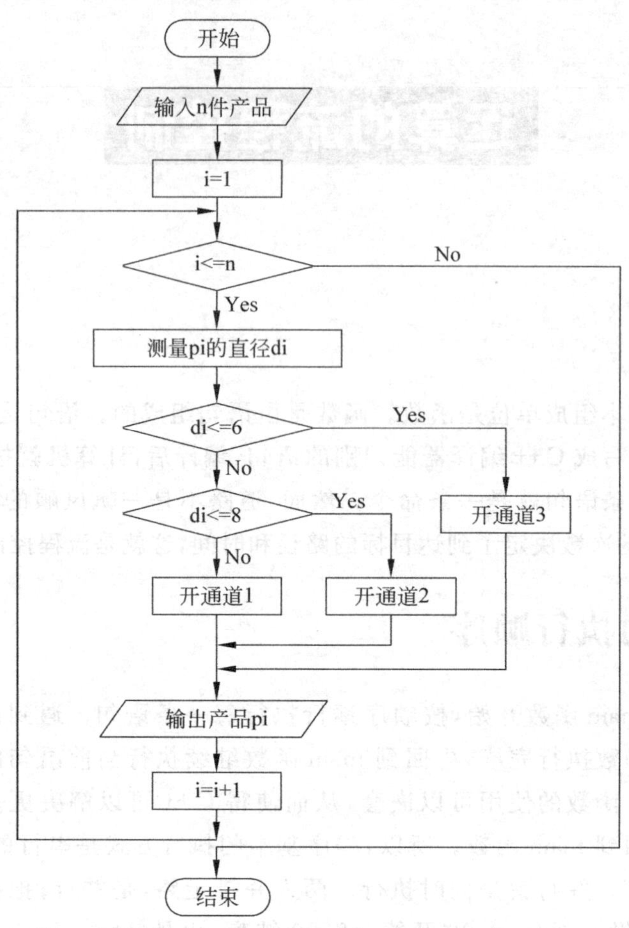

图 3-1 分拣机处理的流程图

从图 3-1 中看出，第一个菱形判断产品号 i 是否小于等于 n，如果是，则经过后面的一系列处理后，又回到这个菱形，只是这时 i 的值增加了 1，pi 代表下一个产品了；如果否，表示产品处理完了，处理结束。对各个对象循环地逐一进行相同的处理，这样的结构称为**循环结构**，反复处理的过程称为**循环**。第二个和第三个菱形根据直径的大小，确定开哪个通道，也就是分情况进行处理，没有直接回到该菱形的线，这样的结构称为**分支结构**。这样处理，在程序设计中称为**分支**。"输出产品 pi"和 i=i+1 两项处理是按流程线的方向顺序执行的，这样的结构称为**顺序结构**。算法描述中，只需这三种结构就可以描述任何问题的处理算法。相应地，程序设计中，任何语言也都提供对应这三种结构的语句。顺序结构的实现非常简单，只需要将两个语句按先后顺序排列，先执行出现在前面的语句。

3.2 不同情况分别处理——分支

生活中处理各种问题，常常是有选择、有条件的。信息处理也是如此。计算机语言为此设计了分支语句。分支语句一般有三类：单路分支、二路分支和多路分支。

3.2.1 特殊情况特殊处理(单路分支)

单路分支处理“特殊情况”,解决“遇到特殊情况特殊处理”的问题。使用的语句如下:

```
if (<条件>)
{
    <if块>
}
```

其中,if是关键字;<条件>是逻辑表达式,它写在一对圆括号中;<if块>是“特殊处理的措施”,可以是一条语句,也可以是多条语句或语句块,其中可以包含分支语句和循环语句。<if块>通常写在一对大括号中。当<if块>只有一条语句时,大括号可以省略。这样的语句的作用是:当逻辑表达式<条件>的值为true时,执行<if块>中的语句,否则执行后面的语句。

C++中,用一对大括号扩起来的若干行程序称为**分程序**(程序块)。分程序是一个整体,对它上、下的语句来说,相当于一条语句。执行顺序是上一条语句、分程序、下一条语句。分程序中可以嵌套分程序、分支、循环等语句。分程序中可以有变量的定义等说明语句,但这些变量只能在本分程序中使用,称为**局部变量**。分程序常作为分支、循环、函数等处理时的一个整体。

【例3-1】 用户从键盘输入两个数,求它们的最大值。

【算法描述】 两个数分别用a和b表示,用max表示找到的最大数。

① 输入两个数a,b;

② max=a;

③ 如果a<b,max=b;

④ 输出max。

【源程序】

```
//example3-1 求两个数中的最大数
#include<iostream>                    //包含输入输出头文件
using namespace std;                  //指定名字空间
int  main()                           //主函数
{
    double a,b;                       //声明变量,表示输入的两个数
    double max;                       //声明变量,存放最大数
    cin>>a>>b;                        //输入两个数
    max=a;                            //先设当前最大数为a
    if(a<b)                           //分支语句,判断a<b吗
    {
        max=b;                        //a<b时,b大,max=n
    }
    cout<<max<<endl;                  //输出最大数
    return 0;                         //函数返回
}
```

【运行结果】

```
7.23 15.3
15.3
```

【思路扩展】

① 编程求三个数的最大数。

② 编程计算下列分段函数的值：

$$y=\begin{cases}x^2 & x<0\\ x^3+2x^2+sx & x\geqslant 0\end{cases}$$

注意，其中的乘方使用连乘。

3.2.2 不同情况分别处理(两路分支)

【例 3-2】 解一元二次方程。输入一元二次方程的 a、b、c 三个系数，解一元二次方程 $ax^2+bx+c=0$，输出两个根(含复根)。

【问题分析】 一元二次方程的求根公式为：

$$x=\frac{-b\pm\sqrt{b^2-4ac}}{2a}$$

如果 $a=0,b=0$，那么它不是方程；如果 $a=0,b\neq0$，它有单根 $-c/b$。只有当 $a\neq0$ 时才可用上述公式求出两个根。而且，若 $b^2-4ac>0$，是两个实根，$b^2-4ac<0$ 是两个复根。分析中的“如果”，程序中常常用 if 表达。与 3.2.1 节不同的是，这里的情况是如果满足条件是一种处理方法，不满足条件是另一种处理方法。C++ 表达这样的命令使用二路分支语句：

```
if (<条件>)
{
    <if块>
}
else
{
    <else块>
}
```

其中，if 是关键词，<条件>是一个逻辑表达式，<if 块>和<else 块>是语句块，可以嵌套分支和循环语句。该语句的意义是如果<条件>的值为 true，则执行<if 块>中的程序；如果<条件>为 false，则执行<else 块>中的程序；然后顺序执行下面的语句。流程示意图如图 3-2 所示。

【算法描述】

输入 a,b,c;

如果 a=0,

　　如果 b=0,

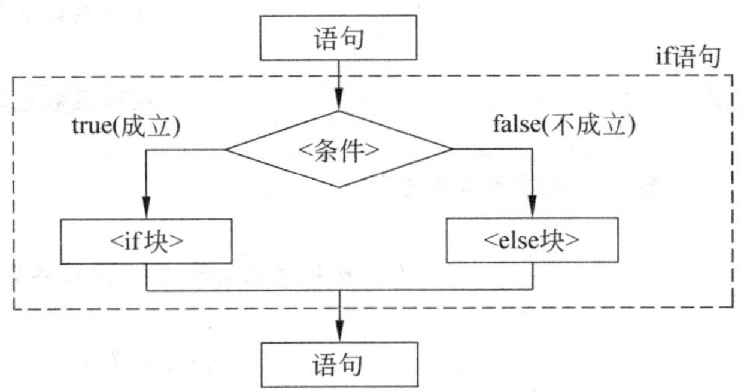

图 3-2　二路分支结构的执行顺序

输出"输入的系数不构成方程";
否则(即 b≠0)
　　计算单根 x=-c/b
　　输出单根 x
否则(即 a≠0)
　　计算 delta=b * b-4 * a * c
　　如果 delta>=0
　　　　delta=sqrt(delta)
　　　　输出 x1=(-b+delta)/2a 和 x2=(-b-delta)/2a
　　否则
　　　　delta=sqrt(-delta)
　　　　输出复根:
　　　　　　x1=-b/2a+j * delta/2a;
　　　　　　x2=-b/2a-j * delta/2a(注意 j 是虚数单位)

结束

请注意,本算法的描述采用了缩进的结构,缩进对应<if 块>或<else 块>,同一缩进层次的命令是顺序执行的。

【源程序】

```
//例 3-2 解一元二次方程
#include <iostream>                                   //包含需要的头文件
#include<cmath>                                       //求根函数 sqrt 需要的头文件
using namespace std;                                  //名字空间
int main()                                            //主函数
{
    double a,b,c;                                     //定义变量保存系数
    double delta;                                     //表示根的判别式
    double x,x1,x2;                                   //表示根
    cout<<"请输入一元二次方程的三个系数 a,b,c:";         //显示提示信息
    cin>>a>>b>>c;                                     //输入一元二次方程的系数
```

```
    if(a==0)                                            //二次项系数 a 等于 0 的情况
    {
        if(b==0)                                        //一次项系数也等于 0,不是方程
        {
            cout<<"输入的系数不构成方程"<<endl;
        }
        else                                  //二次项系数等于 0,一次项系数不为 0,一元一次方程
        {
            x=-c/b;                                     //计算单根
            cout<<"实际为一元一次方程,根为"<<x<<endl;      //输出
        }
    }
    else                                                //二次项系数 a 不为 0 的情况
    {
        delta=b*b-4.0*a*c;                              //计算判别式的值
        if(delta>=0)                                    //判别式大于等于 0,有实根
        {
            delta=sqrt(delta);                          //判别式开方
            x1=(-b+delta)/2.0/a;                        //根 1
            x2=(-b-delta)/2.0/a;                        //根 2
            cout<<"方程有实根,它们是:"<<endl;             //显示根
            cout<<"x1="<<x1<<",  x2="<<x2<<endl;
        }
        else                                            //判别式小于 0,有复根
        {
            delta=sqrt(-delta);                         //判别式变号开方
            x1=-b/2.0/a;                                //实部
            x2=delta/2.0/a;                             //虚部
            cout<<"方程有复根,它们是:"<<endl;
            cout<<"x1="<<x1<<"+j"<<x2<<",  x2="<<x1<<"-j"<<x2<<endl;
                                                        //打印复根
        }
    }
    return 0;
}
```

【运行结果】

```
请输入一元二次方程的三个系数 a,b,c: 1 1 -6
方程有实根,它们是:
x1=2,  x2=-3
```

【程序测试】 要检验程序的正确性,还应设计哪些测试用例?

【程序分析】 ①请注意本例的程序和算法,它们具有很强的对应关系。因此,算法写好了,编程就是按照相似的结构用 C++ 的语句表达出来。②由于 C++ 中没有复数类型,

所以程序中先计算复根的实部和虚部，在输出时构造成复数的形式。另外，因为实根和复根不会同时出现，所以两个实根和实部虚部用的是相同的变量。

【思路扩展】 程序中，使用了 if 语句的嵌套，即 if 块或 else 块中又有 if 语句。实际上，复杂的程序就是由更多的 if 及后面学的循环语句及它们的嵌套组成的。如果将 if 块、else 块看作一个整体，可以清楚地看出它们的层次和结构，这也体现了模块化的思想。

3.2.3 多种情况分类处理(多重分支 switch)

【例 3-3】 编程实现一个简单的计算器功能，实现简单的加、减、乘、除表达式的计算。设用户输入的表达式具有如下格式：

```
<操作数 1>    <运算符>  <操作数 2>
```

其中的操作数是整数或实数，运算符是＋、－、* 或/之一，三个量之间用空格隔开。

【问题分析】 用户输入表达式后，程序要判断是什么运算，然后再做相应的处理。该问题可以使用 if，或 if...else 解决。对于分支较多的情况，C++ 提供 switch 语句。switch 语句也叫开关语句、多分支语句，它计算一个表达式的值，根据结果的不同，执行不同的分支处理语句。switch 语句的格式如下：

```
switch(<表达式>)
{
case <常量表达式 1>:
    <case 块 1>
case <常量表达式 2>:
    <case 块 2>
⋮
case <常量表达式 n>:
    <case 块 n>
default:
    <默认 case 块>
}
```

其中，switch，case，default 是关键词；<表达式>实际是判断条件，只能是整型、字符型、布尔型或枚举类型；<常量表达式>的类型与<表达式>的类型相同；<case 块 i>(i=1,2,…,n)是程序块，其中可以嵌套分支、循环语句，不需大括号。switch 语句功能是计算<表达式>的值。如果其等于<常量表达式 i>的值，就执行<case 块 i>及以下的各个 case 块；如果不等于任何一个<常量表达式 i>的值，就执行<默认 case 块>。如果执行<case 块 i>后，不需要再执行其他 case 块，应在<case 块 i>的最后写上 break 语句：

```
break;
```

它使得 switch 语句中断，转去执行 switch 后的语句。

【算法描述】 用 num1，num2，op 分别表示输入的表达式的两个操作数和一个运算符。

如果 op='+'，则 result=num1+num2，输出 result；

如果 op='-',则 result=num1-num2,输出 result;

如果 op='*',则 result=num1*num2,输出 result;

如果 op='/',则

　如果 num2=0,显示“除数为 0”;

　否则,计算 result=num1/num2,输出 result;

其他,显示“运算符错误”。

【源程序】

```
//example3-3 简单的表达式计算器
#include<iostream>                               //包含输入输出头文件
#include<cmath>
using namespace std;                             //指定名字空间
int main()                                       //主函数
{
    double num1,num2;                            //声明变量,表示输入的是两个操作数
    char  op;                                    //声明字符变量,存放操作符
    double result;                               //声明变量,存放计算机结果
    char caption1[20]="Error,Divided by 0!";     //提示信息 1
    char caption2[20]="Invalid opereator!";      //提示信息 2
    cout<<"Please input the expression:";        //显示输入提示
    cin>>num1>>op>>num2;                         //输入表达式
    switch(op)                                   //开关语句 op 为字符型表达式
    {
        case '+':                                //是加号
        result=num1+num2;                        //计算和
        cout<<num1<<op<<num2<<"="<<result<<endl;      //显示表达式和结果
        break;                                   //中断
    case '-':                                    //是减号
        result=num1-num2;                        //计算差
        cout<<num1<<op<<num2<<"="<<result<<endl;
        break;                                   //中断
    case '*':                                    //是乘号
        result=num1*num2;                        //计算积
        cout<<num1<<op<<num2<<"="<<result<<endl;
        break;
    case '/':                                    //是除号
        if(fabs(num2)<1.0e-8)                    //除数为 0
        {
            cout<<caption1<<endl;                //显示除数为 0 的信息
        }
        else                                     //除数不为 0
        {
            result=num1/num2;                    //计算商
            cout<<num1<<op<<num2<<"="<<result<<endl;
        }
```

```
        break;
    default :                                   //以上情况都不是
        cout<<caption2<<endl;                   //显示运算符错误的信息
    }
    return 0;                                   //函数返回
}
```

【运行结果】 以下是 6 次的运行结果：

```
① Please input the expression:3  +  42
  3+42=45
② Please input the expression:17.36  -  14.00
  17.36-14=3.36
③ Please input the expression:12 * 30
  12*30=360
④ Please input the expression:40 / 12
  40/12=3.33333
⑤ Please input the expression:45 / 0
  Error,Divided by 0!
⑥ Please input the expression:34 %  54
  Invalid opereator!
```

【程序分析】 本例中，switch 的条件是字符型的表达式，＜常量表达式＞也是字符型的；fabs()是求绝对值的函数，它包含在 cmath 头文件中；在每一个 case 处理的最后，都有一个 break 语句，这样，如果是加法，计算和并显示结果后，就结束了整个 switch 语句，否则会执行减法的运算并显示。另外 char caption1[20]＝"Error,Divided by 0!"；说明用 caption1 表示长度不超过 20－1 个字符的一串字符——"Error,Divided by 0!"，像第 1 章中出现的 name1,name2 一样。

3.3 多次加工——循环程序设计

3.2 节设计了一个简单的计算器，运行结果中给出了 6 组结果。这 6 组结果是让软件运行了 6 次。如果用聊天软件作比较，相当于说 6 句话，打开了聊天软件 6 次。每说一句，软件就关闭了。再说，再打开。能否在一次运行中计算多个表达式的值，直到“不想”再计算了呢？可使用循环。循环能够解决反复处理的问题。

3.3.1 已知次数的循环

假设有 n 个整型数据元素，要计算它们的和。求和的做法是逐个相加，n 在计算时是确定的。这个问题要做 n－1 次加法，就是已知次数的循环问题。已知次数的循环，C++ 中使用 for 语句，格式如下：

```
for(<变量>=<初始值表达式>;<循环条件>;<增量>)
{
```

```
    <循环体>
}
```

其中＜变量＞常称为循环变量；＜初始值表达式＞是循环开始前给＜变量＞赋的初始值；＜循环条件＞是逻辑表达式，当其值为 true 时执行循环体；＜增量＞是每执行完一次＜循环体＞要计算的一个表达式，常常是＜变量＞的赋值表达式，如＜变量＞加 1 或减 1 等；＜循环体＞是要多次执行的程序块，其中可以嵌套其他循环语句和分支语句。for 语句的执行过程是，先计算表达式“＜变量＞＝＜初始值表达式＞”，然后检查＜循环条件＞。如果为 false，则结束循环，执行 for 下面的其他语句；如果为 true，则执行＜循环体＞。每执行一次循环体，就会计算＜增量＞表达式，然后再计算＜循环条件＞。如果为 false 则不再执行循环体；如果为 true，则再次执行循环体……如此循环，直到＜循环条件＞为 false。例如：

```
int i=0,n=10,sum=0;
for(i=0;i<n;i++)
{
    sum=sum+i;
}
```

请分析这段程序的执行过程，循环体被执行了多少次，循环结束 sum 的值是多少？

for 语句更一般的形式为：

```
for(<表达式 1>;<表达式 2>;<表达式 3>)
{
    <循环体>
}
```

其执行过程为先计算＜表达式 1＞，然后计算＜表达式 2＞。如果＜表达式 2＞为 true（或非 0），则执行＜循环体＞。然后计算＜表达式 3＞，再次检验＜表达式 2＞，直到＜表达式 2＞为 false（或 0）时结束循环。执行过程见图 3-3。

实际上，不管 for 中的三个表达式是什么，执行的过程如图 3-3 所示。甚至三个表达式均可以省略，但其中的两个分号是不能省略的，如：

```
for(;;)
{
<循环体>
}
```

这在语法上也是正确的。由于没有＜表达式 2＞，所以循环条件总是成立的，所以这个循环会一直循环下去，程序永远不会自动终止（是死循环）。虽然一般要避免死循环的产生，但它也有特殊用途。比如，运行程序，只要用户输入需要的数据，程序就进行计算；完成指定的功能后，再提示用户输入下一组数据，再计算。对于例 3-3 的程序，只要将 main 函数中除 return 0 之外的所有语句作为上述循环的循环体，即可实现一次运行多次计算。这样程序虽然不会自己终止，但可以使用窗口关闭按钮和按 ctrl＋C 组合键来终止程序。

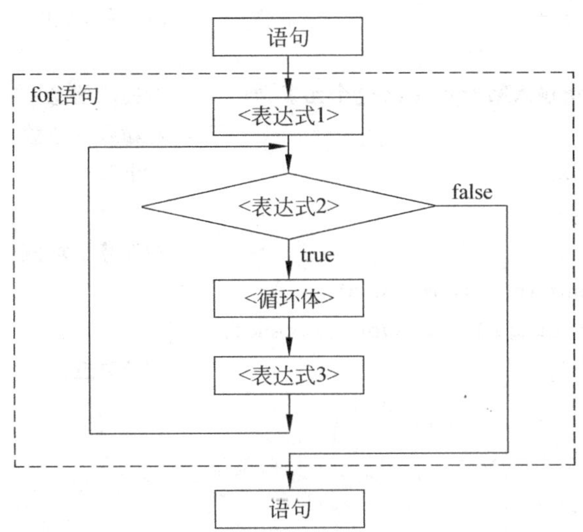

图 3-3 for 循环的执行过程

【例 3-4】 编写程序，计算 n 个数的和及平均值。n 的值和 n 个数由用户输入。

【问题分析】 计算平均值的方法一般是先求和再除以数据的个数。在程序运行前个数是不确定的。运行时先让用户输入 n 的值，个数就确定了。n 个数的输入和求和可以通过循环逐次进行。**对于确定次数的循环，常常用 for 语句实现。**

【算法描述】 用 n 表示数据个数，x 表示某个元素，sum 表示和，average 表示平均值。

① n=0，sum=0；average=0；

② 输入 n；

③ 对 i=1，…，n；

④ 　　输入 x；

⑤ 　　计算 sum=sum+x；

⑥ average=sum/n；

⑦ 输出 sum 及 average。

【源程序】

```
//example3-4 求 n 个数的和及平均值
#include<iostream>                          //包含输入输出头文件
using namespace std;                        //指定名字空间
int  main()                                 //主函数
{
    int n;                                  //声明变量,表示元素个数
    double x,sum,average;                   //声明变量,表示输入的数,和,平均值
    int i;                                  //循环变量
    sum=0;                                  //和置初始值
    average=0;                              //平均值置初始值
    cout<<"请输入元素个数:";
    cin>>n;                                 //输入元数个数
```

```
    for (i=0;i<n;i++)                              //循环,n次
    {
        cout<<"请输入第"<<i+1<<"个元素:";           //提示信息
        cin>>x;                                    //输入一个数
        sum=sum+x;                                 //求和
    }
    average=sum/n;                                 //计算平均值
    cout<<"The sum is "<<sum<<endl;
    cout<<"The average is "<<average<<endl;
    return 0;                                      //函数返回
}
```

【运行结果】

```
请输入元素个数:5
请输入第 1 个元素:21.02
请输入第 2 个元素:8.11
请输入第 3 个元素:14.17
请输入第 4 个元素:6.8
请输入第 5 个元素:7.45
The sum is 57.55
The average is 11.51
```

【程序分析】 程序中,开始处的 sum=0 非常重要,大家可以去掉它看运行结果。如果没有它,循环体第一次执行 sum=sum+x 时,右边 sum 的值是未知的,结果就不会正确。

【思路扩展】

① 请编程计算 $1+2+3+\cdots+n$。

② 计算 $n!$。

对于①,有一个简单的计算公式 $n(1+n)/2$,这样不用循环就可以很快计算出结果。但一般情况下,连加、连乘是没有计算公式的。程序设计中的一般做法是为和或积设一个初始值,然后逐项累加。这也是计算中的一个基本思想——逐步近似。对某一问题,先设一个初始近似解,如果该解不够好,就用某种方法构造一个新的近似解。如果还不够好,再构造一个新的近似解……直到近似解足够好。

3.3.2 依据条件进行循环

尽管 for 循环中的三个表达式可以是任意的,但一般第一个表达式是一个赋值表达式,设置循环变量的开始值;第二个表达式是循环条件,通常是循环变量小于多少或大于多少;第三个表达式使得循环变量每次增加或减少多少,1 或 2 等。有了初始值、终止值、增量,那么循环次数就确定了,所以,如果已知循环次数或循环次数由循环变量的终止值确定时,常使用 for 循环。

C++ 还提供一种循环的方式即 while 循环,它只关心循环条件。它有两种格式:

1. 当型循环

```
while(<循环条件>)
{
    <循环体>
}
```

其中，while 是关键词，<循环条件>是逻辑表达式，<循环体>是语句或语句块，可以嵌套其他循环语句和分支语句，一般写在一对大括号中。当<循环体>只有一条语句时，大括号可以省略。使用大括号是好习惯。这个 while 语句的功能是检查<循环条件>。如果其值为 true，则执行<循环体>，并再次检查循环条件，否则退出循环，执行下面的语句。while 循环的执行流程见图 3-4。

2. 直到型循环

```
do
{
    <循环体>
} while(<循环条件>);
```

其中，do，while 是关键词，其他符号同上。do…while 语句的作用是执行<循环体>，然后检查<循环条件>。如果其值为 true，再执行<循环体>；如果为 false，结束循环。通常解释为：执行<循环体>，直到<循环条件>为 false。do…while 循环的执行流程见图 3-5。

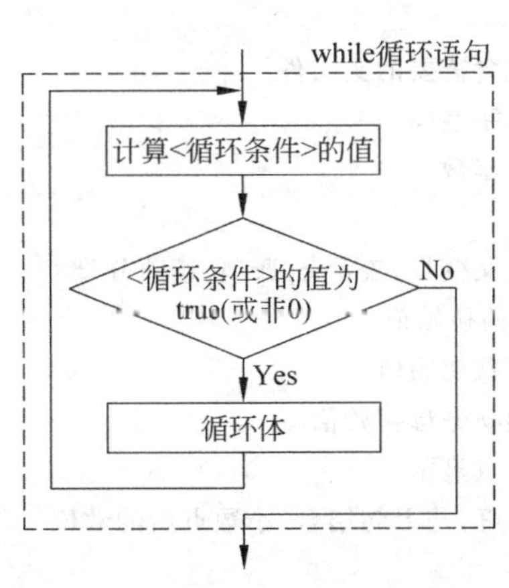

图 3-4　while 循环的执行流程

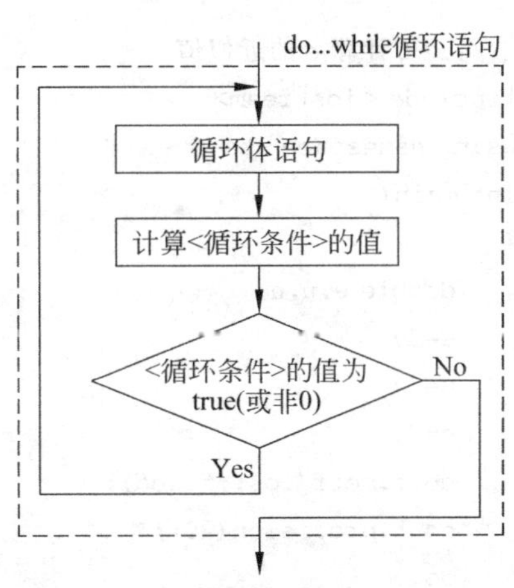

图 3-5　do…while 循环的执行流程

请分析当型循环和直到型循环有何不同？

【例 3-5】 计算 e 的近似值。数学上，证明 $a_n=\left(1+\frac{1}{n}\right)^n$，($n=1,2,3,\cdots$)的极限是存在的，记为 e。对函数 e^x 作泰勒展开，当 $x=1$ 时

$$e=1+\frac{1}{1!}+\frac{1}{2!}+\frac{1}{3!}+\cdots\frac{1}{n!}+\cdots$$

编程计算 e 的近似值。当最后一项小于 10^{-15} 时停止计算。输出时保留小数点后 16 位。

【问题分析】 级数求和是程序设计中的基本练习,也是许多计算问题的基本求解方式。程序设计的一般思路是用变量表示"和",初始值为 0 或第 1 项的值,然后初步构造通项。每构造一个通项,就将其加到"和"中并检验终止条件,直到满足要求,"和"就是近似解。通项可以直接计算。更好的方法是利用前一项计算,这样可以节省计算工作量,甚至带来更高的精度,本例就是。若 u_n 为通项,$u_0=1$,$u_n=u_{n-1}/n$,$n=1,2,3,\cdots$。由于不知哪一项满足精度要求,可以使用当型或直到型循环。本例还有一个要求是输出时保留小数点后面的 16 位。方法是在输出数据前写上下面两条语句:

```
cout.setf(ios::fixed);                    //照写,设置定点显示,与下句结合使用
cout.precision(20);                       //显示小数点后 20 位,可以根据需要改变
```

【算法描述】

① 用 e 表示"e"的近似值,u 表示通项,n 表示项的序号,初始时:

e=1,u=1,n=1;

② 计算新通项 u=u/n;

加到近似解 e 中:e=e+u;

构造下一项的分母 n:n=n+1;

③ 若 u>=1.0e-15,转②;(满足某条件时转到前面某步,就是循环)

④ 输出 e。

【源程序】

```
//例 3-5 计算 e 的近似值
#include <iostream>                        //包含需要的头文件
using namespace std;                       //名字空间
int main()                                 //主函数
{
    double e,u,n;                          //定义变量,表示 e,通项,通项分母
    e=1;                                   //e 的初始值
    u=1;                                   //通项初始值
    n=1;                                   //通项分母初始值
    cout.setf(ios::fixed);                 //定点显示
    cout.precision(20);                    //精度,与上句结合,小数点后的数位
    do
    {
        u=u/n;                             //构造新通项
        e=e+u;                             //加到近似值中
        n++;                               //新通项的分母
        cout<<e<<endl;                     //显示当前的近似值
    }while(u>1.0E-15);                     //不满足精度时循环
    return 0;
}
```

【程序分析】 ①比较程序和算法,体会算法的重要性。②本例使用的是直到型循环。用“while(u>1.0E-15)”替换“do”本例没有任何区别。当型循环和直到型循环的最大区别是若初始时循环条件就为 false,则当型循环不会执行循环体,一次都不执行,因为它是先判断条件;而直到型循环会执行一次,因为它是后判断条件。当需要先执行一次,然后根据情况决定是否继续再做的时候常用直到型循环。

【思路扩展】 ①for,while,do…while 三种循环语句可以互换。编程时可以根据自己的习惯选用合适的循环,但能熟练使用三种循环是编程人员的基本功。②渐进求解是程序设计常用的问题求解方式。在多项求和、多项求积中经常使用。求和时初始值是 0 或第 1 项的常数值,求积时初始值为 1 或第 1 项的常数值。

3.3.3 终止循环和直接进入下次循环

【例 3-6】 编程计算一个实数的任意次方根。用户输入一个实数 x 和开方的次数 n,显示方根。如用户输入 2 3 ,显示 2 的三次方根 1.25992。要求当用户输入 0 0 时程序结束。用户输入 x<0 且 n<=0 时或 x<=0 且 1/n 不为整数时显示“输入错误”的提示并继续输入。

【问题分析】 求方根,可以利用系统的幂函数 pow(double x,double y)。括号中说明该函数需要两个双精度数作参数,x 是底,y 是幂。若是 pow(x,1/y),就是求方根了。题目中的“输入错误”的条件实际是该函数的错误条件,也就是说它的参数不能两个都小于 0;或前面一个小于等于 0,后面一个小于 0。要实现程序一次运行、不断计算,只要将一次计算的代码写在 while(1){…}之中作为循环体。由于循环条件为 1,即永远非 0,因此程序会一直运行。要跳出该循环,C++ 提供了 break 语句。输入错误时,还要继续下一次循环,只不过是不再计算方根了,用 continue 语句实现。

在 switch 语句中,见过 break 语句。程序执行到 break 语句就会结束某个 case 的处理,跳出 switch。它还用在循环语句的循环体中,程序执行到 **break** 语句就会跳出循环(结束循环),即使循环条件还满足也是如此(即提前结束循环)。有多个循环嵌套时,break 跳出的是其所在的最近一层循环,而不是所有的循环。

continue 语句用在循环语句中,终止本次循环。当程序执行到 continue 语句中时,将跳过循环体中后面尚未执行的语句,开始下一次循环。下一次循环是否执行,取决于循环条件是否满足。

【源程序】

```
//example3-6 计算 x 的任意次方根
#include<iostream>                       //包含输入输出头文件
#include<cmath>
using namespace std;                     //指定名字空间
int  main()                              //主函数
{
    double x;
    double n;
    while(1)                             //一直循环
```

```
{
    cin>>x>>n;
    if(x==0 && n==0)                //终止条件
    {
      cout<<"Program terminated"<<endl;
        break;                      //跳出最近循环
    }
    else
        if( (x<0 && n<=0) || (x<=0 && 1/n!=int(1/n)))      //错误条件
        {
            cout<<"error reinput"<<endl;
            continue;               //直接进入下一个循环
        }
        cout<<x<<"\t"<<n<<"th root "<<pow(x,1.0/n)<<endl;
    }
    return 0;                       //函数返回
}
```

3.4 综合实例

第 2 章解决了信息的表示和运算的表达，本章解决了运算的流程控制。运用所学的知识，现在可以编写绝大多数计算程序了，即使是较复杂的程序也能编写。为熟练掌握信息、运算的表示和流程控制，本节介绍几类简单的综合应用。

3.4.1 数组的输入、排序和输出

第 2 章讲了数组，但在举例说明中是一个元素一个元素地输入、输出和处理的。有了循环，虽然也是逐个处理，但程序写起来就简单多了。

【例 3-7】 冒泡排序。用户从键盘输入 N，然后输入 N 个实数，使用冒泡排序方法对这 N 个元素排序，输出排序后的数据。

【问题分析】 先要知道什么是冒泡排序。冒泡排序是一种排序方法，设元素用 a[i]，i=1，…，n 表示，则一趟冒泡排序的算法是：

对 j=1，…，n−1，

若 a[j]>a[j+1]，则交换它们的值。

经过一趟排序，数组中最大的元素交换到了数组的末尾。如果再进行一趟 j=1，…，n−2 的排序，则数组中次大的元素可交换到数组的倒数第 2 位。若进行 n−1 趟这样的比较和交换，整个数组就会变成有序的。

有了循环，数组的输入和输出程序变得简单了。将数组元素的下标写为变量，如 a[i]。i 从 0 到 n−1 循环就可实现。

【算法描述】 设有 N 个元素，用数组 a[i]表示，i=0，…，N−1。

① 输入 N；

② 输入 a[i],i=0,…,N−1;

③ 对 i=1,…,N−2

④ 　　对 j=0,…,N−2−i

⑤ 　　若 a[j]>a[j+1],则交换它们的值。

⑥ 对 i=0,…,N−1,输出 a[i]。

【源程序】

```
//example3-7 冒泡排序
#include<iostream>                  //包含输入输出头文件
#include<cmath>
using namespace std;                //指定名字空间
int  main()                         //主函数
{
    double a[100];                  //定义数组,大小为 100,实际使用时不超过 100 即可
    int N;                          //元素的实际个数
    int i=0,j=0;                    //循环变量,并进行初始化
    cin>>N;                         //输入元素个数
    //-------输入数据-----------
    for(i=0;i<N;i++)                //使用循环,输入 N 个元素
        cin>>a[i];                  //循环体只有一行,省略大括号,仅作为反例,不推荐使用
    //-------排序----------------
    for(i=0;i<N-1;i++)              //控制 N-1 趟冒泡
    {
        for (j=0;j<N-1-i;j++)
                                //一趟冒泡中的 N-1-i 次比较,i=0 时是 N-1 次,i=N-2 时是一次
        {
            if (a[j]>a[j+1])        //比较相邻的两个元素
            {
                int tmp;            //临时变量
                tmp=a[j];           //交换
                a[j]=a[j+1];
                a[j+1]=tmp;
            }
        }
    }
    //--------输出--------------
    for(i=0;i<N;i++)                //使用循环,输出 N 个元素
    {                               //循环体即使一行也用大括号,推荐使用
        cout<<a[i]<<" ";            //输出 a[i],每输出一个数,后加空格,不换行
    }
    cout<<endl;                     //所有元素输出完之后才换行
    return 0;                       //函数返回
}
```

【运行结果】

```
8
20 13 01 30 23 52 15 34
1 13 15 20 23 30 34 52
```

【程序测试】 ①输入数据为实数、负数时运行是否正确？②输入的元素个数是 0 或负数时结果如何？可以处理吗？

【程序分析】 ①注意程序中带短划线的三段注释，基本体现了本程序的三块内容，输入、处理和输出。②排序的程序主要有两个循环，外层循环控制 N－1 趟，内层循环控制一趟的若干次比较。第 1 趟需要 N－1 次比较，第 2 趟需要 N－2 次比较，第 N－1 趟需要 N－(N－1)＝1 次比较。③元素存放在数组中，数组的大小在定义时要求是常量表达式。不能先输入 N，再定义数组 double A[N]，这是不正确的。先定义一个稍大的数组，使用其中的一部分是可以的。根据用户输入的问题的规模来定义数组大小是一个良好的愿望，这在后面会学到。

【思路扩展】

① 修改程序，用户不再先输入元素个数，而是在输入数据时以 99999 为结束符，如输入：

```
20 13 01 30 23 52 15 34 99999
```

结果为：

```
1 13 15 20 23 30 34 52
```

② 当元素较多时，在一行中输出所有元素是不现实的。虽然系统会自动换行，但不整齐。请修改程序，使每行输出 5 个元素。

3.4.2 字符串的处理

自然语言理解、文字编辑、信息查询，字符串处理是它们的基础工作。字符串处理的常用操作包括计算字符串的长度，字符串的大小写转换，插入字符(或字符串)，删除字符(或字符串)，查找、替换、分割、合并字符串等。虽然 C++ 提供了一些字符串的基本操作函数，但一个程序员仍然需要有能力在只有数组的情况下，自己实现它们。一是深刻理解字符在内存中的存储结构；二是掌握基本的处理方法；三是已有的函数不能解决所有问题，有些处理仍需要自己编写。

【例 3-8】 文字信息统计。用户输入一段文本(英文)，统计其字符总个数、大写字母个数、小写字母个数、数字个数及其他字符个数。

【问题分析】 ①输入字符串。cin ＞＞ ＜字符数组名＞，只能输入单词，因为提取运算符“＞＞”以空格、Tab 键、回车为分隔符，遇到空格认为是一项数据的结束。所以要输入带空格的段落时，不能直接用提取运算符“＞＞”，但 cin 是输入流对象，它有一个成员函数 getline()可以读取带空格的一串字符。基本使用格式为：

```
cin.getline(<字符数组名>,<字符长度>);
```

例如：

```
char sentence[100];                    //字符数组大小为100,可存放最长为99的字符串
cin.getline(sentence,99);
```

可以输入最长为99(回车结束)的字符串,中间可以有空格。

② 统计计数。输入的文本看做字符串。统计字符个数,就是从字符串的第1个字符开始,逐个计数,直到结束。注意,**在C++中,字符串的结束是'\0'**。要统计各类字符个数,只要在逐个计数的过程中再对各类字符计数。计数就是逐个数,用一个变量表示;每遇到一个字符,该变量增加1。

【算法描述】 设字符串用str[100]表示,str[i]表示第i+1个字符(从1开始)。用len表示字符串长度,capital表示大写字母个数,smallletter表示小写字母个数,digit表示数字个数,others表示其他字母个数,初始时它们的值均为0。

① 输入字符串;

② i=0;

③ 如果str[i]='\0',转⑥;否则执行④;

```
④     len=len+1
      如果str[i]为大写字母
          capital++;
      否则
          如果str[i]为小写字母
              smallletter++;
          否则
              如果str[i]为数字
                  digit++;
              否则
                  others++
```

⑤ i=i+1,转③;

⑥ 输出统计数据。

判断是否为大写、小写或数字,需要比较字符的ASCII值所在的区间。

【源程序】

```
//example3-8字符统计
#include<iostream>                                 //包含输入输出头文件
using namespace std;                               //指定名字空间
int  main()                                        //主函数
{
    const int N=101;                               //定义常量,表示问题规模
    char str[N];                                   //定义字符数组,存放字符串,N是常量
    int len=0,capital=0,smallletter=0,digit=0,others=0;    //定义变量并初始化为0
    int i;                                         //循环变量
```

```
    cin.getline (str,N);                              //输入
    //处理
    i=0;                                              //从字符串的第 1 个字符开始
    while(str[i]!='\0')                               //不是结束符时,循环
    {
        len++;                                        //长度加 1
        if(str[i]<='Z' && str[i]>='A')                //大写字母
        {
            capital++;
        }
        else if(str[i]<='z' && str[i]>='a')           //小写字母
        {
            smallletter++;
        }
        else if(str[i]<='9' && str[i]>='0')           //数字

        {
            digit++;
        }
        else                                          //其他字符
        {
            others++;
        }
        i++;                                          //字符下标加 1,指向下一个字符
    }
    //输出结果
    cout<<"字符串总长度:"<<len<<endl;
    cout<<"  大写字母:"<<capital<<endl;
    cout<<"  小写字母:"<<smallletter<<endl;
    cout<<"  数字个数:"<<digit<<endl;
    cout<<"  其他字符:"<<others<<endl;
    cout<<endl;
    return 0;                                         //函数返回
}
```

【运行结果】

```
error C2065 undeclared identifier
字符串总长度:33
  大写字母:1
  小写字母:25
  数字个数:4
  其他字符:3
```

【程序分析】 注意本例中的分支与前面讲的不太一样，后面的 if 写在了 else 后面，这与写在下一行是一样的。只在＜else 块＞只有一条 if 语句时，才可以这样写。基本格式是：

```
if  (<条件 1>)
{  … }
else if (<条件 2>)
{ … }
else if (<条件 3>)
…
else
{…}
```

注意，每一个 else 是前面最近的 if 的 else，而不是第一个 if 的 else。

【思路扩展】 字符串的操作还有很多，像大小写转换、查找、替换、插入、删除、反转，去掉末尾空格，去掉前导空格等。不论哪种操作，都是逐个字符去比较、移动和复制，而"是否处理完"的标志就是是否到达末尾的'\0'字符。**字符串末尾的'\0'是其结束标记，一定要牢记。**

像数学计算一样，C++ 提供了一些字符串处理的库函数，可方便字符串操作。常见的有：

```
int strlen(char * s);                          //求字符串 s 的长度
char * strcpy(char * destin,char * source);    //将字符串 source 复制到 destin 中
int strcmp(char * string1, char * string2);
                                               //比较 string1 和 string2,相等则结果为 0
char * strcat(char * destin, char * source);   //将 source 连接到 destin 末尾
char * strlwr(char * string);                  //string 转换为小写
char * strupr(char * string);                  //string 转换为大写
```

其中，char * 是后面将要学的指针数据类型。在此，只要知道这样的标识在参数中写数组名即可，返回值中的 char * 可以暂时不管。例如，s1，s2 是两个字符数组，s2 存放着某个字符串，则语句：strcpy(s1,s2)；将 s2 中的内容复制到 s1 中。注意，字符数组表示的字符串不能用 s1＝s2；的形式赋值。

3.4.3 有趣的数字

数学家发现了很多有趣的数字。比如，153，一个普通的三位数，然而 $1^3+5^3+3^3=153$，即它的各位数字的三次方的和等于这个数本身。而人们喜欢的 888 却没有这个性质。那还有谁有这个性质呢？更一般地，一个 n 位正整数，哪些数的各位数字的 n 次方的和加起来还等于这个数呢？

数学家称这样的数为自幂数，也叫自恋数。

n 为 1 时，自幂数称为独身数，因为 0,1,2,3,4,5,6,7,8,9 都是自幂数。

n 为 2 时，没有自幂数。

n为3时，自幂数称为水仙花数，153就是一个水仙花数。

n=4，称为四叶玫瑰数。

n=5，称为五角星数。

n=6，称为六合数。

n=7，称为北斗七星数。

n=8，称为八仙数。

n=9，称为九九重阳数。

【例3-9】 寻找自幂数。用户输入位数n，找出并显示出所有n位的自幂数。

【问题分析】 n位自幂数，各位数字的n次方的和加起来还等于这个数。所以，这里有两个要点，一是怎样找出“各位”，二是n次方的计算。n次方的计算有一个数学函数可用，pow(x,n)。找出各位，举例来说，153，找个位，可用153%10=3；找十位呢？(153/10)%10=5，依次类推。直接求余，就是最低位的数字，除10，原来的十位就成为新的最低位。重复这一过程，就可以求出各位，直到这个数成为0。还有一个问题要解决，就是构造n位数。0是最小的一位数，10的1次方是最小的两位数，10的平方是最小的三位数，那么，10的n−1次方就是最小的n位数。

【算法描述】

① 输入位数n。

② 计算n位数的起始值和终止值。

start=10^{n-1}，end=10^n−1，

i=start。

③ 如果i>end转⑨。

④ m=i，sum=0。

⑤ 如果m=0，转⑦。

⑥ d=m%10，

sum=sum+d^n，

m=m/10，

转⑤。

⑦ 如果sum=i，显示i。

⑧ i=i+1，转③。

⑨ 结束。

【源程序】

```
//例 3-9 自幂数
#include <iostream>                        //包含需要的头文件
#include<cmath>                            //数学函数需要的头文件
using namespace std;                       //名字空间
int main()
{
    int n;                                 //表示数的位数
```

```
    int start,end;                        //表示 n 位数的起始值和终止值
    int m;                                //待分解各位的数,即待判断的数
    int digit;                            //某个数位的值
    int sum;                              //各位数的 n 次方的和,每个数在检验开始前要赋 0
    int i;                                //循环变量,待检验的数
    cout<<"求 n 位自幂数,请输入位数:";          //提示信息
    cin>>n;                                     //输入位数
    while(n>0)                                  //大于 0 时计算
    {
        start=pow(10,n-1);                      //n 位数的起始值
        end=pow(10,n)-1;                        //n 位数的终止值
        cout<<n<<"位自幂数:";                    //输出说明信息
        for(i=start;i<=end;i++)                 //从"起始值"到"终止值"逐个检验
        {
            m=i;            //因为检验过程会破坏该数,而后还要使用,所以将 i 赋给 m
                                                //检验过程中 m 的值会改变,而 i 的值不变

            sum=0;                              //各位数的 n 次方和,检验前赋 0
            while(m!=0)  //m 不为 0 时检验,m 开始为待检验的数,随着取各位数字,其值改变
            {
                digit=m%10;     //取最低位数字,第 1 次是原数的各位,第 2 次为原数的十位
                sum=sum+pow(digit,n);           //n 次方,再求和
                m=m/10;                         //去掉个位,刚才的十位成为新个位
            }
            //上面的循环结束时 sum 就是各位数字的 n 次方的和
            if(sum==i)                          //逻辑表达式的值为 true 时,表示是自幂数
            {
                cout<<i<<"  ";                  //显示该数
            }
        }
        cout<<endl;                             //换行
        cout<<"求 n 位自幂数,请输入位数:";      //再次显示提示信息
        cin>>n;                                 //再输入一个 n 表示位数
    }                                           //while 循环
    cout<<endl;
    return 0;
}
```

【运行结果】

```
求 n 位自幂数,请输入位数:1
1 位自幂数:1  2  3  4  5  6  7  8  9
求 n 位自幂数,请输入位数:2
2 位自幂数:
求 n 位自幂数,请输入位数:3
```

```
3位自幂数:153  370  371  407
求n位自幂数,请输入位数:4
4位自幂数:1634  8208  9474
求n位自幂数,请输入位数:5
5位自幂数:54748  92727  93084
求n位自幂数,请输入位数:0
```

【思路扩展】

① 本例应掌握的技巧,一是如何分离各位数字;二是如果一种计算会破坏(或改变)某个变量的值,而这个原始值在后面的计算中还会使用,那就先将其赋值给另一个变量,使用新变量作“破坏性”计算,随时可以通过原来的变量获得原始值。这实际是计算机科学中常用的一种“冗余”的思想。要获得某种保障,有意使用更多的时间、空间。

② 分离各位数字的相反运算是合成一个数。例如有三个变量,a,b,c,分别存放一位整数,比如1,2,3。如果要将它们合成为a作百位,b作十位,c作各位的三位数,应如何实现?

③ C++中,int型变量能表示的最大正整数为2147483647,它不过10位。那么有11、12、13位的自幂数吗?如果有,怎样计算呢?自幂数是有限的吗?如果有,有多少呢?

3.5 小结

本章的主要内容是控制结构,其中包括分支和循环。

1. 循环

(1) for循环

```
for(<表达式1>;<表达式2>;<表达式>)
{
    <循环体>
}
```

注意for后的圆括号中有两个分号。

(2) while循环(当型循环)

```
while(<逻辑表达式>)
{
    <循环体>
}
```

当<逻辑表达式>的值为true时,执行循环体。

(3) do{}while循环(直到型循环)

```
do
{
    <循环体>
}while( <逻辑表达式>);
```

执行循环体，检查<逻辑表达式>的值。其值为 true 时，继续执行循环体，直到<逻辑表达式>的值为 false。注意 while 后的分号。

2. 分支

(1) 两重分支

```
if(<逻辑表达式>)
{
    <if 块>
}
else
{
    <else 块>
}
```

else 可以缺省，缺省时就是一重分支。

(2) 多重分支 switch

```
switch(<整型表达式>)
{
case <整型常量表达式 1>:
    <case 块 1>
case <整型常量表达式 2>:
    <case 块 2>
⋮
case <整型常量表达式 n>:
    <case 块 2>
defalut:
    <default 块>
}
```

注意 switch 下面的一对大括号、<整型常量表达式 i>后的冒号，必要时使用 break 语句。

3. 其他语句

break；跳出循环，跳出 switch。

continue；中断下面的程序，直接进入下一次循环。

习题 3

1. 编程求三个数的最大数。要求用户输入三个数，显示其中的最大值。
2. 编程计算下列分段函数的值：

$$y=\begin{cases}x^2 & x<0\\ x^3+2x^2+x & x\geqslant 0\end{cases}$$

3. 编程计算 $1+2+3+\cdots+n$ 的和，n 由用户输入。

4. 编程计算 $n!$。n 由用户输入，输入的 n 不合法时给出提示。

【问题扩展】 你写的程序能计算多大的数的阶乘。再大了呢？怎么办呢？

5. 编程计算前 n 个奇数的和，n 由用户输入。如 $n=4$，和为 16，$1+3+5+7=16$。

6. 编写程序，打印九九乘法表。形式如下：

```
1*1=1
1*2=2  2*2=4
1*3=3  2*3=6   3*3=9
1*4=4  2*4=8   3*4=12  4*4=16
1*5=5  2*5=10  3*5=15  4*5=20  5*5=25
1*6=6  2*6=12  3*6=18  4*6=24  5*6=30  6*6=36
1*7=7  2*7=14  3*7=21  4*7=28  5*7=35  6*7=42  7*7=49
1*8=8  2*8=16  3*8=24  4*8=32  5*8=40  6*8=48  7*8=56  8*8=64
1*9=9  2*9=18  3*9=27  4*9=36  5*9=45  6*9=54  7*9=63  8*9=72  9*9=81
```

注意，不能以字符串常量的形式显示。要用循环。

7. 比较两个字符串的大小。用户输入两个不含空格的字符串，比较它们的大小，并显示出来。要求使用字符数组表示字符串，不能使用字符串处理库函数。

提示：字符串的比较是按它们在词典中的顺序比较的，后面的为大。实际是逐个比较它们的 ASCII 值。

8. "张村有个张千万，隔壁九个穷光蛋，平均起来算一算，人人都是张百万。"平均数作为"一般水平"的特征有它的局限性。另一个反映"平均水平"的统计量是"中位数"。将序列的值按大小顺序排列起来，处于中间位置的数称为中位数。当项数 N 为奇数时，中间位置的数即为中位数；当 N 为偶数时，中位数则为处于中间位置的 2 个数的平均数。编程实现下列功能：用户从键盘输入若干数，计算它们的和、平均值、最大值、最小值和中位数。用户输入的数量不超过 100 个，但每次输入的个数不定，以 -9999 作为结束标志（它不参与统计）。

9. 求 π 的近似值。将 $\arctan(x)$ 在 $x=0$ 展开，得：

$$\arctan(x) = x - \frac{x^3}{3} + \frac{x^5}{5} - \frac{x^7}{7} + \cdots = \lim_{i=1}(-1)^{i+1}\frac{x^{(2i-1)}}{2i-1}$$

当 $x=1$ 时，$\arctan(x)=\pi/4$，从而这个级数既可以计算 $\arctan(x)$ 的近似值，又可以计算 π 的近似值：

$$\pi = 4\left(1 - \frac{1}{3} + \frac{1}{5} - \frac{1}{7} + \cdots\right)$$

利用上式编程计算 π 的近似值，精确到小数点后 10 位（通项绝对值小于(0E-1)即可）。

10. 输入 $n(n<13)$，计算 $1!+2!+3!+4!+\cdots+n!$。

11. 对以给定的正整数，不计算 $n!$ 的值，统计 $n!$ 中末尾 0 的个数。

提示：考虑 $n!$ 末尾的 0 是怎样产生的？

12. 1202 年，意大利数学家列奥纳多（Leonardo Pisano，外号 Fabonacci 斐波那契），在他的《算盘全书》中描述了一个关于兔子繁殖的问题。一对兔子每月能繁殖一对小兔，每对小兔在第三个月成熟，又能生出一对小兔。假定在不死亡的情况下，由一对小兔开始，10 个月后有多少对兔子？

用下表分析，不难发现每月兔子的数量依次为：1，1，2，3，5，8，13，21……每月的兔子数量是前两个月的和。这就是 Fabonacci 序列。写成公式为：

$$F_0=0,\quad F_1=1,\quad F_n=F_{n-1}+F_{n-2}$$

月份	1	2	3	4	5	6	7	8	9	10
成熟的兔子		1	1	2	3	5	8	13	21	34
初生的兔子	1	0	1	1	2	3	5	8	13	21
总数	1	1	2	3	5	8	13	21	34	55

(1) 编程计算 Fibonacci 序列的第 n 项和前 n 项的和，$n\geqslant 0$，由用户输入。

(2) F_{n-1}/F_n，$n=1,2,3,\cdots$ 又构成一个序列 0，1/1，1/2，2/3，3/5，5/8，…。当 n 较大时，F_{n-1}/F_n 接近于哪个数？可以以相邻两数的差的绝对值小于 10E-8 为结束条件，打印 n、第 n 项的值及前 n 项的和。

(3) 图 3-6 的六边形中的数字组成杨辉三角形，其中每一行是 $(a-b)^n$，展开式的系数，$n=0,1,2,\cdots$。沿该图斜向的灰线将画到的数字加起来，这个序列是什么呢？请编程打印杨辉三角形。形式如下：

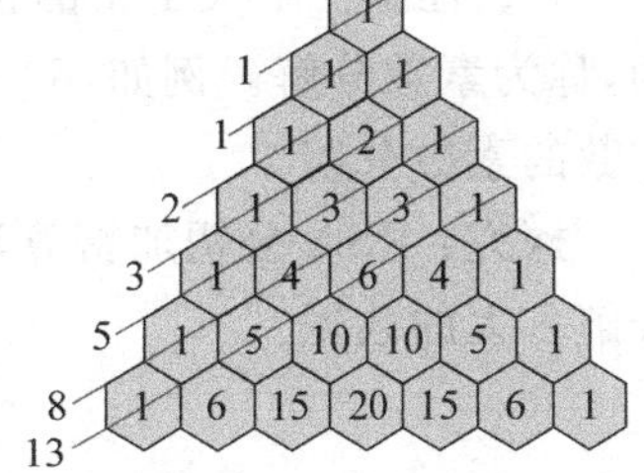

图 3-6 杨辉三角形

```
1
1  1
1  2  1
1  3  3  1
…
```

13. 求 $a+aa+aaa+aaaa+\cdots+aa\cdots a$（第 n 项，n 个 a），其中 a 是 1～9 的整数。例如，$a=1$，$n=3$ 时，式子为 $1+11+111=123$；当 $a=5$，$n=6$ 时，式子为 $5+55+555+5555+55555+555555=611280$。

14. arcsin(x)写成级数形式为：

$$\arcsin(x)=x+\frac{x^3}{2\cdot 3}+\frac{1\cdot 3\cdot x^5}{2\cdot 4\cdot 5}+\cdots+\frac{(2n)!\,x^{2n+1}}{2^{2n}(n!)^2(2n+1)}+\cdots,\quad |x|<1$$

用户输入绝对值小于 1 的 x，利用该式，计算反正弦函数的值。结束条件可以设为 $|u|<\varepsilon$，其中 u 为通项。

提示：通项最好利用前一项计算，而不要直接计算阶乘和乘方。

15. 猴子吃桃的问题。第一天，猴子摘下一堆桃子，当天吃了一半，感觉没吃够，又吃了一个。以后每天如此。到第 10 天的时候，发现只剩下一个桃子了。编程计算第一天猴子摘了多少桃子。

16. 谁是小偷。某小区发生盗窃案，有四个人嫌疑最大，警察找来讯问，

A 说：不是我。

B说：是C。

C说：是D。

D说：他冤枉人。

三人中有一人说了假话，请编程分析谁是小偷。

17. "香莲碧水动风凉，水动风凉夏日长。长日夏凉风动水，凉风动水碧莲香。"是清朝女诗人吴绛雪的回文诗，正读和倒读是相同的。写程序，判断一首诗是不是这样的回文诗（诗以一个字符串的形式输入，中间无标点）。

提示：① 编程不考虑标点符号，即输入的字符串是没有标点符号的。

② 每个汉字占两个字节。对于字符串 str="香莲莲香"，str[0]，str[1]分别和str[6]，str[7]是相等的。

18. 整数里也有回文如12321，正反顺序的数字都是1,2,3,2,1，称为回文数。①用户输入一个整数，判断是否是回文数？还有些回文数同时又是一个数的平方。如676是回文数，又是26的平方，称为平方回数。②编程找出十万以内的平方回数。

探究：有平方回数，有立方回数吗？有4次方回数吗？5次，6次……呢？

19. 任意一个大于1的正整数都可以表示为一系列素数的乘积。这样的分解是唯一的，称为素数分解。例如，60可以分解为2×2×3×5。编写程序，显示用户输入的一个正整数的素数分解。

探究：RSA公钥加密算法的基础就是大数的素数分解是困难的。你编写的程序能分解多大的数呢？

第4章 复杂信息的表达与处理

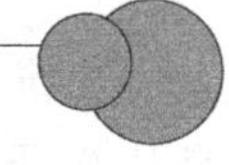

表示一项事物的单个特征可以用变量，表示一项事物的多个特征可以用多个变量，表示多个事物的某个特征可以用一维数组，表示具有多个特征的多个事物呢？虽然仍然可以用变量或多个一维数组，但定义的变量或数组之间没有联系，也显得很烦琐。本章介绍复杂信息的表达和处理。

4.1 多个事物的多项特征

一维数组可以用于描述多个事物的相同特征。多项事物的多个相同类型的特征，如一个班级 60 位同学的三门课程的成绩，多个矩形的位置、长和宽，数学中的 n 维空间的多个点，虽然可以用多个一维数组表示，比如用数组 math[N]表示数学成绩，chinese[N]表示语文成绩，english[N]表示英语成绩，但用 C++ 提供的二维数组表示，更加方便。

4.1.1 二维数组

二维数组用于存放排列成行、列结构的数据。一维数组用一个下标表示，二维数组用两个下标表示。

1. 二维数组的定义

```
<类型><数组名>[<常量表达式 1>][<常量表达式 2>];
```

其中<类型>可以是 int，float，double，char，还可以是后面将学到的结构体、指针、类等类型；<数组名>是自己定义的符合标识符规范的标识符；两个常量表达式分别写在两个方括号中，前一个表示**行数**，后一个表示**列数**，它们刚好与数学中的矩阵对应。它们说明了二维数组的规模，即最大行数和最大列数，必须是整型；最后写分号。这是一个说明语句。例如：

```
int rectangle[60][2];        //定义 60 行 2 列的整型二维数组
char months[12][20];         //定义 12 行 20 列的字符型二维数组
const int N=100,M=3;         //定义两个整型常量
double scores[N][M+1];       //定义 N 行 M+1 列的双精度型二维数组,N,M 是已定义的常量
```

2. 二维数组的使用

二维数组的元素也是通过数组名和下标来使用。它需要两个下标：行标和列标，也是从 0 开始。使用格式为：

<数组名>[<行标>][<列标>]

其中＜行标＞、＜列标＞是整型表达式，它们的取值范围应分别在[0,＜行数＞)和[0,＜列数＞)之内，其中＜行数＞和＜列数＞是数组定义时指定的行列大小。

可以给每个元素赋值，每个元素可以参与运算。例如：

```
  int A[5][5];                    //定义 5 行、5 列的二维数组,实际只用了 3 行、3 列
  int  sum;
  A[0][0]=2;                      //为第 1 行第 1 列元素赋值
  A[0][1]=7;                      //为第 1 行第 2 列元素赋值
  A[0][2]=6;                      //为第 1 行第 3 列元素赋值
  A[1][0]=8;                      //为第 2 行第 1 列元素赋值
  A[1][1]=1;                      //为第 2 行第 2 列元素赋值
  A[1][2]=3;                      //为第 2 行第 3 列元素赋值
  A[2][0]=10;                     //为第 3 行第 1 列元素赋值
  A[2][1]=5;                      //为第 3 行第 2 列元素赋值
  A[2][2]=4;                      //为第 3 行第 3 列元素赋值
sum=A[0][0]+A[1][1]+A[2][2];      //对角元素求和
cout<<A[0][0]<<" "<<A[1][1]<<" "<<A[2][2]<<" "<<sum<<endl;
                                  //输出对角元素和它们的和,中间用空格隔开
```

对于前面定义过的二维数组 rectangle，可以用每行表示一个矩形。第 1 列表示长度，第 2 列表示宽度。例如 rectangle[i][0]表示第 i 个矩形的长度，rectangle[i][1]表示第 i 个矩形的宽度；对于二维数组 scores，可用每行表示一个人的成绩，前三列表示三科的成绩，第 4 列表示平均成绩或总成绩，下标 i 可以表示第 i+1 个人。

3. 二维数组在计算内存中的存储

计算机的内存是线性编址的。对于大小为 N 的一维数组，它占用顺序编址的 N 个数据单元，按下标从小到大顺序排列。对于 N 行 M 列的二维数组，它占用顺序编址的 N×M 个数据单元。存放顺序是先存放第 1 行，再存放第 2 行……最后存放第 N 行，这种方式称为**行优先或按行存放**(并不是所有语言都按此方式)。例如有下列程序：

```
int A[5];
int B[3][4];                      //定义 5 行、5 列的二维数组,实际只用了 3 行、3 列
int i,j;
for(i=0;i<5;i++)
{
    A[i]=2*i+1;
}
```

```
for(i=0;i<3;i++)
{
    for(j=0;j<4;j++)
        B[i][j]=(i+1)*(j+1);
}
```

它在内存中赋值过的数组的结构如图 4-1 所示，其中地址是十六位的内存地址。由于一个整型数占 4 个字节，所以相邻两个数组元素的地址间隔是 4。由图 4-1(b)可看到，二维数组第 1 行的 4 个元素在前，连续存放。然后是第 2 行的 4 个元素，再是第 3 行。二维数组也可以看作数据元素是一维数组的一维数组。

内存地址(十六进制)	内存值(十进制)	对应数组元素
0012FF34	1	A[0]
0012FF38	3	A[1]
0012FF3C	5	A[2]
0012FF40	7	A[3]
0012FF44	9	A[4]

(a) 一维数组

内存地址(十六进制)	内存值(十进制)	对应数组元素
0012FF04	1	B[0][0]
0012FF08	2	B[0][1]
0012FF0C	3	B[0][2]
0012FF10	4	B[1][3]
0012FF14	2	B[1][0]
0012FF18	4	B[1][1]
0012FF1C	6	B[1][2]
0012FF20	8	B[2][3]
0012FF24	3	B[2][0]
0012FF28	6	B[2][1]
0012FF2C	9	B[2][2]
0012FF30	12	B[2][3]

(b) 二维数组

图 4-1　数组在内存中的存储结构

理解数组在内存中的存储结构对数组的初始化、数组的使用，以及使用一维数组存放矩阵元素和后面将学到的通过指针访问数组都有重要意义。

4. 二维数组初始化

二维数组的元素也可以在定义时进行初始化，格式如下：

```
<类型>  <数组名>[<行数>][<列数>]={<表达式 1>,<表达式 2>,…};
```

其中等号前面的项与定义时意义相同，＜表达式 1＞，＜表达式 2＞，…是按行排列的初始化值的列表，中间用逗号隔开。每个表达式可以是常量、变量或表达式。例如：

```
int a=9;
int B[3][3]={a+1,a+2,a+3,a+4,a+5,a+6,a+7,a+8,a+9};          //初始化值用表达式表示
```

其中大括号中表达式的前 3 个是第 1 行从左至右的三个数，中间三个是第 2 行，最后三个是第 3 行。这时如果矩阵的行数、列数的大小比实际初始化的数据多，就会有不同的意义。例如，如果初始化的数据还是 9 个，而定义的数组大小是 5 行 4 列：

```
int A[5][4]={2,7,6,8,1,3,10,5,4};
```

这时，数据的前4个是第1行，再4个是第2行，最后一个是第3行的第1个元素，其他元素没有被赋值。

如果初始化的数值包含全部元素的值，数组的<行数>可以省略。例如：

```
int A[][3]={2,7,6,8,1,3,10,5,4};
```

每3个元素是一行，可以计算出行数为3。

此外，初始化时还可以在初始值列表的大括号内再使用大括号以表示哪些数据是一行。例如：

```
int A[3][3]={{2,7,6},{8,1,3},{10,5,4}};
```

内部的第1个大括号中是第1行元素，第2个大括号中就是第2行的元素。

也可以这样写：

```
int A[3][3]={{2,7},{8,1},{10,5}};
```

这样实际赋值的是3×3矩阵的第1列和第2列(三行，每行赋值前两个元素)。

5. 用一维数组存放矩阵元素

一个大小为20的一维数组和5行4列的二维数组能存放的数据元素都是20个，那么能否用一维数组存放一个5行4列的矩阵呢？从数据数量上看是可以的，那么又如何使用呢？也就是说，矩阵中第i行第j列的元素，在一维数组中是哪个元素呢？例如：

```
int A[20]={4,1,6,2,17,3,11,18,20,14,15,19,5,7,9,8,10,12,16,13,};
int B[5][4]={4,1,6,2,17,3,11,18,20,14,15,19,5,7,9,8,10,12,16,13,};
```

注意，数组A，B中的数据是相同的，数组A是一维的，是一个整数序列；数组B是二维的，可以认为存储的是下列矩阵：

$$\begin{bmatrix} 4 & 1 & 6 & 2 \\ 17 & 3 & 11 & 18 \\ 20 & 14 & 15 & 19 \\ 5 & 7 & 9 & 8 \\ 10 & 12 & 16 & 13 \end{bmatrix}$$

实际A也是存储的该矩阵的元素值，是按矩阵的行逐行存放的。可见用一维数组是可以存放矩阵元素的，或者说矩阵可以用一维数组表示。现在的问题是矩阵中i行j列(设均从0开始，4是0行0列元素)元素在A中的下标是多少？即A[k]=B[i][j]，k是多少？如何由i和j计算k。这个问题请读者自己思考。

4.1.2 多维数组

按照二维数组的定义方式，还可以在C++中定义多维数组，例如：

```
int A[5][4][3];                //定义三维数组
```

```
double  B[3][4][5][6];              //定义 4 维数组
```

三维数组可以表示组织成像魔方结构一样的数据的序列。上述第一行定义的三维数组可以认为是具有 5 层，每层 4 行，每行 3 列的结构的数据，存储顺序是先存放第 0 层，再第 1 层，再第 2 层……在每一层中先第 1 行，再第 2 行，再第 3 行……在每一行中按下标从小到大的顺序存放，也是"行优先"。第二行定义的四维数组是具有 3 个立方体，每个立方体有 4 个层，每个层有 5 行，每行有 6 个元素的结构的数据。

虽然还可以定义更高维的数组，但由于理解上的困难和应用的特殊，实际应用并不多。三维的数组还是经常见到的。

【思路扩展】 前面提到，数组可以表示向量、数轴上的点集、点序列、矩阵、多维空间中的点等应用，请想一想数组还有哪些具体应用(什么问题用数组表示更方便)？

4.1.3　二维字符数组及字符串的其他表示方法

一维字符数组可以存放一个字符串、一个语句。多个字符串，多个句子如何存放呢？

1. 二维字符数组存放多个字符串

将二维字符数组看作数据元素是一维字符数组的一维数组。一维字符数组可以存放一个字符串，那么一维字符数组的一维数组就可以表示多个字符串。例如：

```
char weekday1[10]={"Sunday"};      //一维字符数组存放一个字符串
char weekday2[7][10]={"Sunday","Monday","Tuesday","Wednesday" "Thirsday",
"Friday","Saturday"};              //二维字符数组存放多个字符串
```

第 1 行是一个一维数组，存放了一个字符串。第 2 行相当于 7 个长度不超过 10 的一维数组，可以存放 7 个字符串。

【例 4-1】 用户输入阿拉伯数字表示的月份，如 1、2 或 3 等，请输出对应的英文表示的月份，如 January、February、March 等。

【问题分析】 表示多个字符串使用二维字符数组。如果英文单词表示的月份与行标对应，问题就容易了，如 January 对应第 1 行。

【源程序】

```
#include <iostream>
using namespace std;
int main()
{
    char month[13][12]={"","January","February","March","April",
        "May","June","July","August","September","October",
        "November","December"};   //定义二维字符数组
    int m;                        //表示输入的阿拉伯数字的月份
    cout<<"Input month:";
    cin>>m;                       //输入月份
    while(m>0 && m<13)            //月份数字合理，循环
```

```
    {
        cout<<month[m]<<endl;;  //显示月份英文。m月英文就是month的第m行
        cout<<"Input month:";
        cin>>m;                 //再输入一个表示月份的数字
    }
    return 0;
}
```

【运行结果】

```
Input month:1
January
Input month:4
April
Input month:5
May
Input month:0
```

【思路扩展】

① 编写表示星期几的英文数字转换为英文单词的程序。

② 编写程序，判断用户给定的日期是星期几。用户输入用数字表示的年、月、日，输出星期几的英文单词，如输入 2013 2 2 输出“Saturday”。

提示：①公元 1 年 1 月 1 日是星期一，计算到当日的天数，除 7 求余；②闰年是能被 4 整除且不能被 100 整除和能被 400 整除的年份，计算到前一年共过了多少个闰年，闰年多 1 天；③每月的天数可以存放在一个整型数组中。

字符数组也可以有三维、多维数组。能用低维解决的问题，不推荐使用高维数组。

2. 用 string 类型的“变量”表示字符串

用数组表示字符串。将字符串的每个字符看作数组的一个元素，它支持数组的所有操作。另一种表示字符串的方法是把字符串看作一种特殊的数据类型 string 型。string 不是一个简单的像 int、double 一样的数据类型，而是一个类(见第 7 章)，称为抽象数据类型或自定义数据类型。而由它定义的“变量”在面向对象的程序设计中称为“对象”。在此，暂且可以将 string 看作类型，将由它定义的对象看作变量，不影响使用。

要使用 string 类，需要在程序开始包含头文件 string，使用 string 类的对象表示字符串的格式为：

```
string <对象 1>,<对象 2>,…;
```

例如：

```
string text1,text2;                //定义两个对象
text1="Sluice gates at Three Gorges Dam opened to discharge water.";
text2="07-07-2012 09:04 BJT";      //使用"="号为对象赋值
```

也可以使用下列方式为对象赋初始值：

```
string text3("Heavy rains across southern China are pushing water levels at the
    Three Gorges Dam beyond the flood level limit.");
```

使用 string 类的对象表示字符串,可以直接使用“+”号连接两个字符串,可以使用等号“=”直接给对象整体赋值,还可以使用大于号>、小于号<等符号进行比较。常用的运算符见表 4-1。

表 4-1　常用的 string 类运算符

运　算　符	含　　义	运　算　符	含　　义
>>	输入	==	等于(比较运算)
<<	输出	!=	不等于
=	赋值	>	大于
[]	下标	>=	大于等于
+	连接	<	小于
+=	连接赋值	<=	小于等于

还有很多函数可以方便地对字符串进行操作,基本使用方法是:

```
<对象>.<函数名>(<参数列表>);
```

例如:

```
int k;
k=text3.find("Heavy");          //从第 1 个字符开始,在 text3 中查找"Heavy"字符串,
                                //结果为找到后'H'的序号(从 0 开始)。若找不到,则结果
                                //是一个叫做 string::npos 的常数
```

关于 string 的处理函数,请参考附录 E。

【例 4-2】 使用 string 进行字符串的操作。

设有两个句子:

```
Heavy rains are pushing water levels beyond the limit.
Sluice gates at Three Gorges Dam opened to discharge water.
```

开始由两个符号表示,请将它们合并为一段文字,然后查找其中的“Heavy”替换为“Strong”,最后显示处理过的文本。

【问题分析】 本例目的是练习使用 string 类表示字符串。先定义两个 string 对象,为它们赋值,用“+”号将它们连接起来。使用 find 函数查找“Heavy”的位置。使用 erase 函数删除该字符串,再使用 insert 函数插入“Strong”。

处理的过程就是上面的分析,所以不再写该题的算法。

【源程序】 使用 string 字符串的操作。

```
//例 4-2 用 string 类的对象表示和处理字符串
#include <iostream>                 //包含需要的头文件
```

```
#include<string>                //使用 string类需要包含头文件 string
using namespace std;            //名字空间
int main()                      //主函数
{
    //定义并初始化字符串对象 text1
    string text1("Heavy rains are pushing water levels beyond the limit.");
    string text2,text3;         //定义但没有初始化对象 text2,text3
    int k;                      //定义整型变量 k

    //为对象 text2 赋值
    text2="Sluice gates at Three Gorges Dam opened to discharge water.";
    text3=text1+text2;          //使用"+"运算合并两个字符串,并赋值给 text3

    k=text3.find("Heavy");      //在 text3 中查找"Heavy",将得到的位置赋给 k

        //将 text3 中 k 开始的 sizeof(("Heavy")-1)个字符删除
        //sizeof("Heavy")是计算 Heavy 占的字节数,为 6,减 1 是字符个数
        text3.erase (k, sizeof("Heavy")-1);     //删除 Heavy
    text3.insert (k,"Strong"); //将在 text3 中位置 k 处插入字符串"String"
    cout<<text3<<endl;          //显示合并、替换后的字符串
    return 0;
}
```

【运行结果】

```
Strong rains are pushing water levels beyond the limit.Sluice gates at Three Gorges
Dam opened to discharge water.
```

【程序分析】 ①程序中,行中的注释是对本行的注释,整行的注释是对下面的程序的注释。②文本是计算机处理信息的一大部分内容,像办公软件、管理软件、各种应用软件、程序编辑软件、编译系统、操作系统,没有哪个软件不需要处理文字信息。string 类提供了文本处理的高级功能,但使用字符数组保存和处理字符数据更能深刻理解计算机信息处理的过程,也是程序设计的基本功能。通过字符数组处理文本信息是要掌握的内容,后续章节还会做一些练习。

4.2 多项特征整体描述

用多个变量表示一个事物的多个特征,或用多个一维数组(或多维数组)表示多个事物的多个特征是可以的。如果没有足够的说明,很难从变量或数组的名字弄清它们直接的联系,而且,在使用时,一件事物的多个特征之间并没有使用上的制约关系,很容易用错。例如:

```
char name[20];
char number[20];
```

```
int age;
float score;
```

它们是两个字符数组、一个整型变量和一个实型变量。从它们的名字看，可能表示的是姓名、学号、年龄和分数，但却不能肯定它们表示的是同一个人的信息。

4.2.1 结构体类型的定义和使用

为了表示一个事物的多个特征，并且说明它们描述的是同一个事物，将描述该事物的多个特征的说明写在一对大括号中，前面写上关键词 struct 和一个标识符，这种结构称为**结构体**。

1. 结构体的定义

说明一组特征表示一个事物的结构体的定义格式如下：

```
struct   <结构体名>
{
    类型名 1  成员名表 1;
    类型名 2  成员名表 2;
    ……
    类型名 n  成员名表 n;
};
```

其中＜结构体名＞是一个合法的标识符，它是这种结构的名字，以后通过它使用这种结构；大括号中是这类事物的特征的类型说明，它们称为**结构体的成员**，可以是基本类型、数组或结构体类型以及后面学习的类(类型)；结构体类型说明的最后以分号结束。这是一个说明语句。例如，描述一个“人”的信息的结构体：

```
struct Student
{
    char number[20];
    char name[20];
    int age;
    float score;
};
```

比较引言中的信息说明，这里只是加了一个大括号、一个分号、关键词 struct 和一个名字。这样定义的结构体实际是一种数据类型，只不过它是程序员自己设计的，不是系统固有的，称为**自定义类型**。与数组不同的是，结构体中的各个成员可以是不同的数据类型，而且**可以和程序中的其他变量同名**，互相不会干扰。但**同一结构体中的成员之间不能同名**。

2. 结构体变量的声明和初始化

结构体是一种数据类型，用这种类型声明的变量才可以描述一个具体事物。结构体类型的变量的声明如下：

```
struct  <结构体名>  <变量列表>;
```

结构体的变量列表之间用逗号隔开。例如 Student 结构体在前面定义，声明该类型变量的语句可以是：

```
struct Student  zhang, li;
```

其中 zhang，li 是两个 Student 类型的变量，它们分别包含了 number，name，age，score 等成员。

可以在声明变量的同时初始化变量：

```
struct  <结构体名>  <变量 1>={<数据列表>},  <变量 2>={<数据列表>}, …  ;
```

其中＜数据列表＞是按结构体定义时的成员顺序列出的表达式，它们的类型与对应的成员类型一致，中间用逗号隔开。例如：

```
struct Student  cheng={ "0101", "王鹏", 20, 98 }, wang;
```

其中 wang 没有初始化，而 cheng 这个变量的 name 成员被初始化为"王鹏"。

结构体变量的其他声明方法：

(1) 定义结构体时同时声明变量

```
struct Date
{
int year,month,day;
}today={2013,2,2},tomorrow;    //其中一个初始化,一个未初始化
```

(2) 省略结构体名

```
struct
{
double length, width;
}rect1={10,20},rect2,rect3;    //其中一个初始化
```

这样声明的结构体，可以使用其变量。但由于结构体本身没有标识符，不能再声明其他变量，所以不推荐这样使用。

3. 结构体变量的使用

结构体变量不能整体输入、输出，也不能通过其他类型的组合整体赋值。如 cheng 是前面定义的 Student 类型，则：

```
cheng={ "0101", "王鹏", 20, 98 };
```

是错误的(这样的形式只能在初始化时使用)。可以对成员输入输出，可以用一个结构体变量给另一个同类型的结构体变量赋值。如果成员是结构体，也遵循这一规则。

引用各个成员要用到成员运算符"."，该运算符又称为**分量运算符**或**点运算符**。结构

体成员的引用形式为：

<结构体名>.<成员名>

单独引用各成员后，其作用和操作都与普通变量相同。

【例 4-3】 结构体的使用。本例说明结构体的定义、嵌套，结构体变量定义、初始化、输入、赋值和输出等。

【源程序】

```
#include <iostream>
using namespace std;
//结构体的定义，一般在 main 函数之外
struct Date                                    //结构体 Date
{
int year,month,day;
};                                             //注意最后的分号
struct Student                                 //结构体 Student
{
    char number[20];
    char name[20];
    Date birthday;                             //结构体的嵌套，成员是另一个结构体变量
    float score;
};                                             //注意最后的分号

int main()
{
    //结构体变量的声明，其中一个被初始化
    struct Student  cheng={ "0101", "王鹏",1993,1,1,  98 }, wang,zhang;
    cin>>wang.number>>wang.name ;              //结构体的输入（分别输入成员）
    cin>>wang.birthday.year>>wang.birthday.month>>wang.birthday.day>>wang.
    score;
    zhang=wang;                                //结构体的赋值，同类型变量整体赋值

    cout<<wang.number<<"\t"<<wang.name<<"\t";      //结构体的输出（分别输出成员）
    cout<<wang.birthday .year<<"." <<wang.birthday .month <<"."<<wang.birthday
    .day;
    cout<<"\t"<<wang.score<<endl;

    cheng.birthday.month=2;                    //修改 cheng 的出生日期的月份

    cout<<cheng.number<<"\t"<<cheng.name<<"\t";  //结构体的输出（分别输出成员）
    cout<<cheng.birthday .year<<"." <<cheng.birthday .month <<"."<<cheng.
    birthday.day;
    cout<<"\t"<<cheng.score<<endl;
```

```
    return 0;
}
```

【运行结果】

```
1301 lili 1993 10 1 97
1301     lili        1993.10.1        97
0101     王鹏        1993.2.1         98
```

4. 结构体变量所占的内存大小

一个字符占一个字节,一个整数占 4 个字节。下列结构体:

```
struct  SHAPE
{
    char   name;
    int    x;
    int    y;
    char   classification;
};
```

占几个字节呢?难道不是 1+4+4+1=10(字节)吗?使用字节运算符 sizeof()计算 SHAPE 的大小,结果是 16。原来,大多数计算机系统为了提高内存的访问效率,所有数据的起始地址都是从偶数开始的,字符和字符串所占的内存空间是按机器字长对齐的。对于上例,两个 char 与 int 对齐,char 也占 4 个字节,所以是 4×4=16 字节。如果将 int 都改为 double,则两个 char 与 double 对齐,也占 8 个字节,总共是 32 字节。如果将第 1 个 int 改为 double,则第 1 个 char 向 double 对齐,第 2 个 char 向 int 对齐,占 4 个字节,总共占 24 个字节。运行下列程序,看结果:

```
#include <iostream>
using namespace std;
struct  SHAPE1 { char name;int x;  int y;  char classification;};
                                                    //为节省篇幅,写在一行,不推荐
struct  SHAPE2 { char name;double x;int y;  char classification;};
struct  SHAPE3 { char name;double x;double y;char classification;};
int main()
{
    cout<<sizeof(SHAPE1)<<"  "<<sizeof(SHAPE2)<<"  "<<sizeof(SHAPE3)<<endl;
    return 0;
}
```

系统为结构体变量分配的内存大小与计算机系统有关,而不是成员变量所占内存的总和,所以计算结构体类型变量所占的字节数,应使用 sizeof 运算符。使用格式:sizeof(<类型名>)或 sizeof(<变量名>)均可。

4.2.2　结构体数组

一个结构变量只能表示一个实体的信息，如例 4-3 中的 cheng，wang，zhang 等，每个变量表示一个人。如果数组定义中的<类型>为结构体，就是**结构体数组**。结构体数组就可以表示多个对象。

1. 结构体数组的定义

一维结构体数组的格式如下：

```
struct <结构体名>   <结构体数组名>[<数组大小>];
```

其中 struct 是关键词，可以省略；<结构体名>是已定义的结构体的名称；<结构体数组名>是程序员命名的结构体数组名称，符合 C++ 标识符规范；<数组大小>是定义的数组的最大元素个数，是一个常量表达式，写在一对方括号中；最后是分号。这是一个说明语句。例如：

```
struct Student huagong[50];        //Student 类型的结构体数组，最多容纳 50 人
```

2. 结构体数组的使用

结构体数组的数据元素通过下标应用，格式为：

```
<结构体数组名>[<整型表达式>];
```

其中<整型表达式的值>应在[0，<数组大小>)之间，即从 0 开始，不超过<数组大小>−1，否则也是下标越界。结构体数组的每一个数据元素相当于一个结构体变量，要引用其中的分量，还要使用分量运算符“.”。例如：huagong[i]. number、huagong[i]. name、huagong[i]. score 等。

结构体数组也可以是二维、三维和更多维的，使用方法在数据元素一级上与基本数据类型的数组一样，在应用成员时用分量运算符。

3. 结构体数组的初始化

通过下标和分量运算符，可以像普通变量一样给结构体数组元素赋值、输入、输出、参加运算。也可以在定义结构体数组时对其初始化，格式为：

```
struct <结构体名>   <结构体数组名>[<数组大小>]={<结构体类型值列表>};
```

其中等号前的部分是结构体数组的定义，<结构体类型值列表>是写在大括号中的一系列结构体类型的值，这些大括号之间用逗号分隔。值的数量不超过<数组大小>。例如：

```
struct Student huagong[50]={{"1301","zhao",{1994,5,8},98},
                            {"1302","qian",{1995,6,12},96},
                            {"1303","sun",{1994,12,2},97}
                            };
```

其中,等号右边最外面的大括号是初始化值的分隔符,里面有三组大括号用逗号隔开。按顺序它们初始化了 huagong 这个数组的前三个元素即 huagong[0],huagong[1]和 huagong[2],其他没有初始化。在每一组值中,比如第一组{"1301","zhao",{1994,5,8},98},其中有四项值,它们对应 Student 结构体的成员 number、name、birthday 和 score,其中 birthday 又是一个结构体类型,1994,5,8 分别对应它的 year、month 和 day 三个分量。为了清楚,把它们写在一对大括号中。这对大括号也可以不写,但写上更清楚,推荐写。

上例中,大小为 50 的数组,只初始化了三个元素。如果值列表中列出了全部元素的值,这时的<数组大小>可以省略。

```
struct Student huagong[]={{"1301","zhao",{1994,5,8},98},
                          {"1302","qian",{1995,6,12},96},
                          {"1303","sun",{1994,12,2},97}};
```

这时的数组大小为 3。

【例 4-4】 成绩统计。使用结构体数组,保存一个班级(不超过 100 人)的三门课程的成绩。每个数组元素记录一个人的学号、姓名及高等数学、英语、程序设计等三门课程的成绩和平均成绩。每个人的信息从键盘输入,输入全 0 信息表示结束(以姓名为"0"作为判别依据),平均成绩自动计算,对成绩进行从大到小排序后输出。

【问题分析】 每个人的信息用结构体表示,结构体数组可以表示一个班级。每个元素表示一个人;通过下标、分量运算符引用成员进行输入、运算和输出;每输入一个人的信息,都要判断是不是结束标志;排序的比较依据是平均成绩,而作元素交换时要交换两个人的完整信息而不仅是平均成绩。排序方法可以是前面学过的冒泡排序,也可以是插入排序或选择排序。插入排序的思想是将待排序序列分成有序部分和无序部分,从无序部分逐个取元素,在有序部分中从后向前作比较,找到一个合适的位置插入,使保持有序,直到无序部分的元素处理完毕。开始时第 1 个元素作有序部分,其他为无序部分,这样 N 个元素的排序问题只要插入 N−1 次。

插入排序的算法如下:

```
① 设待排序元素用数组 A[i]表示,i=0,1,…,N−1;
② 对 i=1,N−1                    //控制 N−1 次插入,每次插入的元素为 A[i]
③       tmp=A[i]                  //把 A[i]保存在临时变量 tmp 中
④       对 j=i−1,i−2,…,0          //与前面 i 个元素比较
            若 tmp<A[j],则        //小于前面的元素
                A[j+1]=A[j]       //前面元素后移
            否则                  //不小于前面的元素
                转⑤
⑤       A[j]=tmp                  //放在当前 j 指位置
⑥ 结束。                          //N−1 次插入后结束
```

【算法描述】

① 定义相应的变量、数组，N＝0；

② 输入第 N＋1 个人的信息(平均成绩不输入)；

③ 如果姓名是“0”，转⑥；否则，继续④；

④ 计算平均成绩；

⑤ N＝N＋1；

⑥ 排序；

⑦ 通过循环，按数组的顺序输出每个人的信息。

⑧ 结束。

【源程序】

```
#include <iostream>
#include<cstring>
using namespace std;
//结构体的定义
struct Student                              //结构体 Student
{
    char number[10];                        //学号
    char name[20];                          //姓名
    float  score[3];                        //三门课程成绩
    float   average;                        //平均成绩
};                                          //注意最后的分号

int main()
{
    const int COUNT=100;
    struct Student huagong[COUNT];
    int N,i,j;
    cout<<"请输入每个人的信息,格式为:学号 姓名 高等数学 英语 程序设计"<<endl;
    //----------------------输入--------------------------------
    N=0;
    cin>>huagong[N].number>>huagong[N].name ;
    cin>>huagong[N].score[0]>>huagong[N].score[1]>>huagong[N].score[2];
    while(strcmp(huagong[N].name,"0")!=0  && N<COUNT)
                                            //不是结束标志且小于最大容量循环
    {
        huagong[N].average=0.0;                 //计算平均成绩
        for(i=0;i<3;i++)                        //三门课程成绩累加
        {
            huagong[N].average=huagong[N].average+huagong[N].score[i];
        }
        huagong[N].average=huagong[N].average/3.0; //求平均
        N=N+1;                                  //下一个元素的下标
```

```
        if (N>=COUNT) break;                              //超出容量,跳出循环,不再输入
        cin>>huagong[N].number>>huagong[N].name;   //输入下一个人的信息
        cin>>huagong[N].score[0]>>huagong[N].score[1]>>huagong[N].score[2];
    }   //!!!注意,循环结束时,N的值是输入的实际元素的个数!!!

    //----------------------插入排序,从大到小----------------------
    for(i=1;i<N;i++)                                   //控制 N-1趟插入
    {
        Student tmp=huagong[i];                        //取出待插入的元素
        for(j=i-1;j>=0;j--)                            //与前面的元素比较
        {
            if (tmp.average>huagong[j].average)        //平均成绩比前面元素的大
            {
                huagong[j+1]=huagong[j];               //前面的元素后移
            }
            else                                       //否则,找到了插入位置
            {
                break;                                 //跳出循环,不再比较了
            }
        }
        huagong[j+1]=tmp;                              //待插入元素放在前面位置的后面

    }
    //-----------------------输出----------------------
    for(i=0;i<N;i++)                                   //控制输出 N个元素
    {
    cout<<huagong[i].number <<"\t"<<huagong[i].name <<"\t"<<huagong[i].score
    [0] <<"\t";
    cout<<huagong[i].score[1] <<"\t"<<huagong[i].score[2]<<"\t"<<
    huagong[i].average;
    cout<<endl;                                        //每输出一个元素,换行
    }
    return 0;
}
```

【运行结果】

```
请输入每个人的信息,格式为:学号 姓名 高等数学 英语 程序设计
1001 zhang 87 78 94
1002 wang 88 89 96
1003 li 84 93 89
1004 sun 92 82 97
0 0 0 0 0
1002    wang    88    89    96    91
1004    sun     92    82    97    90.3333
```

```
1003    li       84      93      89      88.6667
1001    zhang    87      78      94      86.3333
```

4.3　取有限值的特征的描述——枚举

生活中有些特征的取值范围是有限的几个值，如性别的取值为{男，女}，方向的取值为{东，南，西，北}，星期的取值是{Sun，Mon，Tes，Wed，Thu，Fri，Sat}等。这些量可以用字符串表示，如 char weekday[5]="Sun";，但这样表示并不利于数据的运算。比如要计算两个日期之间的差，而且如果不小心把语句写为 char weekday[5]="Sum";，这在语法上也是正确的，系统检查不出来。解决这一问题的方法是使用枚举。

枚举是一种自定义的数据类型，它可以把变量的取值限定在一定范围内，减少程序的错误，方便数据运算，提高程序的可读性。

1. 枚举类型的定义

枚举类型的定义格式为：

```
enum  <枚举类型名>{枚举常量表};
```

其中，enum 是关键字；＜枚举类型名＞是程序员为自己定义的类型起的名字，符合标识符命名规范；＜枚举常量表＞列出所有可用的取值，写在大括号中，多项之间用逗号隔开。它们也称为**枚举元素**；最后写冒号，这是一个说明语句。例如：

```
enum Color{RED,YELLOW,BLUE,WHITE,BLACK};
enum Week{Sun,Mon,Tes,Wed,Thu,Fri,Sat};
```

编译时，编译器从 0 开始为每个枚举常量分配一个整数值。例如为上面 Week 的枚举元素分配的整数值依次为 0,1,2,3,4,5,6，这就是它们在内存中的代号。

用户也可以在类型定义时为部分或全部枚举常量指定整数值。在第 1 个指定值之前按默认方式取值；指定值之后，按逐个加 1 的原则取值。枚举常量的取值可以相同，但枚举常量的标识符必须不同。例如：

```
enum Coin{PENNY=1,NICKEL=5,DIME=10,QUARTER=25 HALF_DOLLAR=50,DOLLAR=100};
enum Color{RED,YELLOW,BLUE=1,WHITE,BLACK};
enum Week{Sun=7,Mon=1,Tes,Wed,Thu,Fri,Sat};
```

其中，第 1 行为每个枚举常量指定了整数值；第 2 行指定了部分值，则 RED，YELLOW，BLUE，WHITE，BLACK 的值分别为 0,1,1,2,3；第 3 行枚举常量的取值依次为 7,1,2,3,4,5,6。

注意，枚举常量实际是以标识符形式表示的整型量而不是字符串，或字面常量，例如下列的枚举定义是错误的：

```
enum Selection{ 'A','B','C','D'};                    //这些是字符常量，不是标识符，所以是错的
enumb Year={2015,2016,2017,2018,2019,2020};              //标识符应以字母或下划线开头
```

2. 枚举变量的声明

上面定义的是枚举类型,是定义了一种新的数据类型,下面要声明这种类型的变量:

```
enum <枚举类型名><枚举变量列表>;
```

其中 enum 可以省略,例如(COLOR,Week 如前定义):

```
enum COLOR background,foreground;                        //单独定义
Week begin,end;
```

也可以在定义类型时声明变量,例如:

```
enum Week{Sun=7,Mon=1,Tes,Wed,Thu,Fri,Sat}begin,end;     //混合定义
```

这时可以省略<枚举类型名>,如:

```
enum {Sun=7,Mon=1,Tes,Wed,Thu,Fri,Sat}begin,end;         //无类型定义
```

3. 枚举变量的使用

枚举变量的取值范围是类型定义中的<枚举常量表>,所占内存大小与整型数相同。枚举变量允许的操作只有赋值和比较,枚举变量的使用具有以下限制。

(1) 可以将枚举常量或相同类型的枚举变量赋值给枚举变量。

(2) 不允许将整数赋给枚举变量,但可以使用强制类型转换后赋给枚举变量。

(3) 不用类型的枚举变量之间不能相互赋值。

(4) 可将枚举变量、常量赋值给整型变量。

(5) 枚举变量可以参加数学运算,结果是数值型。

(6) 枚举变量不能直接输入。

(7) 枚举变量可以直接输出,但输出的是变量的整数值,而不是枚举常量名。

【例 4-5】 枚举变量的使用规则演示。

【源程序】

```
#include <iostream>
using namespace std;
//定义两种枚举类型,一般在主函数外定义
enum Color{RED,YELLOW,BLUE,WHITE,BLACK};
enum Week{Sun=7,Mon=1,Tes,Wed,Thu,Fri,Sat};
int main()
{
    Color background, foreground;         //声明枚举类型变量
    Week begin, end;//
    int a,b;                              //声明两个整型变量

    //cin>>background;                    //直接输入枚举变量,错误
```

```
    background=WHITE;                         //枚举常量赋给枚举变量
    begin=Mon;                                //枚举常量赋给枚举变量
    //foreground=2;                           //整数赋给枚举变量,错误
    foreground=(Color)2;                      //整数强制类型转换后赋给枚举变量,正确
    foreground=background;                    //相同类型的枚举变量赋值
    //foreground=background+1;
                                //枚举变量加 1,结果为整型,不能赋给枚举变量,该句错误
    //end=foreground;                         //不同类型的枚举变量赋值,错误
    begin=Mon;
    end=Fri;
    a=foreground;
    b=background;
    cout<<begin<<" "<<end<<" "<<end-begin<<" "<<a<<" "<<b<<endl;
                                              //枚举变量及运算输出
    return 0;
}
```

【运行结果】

```
1 5 4 3 3
```

枚举变量的输入,一般是先输入变量的值,再根据输入值使用 switch 语句为枚举变量赋值;要想输出枚举常量的名称,也是使用 switch 或字符串数组,根据枚举变量的取值输出字符串。

4.4 综合实例

本节练习几个数组使用、字符串处理和结构体应用的例子。

4.4.1 矩阵运算

表示矩阵并进行运算是二维数组的典型应用。数组应用的关键一是注意定义数组时数组大小是常量,一般是软件求解问题的规模的上限,实际运行时可以只使用其中的一部分,也就是说,具体的一个求解的问题不一定这么大;二是要清楚 C++ 中多维数组是按行存放的,搞清下标的关系,下标是从 0 开始;三是要注意下标的运算不能超界,这样的问题在编译时不一定检测出来,要注意运行时的结果。

【例 4-6】 矩阵相乘。用户输入 $A_{M\times N}$、$B_{N\times K}$ 两个矩阵的元素,计算它们的乘积并输出。其中 M、N、K 也由用户输入,它们均不超过 20。

【问题分析】 输入矩阵的元素只要根据行数、列数,使用循环即可。设 C 是矩阵的乘积,则矩阵乘法的运算公式是:

$$c_{ij}=\sum_{k=1}^{N}a_{ik}\times b_{kj},\quad i=1,\cdots,M,j=1,\cdots,K$$

其中 a_{ik},b_{kj},c_{ij} 表示 A 的 i 行 k 列,B 的 k 行 j 列,C 的 i 行 j 列的元素。

【算法描述】（仅描述矩阵的相乘部分）

对 i＝1，…，M
    对 j＝1，…，K
        C[i][j]＝0
            对 k＝1，…，N
                C[i][j]＝C[i][j]＋A[i][k] * B[k][j]

【源程序】

```
#include <iostream>
using namespace std;
int main()
{
    const int M=20,N=20,K=20;                  //定义常量,表示矩阵的最大维数
    double A[M][N],B[N][K],C[M][K];            //表示矩阵的二维数组
    int M1,N1,N2,K1;                           //矩阵的实际维数
    int i,j,k;                                 //循环变量
    //输入第 1 个矩阵
    cout<<"请输入第 1 个矩阵的维数 M N"<<endl;
    cin>>M1>>N1;                               //输入第 1 个矩阵的行数和列数
    cout<<"请按行输入第 1 个矩阵的元素"<<endl;
    for(i=0;i<M1;i++)                          //输入第 1 个矩阵的元素,按行
    {
        for(j=0;j<N1;j++)                      //第 i 行
            cin>>A[i][j];
    }
    //输入第 2 个矩阵
    cout<<"请输入第 2 个矩阵的维数 N K"<<endl;
    cin>>N2>>K1;                               //输入第 2 个矩阵的行数和列数
    while(N2!=N1)                              //保证第 2 个矩阵的行数等于第 1 个矩阵的列数
    {
        cout<<"第 2 个矩阵的行数应等于第 1 个矩阵的列数,请重输"<<endl;
        cin>>N2>>K1;
    }
    cout<<"请按行输入第 2 个矩阵的元素"<<endl;
    for(i=0;i<N1;i++)                          //输入第 2 个矩阵的元素,按行
    {
        for(j=0;j<K1;j++)                      //第 i 行
            cin>>B[i][j];//
    }
    //矩阵相乘
    for(i=0;i<M1;i++)                          //第 M1 个行
    {
        for(j=0;j<K1;j++)                      //每行的 K1 列
```

```
            {
                C[i][j]=0;                  //i 行 j 列元素赋初值 0

                for(k=0;k<N1;k++)           //计算 i 行 j 列元素的值
                    C[i][j]=C[i][j]+A[i][k]*B[k][j];//
            }
        };
        //输出乘积矩阵的元素
        for(i=0;i<M1;i++)                   //M1 行
        {
            for(j=0;j<K1;j++)               //K1 列
            {
                cout<<C[i][j]<<"\t";        //一行中不换行,中间用 Tab 键分隔
            }
            cout<<endl;                     //行间换行
        }
        return 0;
    }
```

【运行结果】

```
请输入第 1 个矩阵的维数 M N
2 3
请按行输入第 1 个矩阵的元素
2 3 1
7 5 3
请输入第 2 个矩阵的维数 N K
3 2
请按行输入第 2 个矩阵的元素
2 3
1 2
4 5
11      17
31      46
```

【思路扩展】

① 这是一个正确的程序,但不是一个好的程序。请讨论这个程序有哪些不足?如何处理?

② 关于矩阵的典型运算还有两个矩阵的和、差,求矩阵的逆矩阵、转置矩阵,求矩阵元素的最大值、最小值,求各行的最大、最小值,对角线关系的乘积、和,等等。总之是通过下标操作数组的元素。

4.4.2 字符串处理

C++ 编译系统已经内置了处理字符串的功能,如字符串的赋值、字符串的比较、字符

串的大小写转换、字符串的连接、取子串、字符串的反转等,但能够自己编写这样的程序是程序员的基本功,通过这些练习,可锻炼编程能力和对字符处理的深刻理解。

【例 4-7】 取子字符串。用户输入一个字符串,然后输入起始位置 k 和长度 l,显示从第 k 个字符开始,长度为 l 的子字符串。若从 k 开始,到末尾的长度小于 l 时,则只取到末尾。要求字符串输入一次,子串操作可以多次,输入位置和长度均为 0 时停止。

【问题分析】 取字符就是从一个字符串中取出连续的部分字符串。若字符串用字符数组表示,可以将从 k 到 k+l−1 的字符逐个复制到另一个字符数组中形成一个新的字符串。特别要注意在末尾加'\0'。

【算法描述】

① 设源字符串用 str[101]表示(100 为最大长度);

② 输入起始位置 k(从 1 开始),l(字符串长度);

③ 求源字符串的长度 len;

④ j=0;

⑤ 对 i=k−1,…,k+l−2 且 i<len

    sub[j]=str[i]

    j=j+1;

⑥ sub[j]='\0';

⑦ 输出 sub,结束。

【源程序】

```
#include <iostream>
using namespace std;
int main()
{
    char str[101];                    //源字符串
    char sub[101];                    //子字符串
    int len;                          //源字符串长度
    int k,l;                          //子字符串起始位置,子字符串长度
    int i,j=0;                        //循环变量

    //输入源字符串
    cout<<"请输入字符串(可以有空格)"<<endl;
    cin.getline(str,100);             //输入带空格的字符串

    //求字符串的长度
    len=0;
    while(str[len]!='\0')             //从头开始,每遇到一个不是结束符的字符,长度就加 1
    {
        len++;
    }                                 //结束时,len 的值就是长度
```

```
    cout<<"请输入子串起始位置和长度"<<endl;
    cin>>k>>l;                    //子字符串起始位置,子字符串长度

    //取子串
    while(k!=0 && l!=0)           //结束标志
    {
        j=0;                      //子串的字符下标
        for(i=k-1;i<k+l-1 && i<len;i++)        //取子串,最长不超过源字符串
        {
            sub[j]=str[i];        //取一个字符,放入 sub 中
            j++;                  //sub 中的下一个空位
        }
        sub[j]='\0';              //子串末尾放置结束标志
        cout<<sub<<endl;;         //输出子串
        cout<<"请输入子串起始位置和长度"<<endl;
        cin>>k>>l;                //再次输入子字符串起始位置、子字符串的长度
    }
    return 0;
}
```

【运行结果】

```
请输入字符串(可以有空格)
the c++programming
请输入子串起始位置和长度
1 5
the c
请输入子串起始位置和长度
5 7
c++pro
请输入子串起始位置和长度
12 8
gramming
请输入子串起始位置和长度
12 20
gramming
请输入子串起始位置和长度
0 0
```

【程序分析】　本例除字符串的输入、输出外,还包含求字符串的长度的操作。另外要注意的是,取子串的 for 循环结束时,子串字符确实已经放在 sub 中,但这时只能叫字符数组,还不能叫字符串。因为字符串是以'\0'为结束标志的,sub[j]='\0';就是在末尾放置结束标志,这样才成为字符串,才可以整体输出。

4.4.3　统计词频

【例 4-8】　词频统计。输入一系列英文单词(单词之间用空格隔开),用"xyz"表示输

入结束。统计各单词出现的次数,对单词按字典顺序进行排序后输出单词和词频。

【问题分析】

① 数据结构。本题中每个单词有两条信息要记录,一是单词本身;二是单词出现的次数,即使是1次,也可以用结构体。多个单词用结构体数组。

② 查找。每输入一个单词,要在已有单词序列中查找。若找到,则次数加1;否则添加一个新单词,次数置1。

③ 排序。可以使用冒泡排序或插入排序。还有一种常用的排序方法叫选择排序。先将待排序序列分成有序部分和无序部分,重复地从无序部分中找出最大的元素,放在有序部分的最后,直到无序部分只有一个元素。如果有N个元素要排序,这样的选择过程只需要N−1次。

选择排序的算法如下:

```
① 设待排序元素用数组 A[i]表示,i=0,1,…,N−1;
② 对 i=0,…,N−2      //控制 N−1 次选择,每次选择的“最小”元素与 A[i]互换
③     k=i                  //设 A[i]是当前最小的元素,它的下标保存在 k 中
④     对 j=i+1,...,N−1     //与后面的所有元素比较
          若 A[j]<A[k],则  //后面的更小
              k=j          //记下最小元素的下标
⑤     如果 k!=i            //A[i]不是最小的元素
          tmp=A[i]         //交换最小元素和 A[i]
          A[i]=A[k]
          A[k]=tmp
⑥ N−1 次选择后结束,数组 A 中的元素有序。
```

【算法描述】 统计不同单词出现的次数。

① 输入单词 word;

② 如果 word 为结束标志,转④;否则继续;

③ 顺序查找 word 是否在词典中。

若已存在字典中,则将对应的词频加1,返回①;

若字典中不存在该单词,则向字典中添加新的单词,词频设置为1,返回①;

④ 对词典进行排序;

⑤ 输出词典内容。

【源程序】

```
#include <iostream>                                    //包含基本输入输出库头文件
#include <cstring>
using namespace std;                                   //使用名字空间
struct WordList                                        //字典结构体
{
    char word[20];                                     //单词
    int freq;                                          //使用次数
```

```
};

int main()                                          //主函数
{
    WordList list[1000];                            //结构体数组
    int N=0;                                        //实际单词数
    int i,j,k;                                      //循环变量,临时变量
    char tmp[20];                                   //临时存放新输入的单词
    //-------------输入单词------------------
    cout<<"请输入一系列英语单词,以 xyz 表示输入结束"<<endl;
    cin>>tmp;

    while(strcmp(tmp,"xyz")!=0)                     //不是单词的结束符时循环
    {
        for(i=0;i<N;i++)                            //在当前词典中逐个查找
        {
            if(strcmp(list[i].word,tmp)==0)         //若字典中存在该单词,词频加 1
            {
                list[i].freq++;                     //词频加 1
                break;                              //不再查找
            }
        }
        if(i>=N)                                    //这时是没有找到,添加该词
        {
            strcpy(list[i].word,tmp);               //添加单词
            list[i].freq=1;                         //词频置 1
            N++;                                    //单词数加 1
        }
        cin>>tmp;                                   //继续输入单词
    }                                               //结束时,N 为词典中的单词数

    //---------------对词典进行排序--------------
    for(i=0;i<N-1;i=i+1)                            //控制 N-1 次选择
    {
        k=i;                                        //先设 i 是当前最小元素的下标
        for(j=i+1;j<N;j++)                          //与后面的单词比较
        {
            if(strcmp(list[j].word, list[k].word)<0)    //下标为 j 的单词 ASCII 值小
            {
                k=j;                                //记下最小元素的下标
            }
        }
        if(k!=i)                                    //最小的下标不是 i
        {                                           //交换下标是 k 和 i 的两个元素
```

```
            WordList tmp; //结构体变量,在分程序(一对大括号)中定义,也只在分程序中使用
            tmp=list[i];
            list[i]=list[k];
            list[k]=tmp;
            }
        }
        //--------------------输出结果--------------------
        cout<<"词频统计结果如下："<<endl;
        for(i=0;i<N;i++)                                     //输出
            cout<<list[i].word<<"\t"<<list[i].freq<<endl;
        return 0;
}
```

【运行结果】

```
请输入一系列英语单词,以 xyz 表示输入结束
Do you see the star , the little star ?
xyz
词频统计结果如下:
,       1
?       1
Do      1
little  1
see     1
star    2
the     2
you     1
```

【程序分析】 本程序主要分为三大块,输入、排序、输出。开始编程时要清楚信息处理的步骤,不要把所有的工作放在一起做,要一步一步来,这样比较清晰。

【思路扩展】 如果在统计单词的过程中,要去掉标点符号的统计,该如何修改?实际运行时,如果标点符号与单词连在一起,统计结果会有哪些变化,应该如何解决?

4.5 小结

本章的主要内容如下。

1. 二维数组

(1) 定义

<类型>　<数组名>[<行数>][<列数>];

其中＜行数＞、＜列数＞一定是常量或常量表达式。应根据程序处理问题的规模设置行数和列数,但一次运行处理的问题的规模可以小,只要不超过最大规模就行。

(2) 使用

数组名[i][j],i,j 称为下标,从 0 开始,表示 i+1 行 j+1 列的元素。**下标不能越界**。

(3) 存储

按行存放。

2. 多维数组

```
<类型>  <数组名>[<常量表达式 1>][<常量表达式 2>]...[<常量表达式 n>];
```

3. 字符数组

```
char  <数组名>[<行数>][<列数>];
```

字符数组的元素本是一个字符,相当于带单引号的一个字符。但一维字符数组可以存放字符串(末尾是'\0'),二维字符数组可以存放多个字符串。每一行表示一个字符串,可以整体输入、输出,但不能整体赋值。可以通过字符串处理库函数实现赋值、复制、比较、大小写转换、字符数据转换等操作。

4. 结构体

(1) 类型定义

```
struct <结构体名>
{
<成员列表>
};
```

其中<成员列表>是一些变量、数组、对象的说明语句,它们表示一类事物的某个特征(属性)。最后的分号不能忘记。

(2) 声明结构体变量

```
struct <结构体名><结构体变量列表>;
struct <结构体名><数组名 1>[<数组大小>],<数组名 2>[<行数>][<列数>];
```

其中,struct 可以省略。

(3) 成员引用

```
<结构体变量名>.<成员名>
<一维结构体数组名>[<下标>].<成员名>
<二维结构体数组名>[<行标>][<列标>].<成员名>
```

结构体变量不能整体输入、输出,但同类型变量可以直接相互赋值。

5. 枚举

```
enum <枚举类型名>={枚举常量列表};
```

其中枚举常量的形式是标识符形式。

使用：enum <枚举类型名 > <枚举变量列表>,<枚举数组列表>;

枚举变量不能赋整数值。

习题 4

说明：本章所有字符串均用字符数组表示，不使用 string 类，也不能用系统提供的库函数。

1. 编写程序，将 $N(N<10)$ 阶方阵转置，例如：

$$\begin{bmatrix} 5 & 6 & 7 & 9 \\ 2 & 8 & 5 & 4 \\ 3 & 7 & 16 & 15 \\ 1 & 4 & 8 & 11 \end{bmatrix} \qquad \begin{bmatrix} 5 & 2 & 3 & 1 \\ 6 & 8 & 7 & 4 \\ 7 & 5 & 16 & 8 \\ 9 & 4 & 15 & 11 \end{bmatrix}$$

转置前的方阵 A　　　转置后的方阵 A

注意，转置要使矩阵本身作转置运算，而不仅是在屏幕显示转置效果。

2. 设有一个有序的整型数组，数据元素从小到大排列，初始时数组中没有元素。用户从键盘输入若干整数，将其插入到数组的合适位置，使数组保持有序，并打印插入后的数组元素。程序要考虑对数组满时的情况的处理。

3. 打印如下形式的杨辉三角形。

```
1
1  1
1  2  1
1  3  3  1
……
```

其中的行数由用户输入。

提示：使用二维数组，下一行的系数等于上一行两个系数之和。

4. 将例 4-6 改为一维数组，实现相同的功能。

5. 矩阵用一维数组存储，判断矩阵是否对称矩阵。

6. 编写程序，用户输入一个英文字符串，将其中的字符顺序反转过来（仍保存在原来的字符数组中），然后输出。例如，输入“student”，输出“tneduts”。

7. 编写程序，去掉字符串末尾的空格符。

8. 编写程序，去掉字符串开头的空格符。

9. 编写程序，去掉字符中间的所有空格符。

10. 编写程序，在字符串中查找子字符串，找到则返回第一个字符所在的位置（从 1 开始），找不到则显示“没有该子串”。

11. 编写程序，将数字组成的字符串转换为整数，例如将“1757”（字符串）转换为 1757（整型数），要能处理负数。

12. 编写程序，将字符串形式的数转换为实数（可能为正、为负、为实数、为整数）。如将“－16.24”（字符串类型）转换为－16.24（双精度类型）。

13. 输入一天内若干事件的名称和发生时间(时、分、秒,24 小时制),按时间对事件排序,再计算相邻两件事的发生的时间间隔(也用时、分、秒表示)。事件的输入格式如 breakfast 7 0 0,表示 7 点 0 分 0 秒。事件不是按时间顺序输入的,但显示时要按时间顺序显示,并且从第 2 个事件开始要有与上一个事件的时间间隔。

14. 某单位对职员的级别进行评定,请来专家对参评的职员打分,打分从高到低设定为 3、2、1,编程统计每个人的平均分。设参加评选的人数不超过 20。要求开始先设定参评人员的人数、姓名、编号,然后按编号的顺序输入每个专家的打分结果。第 1 个分数为 0 时表示输入结束。按每个人的平均分从高到低显示打分结果,显示姓名、编号和平均分。参评人员信息要用结构体存储。

专家打分表

参评人员编号	评　　分

第5章 问题的模块化求解

模块化程序设计的基本思想，是将一个较大的问题分解为若干个功能相对独立的子问题，每个子问题由独立的一段程序实现，这段程序常称为**模块**。每个程序模块在C++中通过函数来实现。

本章介绍函数的定义、调用方法、参数传递等有关函数使用的方法。

5.1 模块化程序设计

在编写一个规模较大的程序时，可以按功能将程序划分成若干个相对独立的模块，每个模块功能由一个函数实现，最后通过函数调用的方式将这些函数组织在一起，共同实现整个程序所设计的功能。

1. 函数的概念

C++中的编译单位为源程序文件，一个源程序由一个main()函数和(或)多个其他函数组成。**函数**是能完成一定功能的、有名的程序段。这段程序以后可以通过函数的名称使用，称为**函数的调用**。一次定义、多次使用，这样就提高了编程效率。

前面各章编写的程序大多数都是仅由一个main()函数组成的。C++程序在执行时，是从main()函数开始的，它是整个程序的入口，在此函数中可以调用其他函数，其他函数执行后返回到main()，最后在main()函数中结束运行。

对于其他函数，通过被调用的方式来执行，它可以由main()调用，也可以被多个其他函数多次调用。

2. 模块化程序的组成

在图5-1中，整个程序由5个函数构成，分别是main()、f1()、f2()、f3()和f4()，图中的箭头标明了各个函数之间的调用关系。这些调用关系如下：

- main函数调用了f1()、f2()、f3()这3个函数；
- 函数f1()调用了函数f3()；
- 函数f2()调用了函数f4()。

显然，函数f3()分别被两个函数调用。

与图 5-1 相对应的程序由以下 3 个部分组成。

第 1 部分：对每一个将被调用的函数进行声明，也就是除 main()函数之外的其他函数。

第 2 部分：定义 main()函数，在 main()函数中，还包括对其他函数的调用。

第 3 部分：定义其他各个函数，每个函数的定义中可以包含对其他函数的调用。

C++ 中的程序框架通常都是由这 3 个部分组成的。

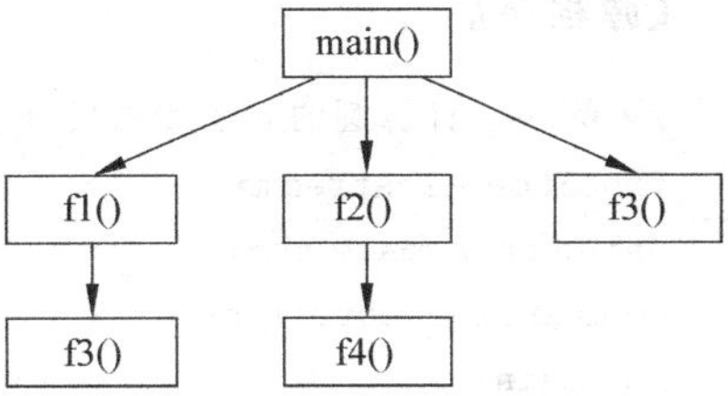

图 5-1　函数之间的调用关系

3. 函数的分类

函数的分类方法有很多，根据函数的来源，可以将函数分为库函数和自定义函数两类。**库函数**是指在函数库中已定义的函数，也称为**标准函数**。这是由系统提供的，在设计程序时可以直接使用。**自定义函数**由用户自行编写的。

C++ 中提供了比较多的库函数，这些库函数分布在不同的函数库中。例如前面例题中使用过的 iostream、cmath 和 string 等。

在使用库函数时，首先应在程序的开头将该库函数所在的函数库进行包含。要包含函数库，可使用编译预处理命令中的 include。包含函数库的格式如下：

```
#include  <函数库名>
```

例如，以下的文件包含：

```
#include <iostream>
#include <cmath>
```

使用文件包含后，在程序中就可以调用这些函数库中的库函数了。调用库函数的一般形式是：

```
函数名(参数表)
```

例如，下面的语句调用了计算绝对值的函数：

```
cout<<fabs(a);
```

下面的语句调用了计算平方根的函数

```
b=sqrt(a);
```

函数库中的函数一般是通用函数，几乎每个程序都会用得到。但这些函数对于求解特定问题的程序来说常常是不够的，所以，所有程序设计语言都允许程序员自己定义需要的函数。

【例 5-1】　定义计算圆的面积的函数，参数是圆的半径。在主函数中，输入一个圆的半径 r、当 r 大于零时，调用函数计算圆的面积并输出计算的结果；否则显示“输入错误”。

【源程序】

```
/*例 5-1 计算圆的面积和周长 */
#include <iostream>
using namespace std;
double area(double r);                  //声明计算面积的函数 area(),r 是参数,结果是面积
int main()                              //主函数
{
    double r;                           //定义变量 r 保存圆的半径
    cout<<"请输入圆的半径:";
    cin>>r;
    if(r>0)
    {
        cout<<"面积="<<area(r)<<endl;  //调用函数 area()计算面积
    }
    else
        cout<<"输入错误"<<endl;
return 0;
}
double area(double r)                   //定义计算面积的函数 area()
{   double s;
    s=3.1416*r*r;
    return s;                           //计算并返回圆的面积
}
```

【运行结果】

```
请输入圆的半径:10
面积=314.16
```

5.2 函数的定义和声明

本节介绍自定义函数的定义方式、返回值的概念以及函数的声明方法。

5.2.1 函数的定义

在 C++ 语言中,定义函数的一般形式如下:

```
类型名    函数名(类型名 1 形参 1,类型名 2 形参 2,…)
{
       <函数体>
}
```

1. 函数的组成结构

一个函数由函数头部和包围在一对花括号中的函数体两部分组成。

函数头部要说明 4 个方面的内容，按顺序分别是返回值的类型、函数的名称、各个形参的类型和名称。

(1) 类型名又称为函数类型，是函数的计算结果的数据类型。它可以是 int、float、double、char，还可以是结构体类型、枚举类型以及后面学到的指针和类类型。函数的计算结果也称为函数的**返回值**，简称**返回值**。在函数中，返回值写在 return 后面，是一个表达式。如主函数最后的 return 0；例 5-1 中的 return s；其中的 0 和分别 s 是 main()函数和 area()函数的返回值。return 语句中表达式值的类型应与"类型名"的类型一致。函数类型缺省时默认为整型。

在一个函数中可以出现多个 return 语句，但由于执行到该语句时就结束函数并返回到调用它的函数(称为**主调函数**)中，因此，只有一个 return 语句被执行。

(2) 函数名的命名要符合标识符命名的规则。

(3) 函数名称后面的圆括号内一一列出了该函数的各个参数的类型和名称，这些参数称为**形式参数**，简称**形参**。形式参数用来在函数调用时接收从主调函数那里传递过来的数据。形参是函数进行计算时形式上的对象。例如，例 5-1 中，函数定义 area 后面括号中的"double r"。r 就是形参。它表示要计算圆的面积，需要半径，这里的 r 是代表半径的。定义函数时，半径是多少，并不知道，所以叫形式参数。

如果形参不只一个，它们之间用逗号分隔开，因此，括号内的部分称为形参列表或形参清单。

例如，下面是对函数 fun 的头部的定义：

```
int fun(int x,int y)
{    ...
}
```

该定义中，定义了一个名为 fun 的函数，函数的返回值是 int 型。它有两个形参 x 和 y，这两个形参的类型都是 int 型。

函数头部之后的一对花括号内是函数体，函数体由若干个说明语句和执行语句组成，用来实现该函数的功能。

2. 特殊形式的函数

函数中形参的个数可以是 1 个或多个，也可以没有参数。没有参数的函数称为**无参函数**，但无参函数定义中的圆括号不能省略。例如以前各个程序中一直使用的 main()函数就没有使用形参。不带参数的函数表明函数不需要另外的数据或操作对象，就可以完成其功能。例如曾经用过的产生随机数的函数 rand()等。

一个函数不仅可以无参数，还可以没有返回值，称为**无类型或空类型的函数**。没有返回值的函数的"类型名"写成"void"，函数体中不写 return 语句或 return 语句后面的返回值表达式为空(没有)。这样的函数一般只是完成某个操作，而不是求一个值。例如显示一维数组元素的函数：

```
void print( int A[],int N)            //A,N 是参数,A 是整型数组,N 是整数,代表元素个数
```

```
{
    for(int i;i<N;i++)                              //循环显示每一个元素
        cout<<A[i]<<" ";
    cout<<endl;                                     //没有返回值,没有 return 语句
}
```

一个函数,可以同时没有参数,没有返回值,甚至函数体为空,这时称为**空函数**。空函数本身不具有任何功能,但常常是为将来实现某个功能留下的一个模块,将来可以向函数体中填写具体的语句以完善它。例如:

```
void print( int A[],int N)
{     //显示一维数组元素
}
```

5.2.2 函数的声明

C++中,函数之间的排列顺序没有固定的要求,但要满足"先定义后使用"的原则。对于标准的库函数,在程序开头用#include 将所需的头文件包含进来即可;对于自己定义的函数,要么在调用之前定义,要么在调用之前作函数声明(function declaration)。例如:

```
#include <iostream>
using namespace std;
float max(float x,float y)                          //函数的定义
{
    return (x>=y ?x : y);
}
void main()                                         //主函数
{   float big;
    big=max(12,3);                                  //函数的调用
    cout<<big <<endl;
}
```

这是一个完整的程序,函数 max()求两个数的最大值。main 函数中调用该函数,函数的定义出现在调用之前,程序可以顺利执行。如果将函数定义放在 main()函数之后,如:

```
#include <iostream>
using namespace std;
void main()                                         //主函数
{   float big;
    big=max(12,3);                                  //函数的调用
    cout<<big <<endl;
}
float max(float x,float y)                          //函数的定义
```

```
{
   return (x>=y ?x : y);
}
```

这时，编译程序会提示如下错误：

```
D:\tmp\tmp.cpp(5) : error C2065: 'max' : undeclared identifier
D:\tmp\tmp.cpp(9) : error C2373: 'max' : redefinition; different type modifiers
```

第一条错误信息源于程序的第 5 行，即调用函数 max()的语句，错误提示是“未声明的标识符”，原因是 max()没有声明。第二条出错信息源于程序的第 9 行，是由于未声明的情况下函数的定义出现在函数的使用之后造成的。在 void main()之前添加下面一行程序：

```
float max(float a, float b);
```

问题就解决了。这一行就是函数的声明。

函数的声明是在函数被调用之前对函数的类型、名称、形参等信息所作的说明。它的一般格式是：

类型名　函数名(类型名 1 形参 1,类型名 2 形参 2,…);

在形式上就是在函数定义的头部的内容末尾加上一个分号。函数声明说明了函数所采用的形式，称为**函数原型**(function prototype)。

函数声明和所定义的函数必须在返回值类型、函数名称、形参个数、形参类型和形参次序上完全一致，否则将导致编译错误。唯一可以不同的是形参的名称，甚至可以省略形参的名称，即采用下列形式。

类型名　函数名(类型名 1 ,类型名 2 ,…);

例如，上述函数 max()的声明可以用以下形式：

```
float max(float , float);
```

在程序的开头写出所有函数的声明是好的编程习惯，既可以避免出错，也容易维护程序。如果函数的定义出现在调用之前，函数的声明就可以省略。但当函数较长和函数很多时，一般的习惯是在开头声明，而将函数的定义放在主函数之后。

5.3 函数调用

除主函数外，其他函数都不能自动执行。它们都必须被主函数直接或间接调用才能实现其功能。通俗地说，函数的调用就是函数的使用。

5.3.1 函数调用的格式

函数调用的一般格式如下：

<函数名>(<参数列表>)

其中<函数名>是要使用的函数的名字，<参数列表>是与形式参数的个数、类型、次序对应的实际参数的列表。它们是常量、具有值的变量或表达式，多项之间用逗号隔开。这些参数是具有具体值的实际参数，简称**实参**。实参用来向被调函数的形参传递数据，是函数处理的对象。对于没有参数的函数，调用形式为：

```
<函数名>()
```

即不提供参数列表，但函数名后面的一对圆括号不能少。

1. 实参的几种形式

对于上述的函数 max()，实参可以是下列不同的形式：

```
c=max(12,3);                    //实参是常量
c=max(a,b);                     //实参是变量,它们可以与形参变量同名,互相没有影响
c=max(3+5,b+3);                 //实参是表达式
c=max(max(a,3),4);              //一个实参是另一个函数调用的结果
```

【例 5-2】 函数调用时实参向形参传递数据。编写函数，在一行中连续显示指定的字符 n 次。n 和字符作为参数，函数不需要返回值。在主函数中，以不同的参数调用该函数，比较运行结果。

【问题分析】 函数的功能是显示字符若干次，所以字符和次数是参数。使用两个形参，一个是字符型，一个是整型。函数不需要返回值，是 void 类型。函数调用时，实参可以使用常量，实参的个数、类型和排列次序应与定义被调函数时的形参相一致，即按顺序一一对应地传递数据。

【源程序】

```
/*例 5-2 函数调用时参数的传递 */
#include <iostream>
using namespace std;
void print_char(char c,int n)   //函数定义,两个形参
{
    int i;                      //定义循环变量
    for (i=0;i<n;i++)           //执行 n 次的循环
        cout<<c;                //循环体,显示字符
    cout<<endl;                 //循环结束后,换行
}                               //函数没有返回值,所以可以省略 return 语句
void main()                     //主函数
{
    char c;
    int n;
    print_char('*',15);         //函数调用,括号中为实参,顺序一致,类型一致
    print_char('^',10);         //函数调用,用另一组实参,第 1 个字符型,第 2 个整型
    cout<<"请输入要显示的字符和显示次数\n";
    cin>>c>>n;
```

```
    print_char(c,n);            //调用函数,实参是两个变量
}
```

【运行结果】

```
***************
^^^^^^^^^^
请输入要显示的字符和显示次数
# 20
####################
```

【程序分析】 本程序由两个函数组成,由于被调函数 print_char 出现在主调函数之前,因此,省略了对该函数的声明。被调函数 print_char 是有参数但是没有返回值的函数,它的作用是对一个字符重复显示若干次。函数中有两个形参。第 1 个是字符型,表示要显示的字符;第 2 个是整型,表示显示的次数。

主调函数中的三次调用。第 1 次是 print_char('*',15) 将实参'*'和 15 分别传递给形参 c 和 n,目的是将字符'*'显示 15 次。第 2 次调用 print_char('^',10)是要将字符'^'显示 10 次。第 2 次调用 print_char(c,n),实参是变量,传递的是变量的值,将主函数中输入的 c 和 n 的值传给函数中的 c 和 n,并且主函数中的 c、n 和函数 print_char()中的 c、n 占用不同的内存单元(不是同一个 c,也不是同一个 n)。

【思路扩展】 如果要输出如下形式的图案(8 行),在 main()函数中如何调用 print_char()函数?

```
*
**
***
****
*****
******
*******
********
```

2. 函数调用的几种形式

函数调用的形式指使用函数的方式。函数调用可以单独占行,可以作为表达式的一部分,可以将结果直接赋值给变量,也可以作为其他函数的参数。

(1) 语句调用

即函数调用单独作为一条语句,格式是函数调用的圆括号后直接加上分号构成语句。一般这样的函数只完成一定的功能,没有计算值;即使有,调用它的函数也不需要它。例如:

```
print_char('*',15);             //显示 15 个"*"
strcpy(s1,s2);          //将字符串 s2 的内容复制到字符串 s1 中。该函数有返回值,但不需要
```

(2) 表达式调用

函数调用出现在表达式中,这时函数的值参与表达式的运算。例如:

```
c=2*max(a,b);
```

(3) 函数值作为另一个函数的参数

```
m=max(a,max(b,c));
```

其中,括号内的函数的调用结果作为外层函数调用的一个参数。计算过程是先计算 b、c 的最大值,再计算 a 和 b、c 中最大值的最大值。max 函数被调用了两次,内层先调用,外层后调用。

3. 嵌套调用

嵌套调用是指在调用一个函数的过程中,被调函数中又调用了另一个函数。

【例 5-3】 函数的嵌套调用。编写函数 square()计算一个数的平方;编写另一个函数 ssum(),计算两个数的平方和,其中的平方要调用 square()函数实现。编写主函数,调用函数 ssum 计算用户输入的两个数的平方和。

【源程序】

```
/*例 5-3 函数的嵌套调用 */
#include <iostream>
using namespace std;
int square(int n)                  //函数 square,计算整数的平方
{
return n*n;
}
int ssum(int x,int y)              //函数 ssum,计算两个数的平方和
{
return square(x)+square(y);        //调用计算平方的函数
}
int main()                         //主函数 main()
{
    int m,n;
    cout<<"Please input two integer:";
    cin>>m>>n;
    cout<<m<<"^2+"<<n<<"^2="<<ssum(m,n)<<endl;
    return 1;
}
```

【运行结果】

```
Please input two integer:2 3
2^2+3^2=13
```

【程序分析】 程序由三个函数构成。其中 square()用来计算整数的平方,函数 ssum()

计算两个整数的平方和，由 main 函数调用函数 ssum()，函数 ssum()中又对函数 square()进行了两次调用。这就是函数的嵌套调用。

5.3.2　参数的传递方式

在 C++ 语言中，函数之间在调用时通过参数进行数据的传递。从传递的内容上看，参数传递有值传递、地址传递和引用传递三种方式。本章介绍值传递和引用传递，地址传递将在第 6 章介绍。

1. 值传递

调用时将实参的值依次传递给对应的形参，就是值传递。简言之，就是传递数值。例 5-1、例 5-2、例 5-3 都是值传递。

值传递中，形参变量只有在发生函数调用时才分配内存单元用来接收由实参传过来的数据。实参变量与形参变量各占不同的单元。当函数调用结束后，形参变量所在内存单元被释放，而实参变量仍保留原值。这样，在被调函数中对形参变量进行的改变是不会影响到实参变量的。

【例 5-4】 验证在值传递过程中，形参的改变对实参有无影响。编写函数，交换两个整型变量的值。在主函数中，使用值传递的方式调用该函数，参数用两个变量，观察调用前后这两个变量的值。

【问题分析】 本例中在被调函数中改变形参的值，返回到主调函数后，观察实参变量的值有无改变。

【源程序】

```
/* 例 5-4 值传递的调用方式   */
#include <iostream>
using namespace std;
void swap(int x,int y);                              //swap()函数的声明
void  main()
{
    int a=3,b=4;
    cout<<"a="<<a<<"  b="<<b<<endl;                  //显示调用前的实参值
    swap(a,b);                                       //函数的值传递调用
    cout<<"a="<<a<<"  b="<<b<<endl;                  //显示调用后的实参值
}
void swap(int x,int y)                               //swap()函数的定义
{
    int z;
    cout<<"x="<<x<<"  y="<<y<<endl;                  //显示交换前的形参的值
    z=x;
    x=y;
    y=z;                                             //交换两个形参的值
    cout<<"x="<<x<<"  y="<<y<<endl;                  //显示交换后的形参的值
}
```

【运行结果】

```
a=3  b=4
x=3  y=4
x=4  y=3
a=3  b=4
```

【程序分析】 函数 swap 的作用是将两个形参变量 x 和 y 的值进行交换，从输出结果的第 2、3 行可以看出，这一点在函数中已经实现。

但是，对比运行结果的第 1、4 两行可以看出，变量 a 和 b 的值并没有交换。原因是，在调用函数 swap 时使用的是值传递，两个实参 a 和 b 的值分别传递给了形参 x 和 y，swap 仅对变量 x 和 y 的值进行交换。由于形参与实参各占不同的内存单元，x 和 y 的变化并没有影响到变量 a 和 b 的值，因此，当其返回到 main 时，形参 x 和 y 所占的空间被释放，变量 a 和 b 仍保持原来的值。

2. 引用传递

一个函数最多有一个返回值。如果需要函数的多个计算结果呢？利用 C++ 中提供的引用传递机制可以实现。

引用是一个变量的别名。就存储结构上说，相当于一个内存单元有两个名字，先前起的名字就是原来的变量名，后面起的名字如果说明和那个单元是同一个单元，后面的这个就称为引用。说明一个变量是另一个变量的引用，格式如下：

```
<数据类型>  &<引用名>=<目标变量名>;
```

例如：

```
int a,&b=a;                              //a是整型变量,b是a的引用,注意类型必须相同
```

b 和 a 是同一个存储单元，对 a 的操作就是对 b 的操作，对 b 的操作就是对 a 的操作。可以将它们看作“等价的”。

如果声明的形参是引用名(即在形参类型后加“&”符号)，在函数调用时，实参必须是变量名，形参就是实参的引用，它们对应同一个内存单元。这样，在被调函数中对引用变量的操作也是对实参变量的操作，从而可以在被调函数中改变主调函数的变量值。

【例 5-5】 使用引用传递在被调函数中改变实参的值。编写函数，交换两个整型变量的值，形参采用引用的形式。在主函数中，调用该函数，参数用两个变量，观察调用前后这两个变量的值。

【问题分析】 在被调函数的形参表中，用 int & 说明变量，就是引用。调用时形参与实参占用相同的内存单元。

【源程序】

```
/* 例 5-5引用传递的调用方式   */
#include <iostream>
using namespace std;
```

```
void swap(int&,int &);                    //函数 swap(),形参是引用,在声明中省略变量名
int  main()                               //主函数
{
    int a=5,b=10;                         //定义并初始化两个变量
    cout<<"a="<<a<<",b="<<b<<endl;        //显示调用前的实参值
    swap(a,b);                            //函数的引用传递调用
    cout<<"a="<<a<<",b="<<b;              //显示调用后的实参值
    return 1;
}
void swap(int &m,int &n)                  //两个形参都为引用名
{
    int t=m;                              //交换变量 m,n 的值
    m=n;
    n=t;
}
```

【运行结果】

```
a=5,b=10
a=10,b=5
```

【程序分析】 程序中形参 m 和 n 是引用变量,实参是变量 a 和 b,因此,函数间是引用传递。调用函数 swap 时,形参 m 和 n 被分别初始化为变量 a 和 b,相当于为变量 a 和 b 分别定义了两个别名 m 和 n,即相当于下面两条语句:

```
int &m=a;
int &n=b;
```

这样,变量 m 和 main 函数中的变量 a,变量 n 和 b 都分别使用相同的单元。函数中交换 m,n 的值,就是交换主函数中变量 a,b 的值,从而实现在 swap 函数中改变主调函数变量 a 和 b 的值的目的。

【思路扩展】 return 语句只能得到函数的一个计算结果,如果想得到函数中的多个计算结果呢? 例如,设计一个对三个数进行排序的函数,希望调用函数后,得到三个有序的数。return 不行了,试试引用。

5.3.3 为形参指定默认值

C++ 语言中在函数定义时,允许为形参指定默认的值。这样,在函数调用时如果有实参,则形参使用实参的值;如果没有指定与形参对应的实参,形参可以自动使用这个默认的值。

指定参数的默认值可以在函数定义中进行,也可以在函数原型中进行。通常是写在函数名在程序中第一次出现的位置,定义的形式与变量的初始化相似。

例如,下面的默认参数值是在函数原型中定义的,两个形参的默认值都为 0:

```
int add(int x=0,int y=0);
```

【例 5-6】 默认参数值的使用。编写函数，显示由指定字符组成的矩形，矩形的行数、列数和字符由参数确定，参数的默认值分别为 5，10 和'*'。编写主函数，提供不同个数的实参调用该函数。请观察结果，分析原因。

【问题分析】 函数带有默认值时，调用函数时可以不提供有默认值的参数，函数使用默认值作为参数的值。

【源程序】

```
#include<iostream>
using namespace std;
//显示 x 行,y 列由 c 组成的矩形,参数带默认值
void rectangle(int x=5,int y=10,char c='*')
{
    int i,j,k;

    for (i=0;i<y;i++)                        //显示顶行 y 个字符
    {
        cout<<c;
    }
    cout<<endl;
    for(j=1;j<x-1;j++)                       //显示中间各行
    {
        cout<<c;                             //开头一个字符
        for(k=1;k<y-1;k++)                   //中间若干空格
            cout<<" ";
        cout<<c<<endl;                       //行末一个字符
    }
    for (i=0;i<y;i++)                        //显示末行
    {       cout<<c;        }
    cout<<endl;
}
int main()
{
        char c='#';
        int n=5,m=20;
        cout<<"请输入行数,列数和组成矩形的字符\n";
        cin>>n>>m>>c;
        rectangle(n,m,c);                    //调用函数,给出所有 3 个参数
        cout<<endl;
        rectangle(n,m);                      //缺省一个参数
        cout<<endl;
        rectangle(n);                        //缺省两个参数
        cout<<endl;
        rectangle();                         //缺省三个参数
        return 0;
}
```

【运行结果】

```
请输入行数,列数和组成矩形的字符
3 20 %
%%%%%%%%%%%%%%%%%%%%
%                  %
%%%%%%%%%%%%%%%%%%%%

********************
*                  *
********************

**********
*        *
**********

**********
*        *
*        *
*        *
**********
```

【程序分析】 被调函数 rectangle 是有参数无返回值的函数。它的作用是显示由字符组成的矩形,它的形参默认值在函数定义中指定。

主调函数 main 中,有 4 次调用函数 rectangle。第 1 次调用提供了所有参数,显示 n 行 m 列和输入的字符 c 组成的矩形;第 2 次调用实参少了 c,那么就显示 n 行 m 列由字符的默认值'*'组成的矩形(注意,上述两个矩形的宽度不同是由于印刷字符的大小不同造成的);第 3 次调用实参缺省了 m 和 c,显示的矩形是 n 行 10 列由'*'组成;第 4 次调用没有提供实参,那么三个参数都使用默认值,显示的矩形就是 5 行 10 列由'*'组成的。

上面的例题对每个形参都设置了默认值,也可以只对部分形参定义默认值。对部分形参定义默认值时,形参的顺序是有规定的,要求没有默认值的形参只能出现在有默认值的形参的左边(前边),默认值出现在从右到左的连续若干个形参中。因此,在有默认值的形参后面,不能出现无默认值的形参。

例如,下面定义默认值的方法是允许的。

```
void fun(int i=1,int j=2,int k=3);          //所在形参都指定了默认值
void fun(int i,int j=2,int k=3);            //最后两个形参指定了默认值
void fun(int i,int j,int k=3);              //只有最后一个形参指定了默认值
```

而下面定义默认值的方法则是不允许的,原因是无默认值的形参 k 出现在有默认值的形参之后了。

```
void fun(int i=1,int j=2,int k);
void fun(int i=1,int j,int k);
```

```
void fun(int i,int j=2,int k);
```

5.3.4 数组名作为函数参数

前面的函数调用一般是将表达式的值传递给函数。若希望将数组元素传递给函数，则有两种情况，一是用单独的数组元素作为实参，这与简单变量的使用方法相同，一次传递一个元素，是值传递；另一种情况就是用数组名作为实参和形参，一次传递整个数组。

1. 一维数组的传递

一维数组名作为参数时，形参和实参的形式如下：

```
<函数类型>  <函数名>(<形参类型><数组名>[]);  //形参,数组名后有一对方括号
<函数名>(数组名)                              //实参,数组名可以和形参数组名不同
```

传递一维数组时，形参中不需说明数组的大小。调用函数时，对应的实参是类型一致的数组名。为了使被调函数知道数组元素的个数，通常再传递一个表示元素大小的整型数。

【例 5-7】 数组名作为函数的参数。编写函数，计算数组中从第 m 个元素（从 0 开始）开始的 n 个元素之和。

【问题分析】 本例中，在主调函数中定义并初始化一个一维数组。被调函数中计算这个一维数组中从指定的某个元素开始的若干个元素之和，并将计算结果返回到主调函数中。被调函数中有 3 个参数，分别是数组名、起始元素和元素个数。

【源程序】

```
/* 例 5-7 数组名作为函数的参数   */
#include <iostream>
using namespace std;
int fun(int b[],int m,int n)              //定义求数组元素和的函数,数组作为参数
{                                         //数组大小可以省略
    int i,s=0;                            //定义循环变量及和的初始值
    for(i=m;i<m+n;i=i+1)                  //用循环求和
        s=s+b[i];                         //逐步加数组的元素
    return s;                             //返回指定数组元素的和
}
int  main()                               //主函数
{
    int x,a[]={0,1,2,3,4,5,6,7,8,9};      //定义数组,大小缺省
    x=fun(a,0,10);                        //调用函数,求第 0 个元素开始的 10 个元素的和
                                          //注意,传递数组只需给定数组名 a
    cout<<x<<endl;                        //显示结果
    x=fun(a,3,5);                         //调用函数,求从第 3 个元素开始的 5 个元素的和
    cout<<x<<endl;                        //显示结果
    return 1;                             //主函数结束
}
```

【运行结果】

```
45
25
```

【程序分析】 函数 fun 有 3 个参数。第 1 个是数组名，但省略大小；后两个是整数，是值传递。函数调用时，形参中的数组对应的实参是数组名。数组名实际代表数组所占连续若干存储单元的**首地址**(第 1 个单元的地址)，实际上传递给形参的是地址。在函数中，就可以通过这个地址访问到数组中的各个元素。

数组名作为参数时，由于传递的实际是地址，使得形参数组和实参数组实际是同一块内存单元。如果被调函数中各数组元素值发生了变化，也就是实参数组的元素发生了改变；所以，在返回主调函数后，实参数组中元素的值就是变化后的值。

【例 5-8】 编写函数，用冒泡法对一组整数进行从小到大的升序排序。

【问题分析】 前面已经编写过冒泡排序的程序，现在将这段程序写成函数，就可以方便地对不同的数组元素进行排序了。排序，需要知道存放数据的数组，还需要知道数组中有多少元素，这就是函数的两个参数。函数的排序结果还在原来的数组中，不需要返回值。

【源程序】

```
/* 例 5-8 冒泡法排序 */
#include <iostream>
using namespace std;
void sort(int b[],int n)                         //冒泡法排序的函数,b是数组,其大小缺省,
{   int i,j,t;
    for (j=0; j<n-1;j++)                         //外循环控制比较轮次为个数减 1
        for (i=0; i<n-j-1;i++)                   //内循环控制每一轮的比较次数
            if (b[i]>b[i+1])                     //相邻两个进行比较
            {
                t=b[i];b[i]=b[i+1];b[i+1]=t;     //交换两个存储单元的值
            }
}
void print(int b[],int n)                //该函数顺序显示输出数组元素,b是数组,大小缺省
{   int i;
    for (i=0;i<n;i++)
        cout<<b[i]<<"  ";
    cout<<endl;
}
int main()                                       //主函数
{
    int a[10]={9,4,8,12,65,-76,1,0,100,-45};     //定义并初始化一维数组
    cout<<"排序前:";
    print(a,10);   //调用 print 函数显示排序前数组元素,数组名 a 作为参数,代表整个数组
    sort(a,10);    //调用 sort 函数对数组元素进行排序,数组名 a 作为参数,代表整个数组
```

```
    cout<<"排序后:";
    print(a,10);    //调用 print 函数显示排序后数组元素,数组名 a 作为参数,代表整个数组
    return 1;
}
```

【运行结果】

```
排序前:9  4  8  12  65  -76  1  0  100  -45
排序后:-76  -45  0  1  4  8  9  12  65  100
```

【程序分析】 本例的程序由 3 个函数组成。主调函数 main()中定义并初始化了一个一维数组,并分别调用了另外两个函数 print 和 sort。其中 print 函数的作用是显示数组中的每个元素,它的两个形参分别是数组名和一个整数。整数表示元素的个数,该函数被调用了两次,分别显示排序前和排序后的情况。

函数 sort 中使用双重循环。外循环的 for (j=0; j<9;j++)表示进行了 9 轮,内循环 for (i=0; i<10-j;i++)表示每轮中进行比较的次数和参与比较的元素的下标。

if 语句中括号内的表达式(a[i]>a[i+1])表示相邻两个数的比较。因为要进行升序排序,如果后者比前者小时要进行交换,这样就可保证大的数在后面。交换由三条赋值语句完成:t=a[i]; a[i]=a[i+1]; a[i+1]=t;,不要忘记将这三条语句用花括号括起来构成复合语句。

【思路扩展】 修改本例程序,在程序的输出中可以清楚地显示出每一轮结束时各个元素的交换情况。

2. 二维数组的传递

若要传递一个二维数组到函数中,形参说明格式为:

```
<数据类型>  <数组名>[][<列数>]
```

其中<列数>为常数,即列大小确定,行大小缺省。对应的实参只写数组名,而且该数组的列数与形参中的<列数>相同。与一维数组一样,二维数组的实际行数和列数常使用另外两个整型变量传递。例如计算两方阵和的函数,函数的声明为:

```
void add(double A[][10],double B[][10],double C[][10],int N,int M);
```

主调函数中的数组声明和函数调用为:

```
double A[10][10],B[10][10],C[10][10];
int N,M;
…                         //输入实际维数 N,M,输入 A,B 的元素
add(A,B,C,N,M);           //实参只写数组名,N,M 表示实际行数和列数
```

5.3.5 结构体变量作为函数参数

结构体变量作为实参和形参,这时传递的是结构体的整体。由于结构体中有多个成员,系统将为形参开辟相应的存储区并一一对应保存各成员的值,因此这种传递仍然是值

传递。

【例 5-9】 在主调函数中定义结构体变量并赋值，然后在被调函数中输出这个变量的各个成员。

【问题分析】 用结构体变量分别作为函数的形参和实参，这样可以将结构体变量的各个成员都传递到被调函数中。

【源程序】

```
/* 例 5-9 结构体变量作为形参和实参 */
#include <iostream>
using namespace std;
struct student
{
    int stno;
    char name[20];
    int age;
};                                          //结构体类型中包括 3 个成员
void print(student );                       //函数声明
void main()
{
    struct student stu={211123001,"Hong Yu",19};
    print(stu);                             //结构体变量名作为实参
}
void print(student p)                       //结构体变量名作为形参
{
    cout<<p.stno<<endl<<p.name<<endl<<p.age<<endl;
}
```

【运行结果】

```
211123001
Hong Yu
19
```

【程序分析】 程序中的形参 p 和实参 stu 都是结构体变量，这样，参数传递的结果是将对应的同名成员进行传递。

【思路扩展】 如果使用结构体变量中的成员作为函数参数，该程序应如何修改？

5.4 递归函数

“你站在桥上看风景，看风景的人在楼上看你，明月装饰了你的窗子，你装饰了别人的梦。”这是诗人卞之琳的诗——《断章》。你看风景，风景就是你，风景中的你看风景，风景中的你看的风景是你……在程序设计中，这就是递归。

递归调用是指在定义一个函数的过程中直接或间接地调用其自身。图 5-2(a)中的函数 f1 调用 f1。图 5-2(b)中的函数 f1 调用 f2,而 f2 又反回来调用 f1。这都是递归调用,简称递归。

图 5-2 中的函数调用是递归,但这样的递归在执行时会陷入无休止的调用之中而使这样的程序没有意义。程序设计中有意义的递归是有条件的直接或间接调用自身,每次调用,条件都会改变。当条件满足(或不满足)时,就会停止调用自己,从而结束程序的执行。比如,设第 1 次调用一个函数时参数的值为 n,可以理解为问题的规模为 n,而在函数中调用这个函数本身时,参数的值可能会是 n－1 或 n－2,简单说就是规模小了;再用该函数解决规模 n－1 的问题时,又可以减小规模,直到规模非常小(比如是 1);而这个规模非常小的问题是容易解决的;解决了这个小规模的问题,就可以解决规模稍大的问题(比如规模 2),进而可以解决规模更大的问题,直到解决规模为 n 的问题。

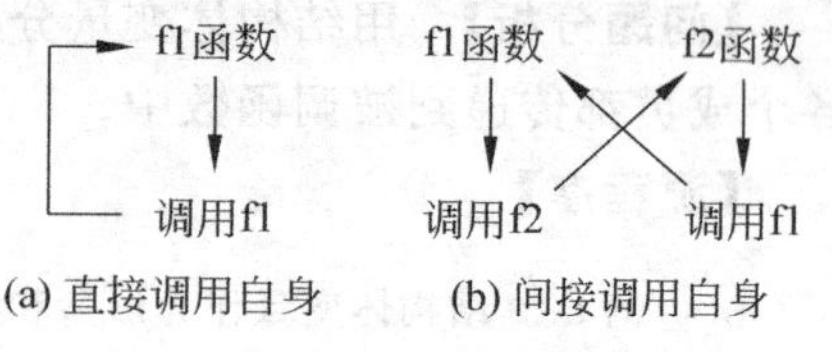

图 5-2 函数的递归调用

递归调用的过程可以分为两个阶段:一是将原来的问题不断分解为新的规模更小的问题,逐渐从未知向已知的方向推测,最终到达已知的条件,这一过程称为**递推过程**(**递推阶段**);二是从已知的条件出发,按递推的逆过程,逐个求值,最后到达递推的开头,解决原问题,这一过程称为**回归过程**(**回归阶段**)。

【例 5-10】 用递归调用计算阶乘 n!。

【问题分析】 当 $n=0$ 或 1 时,$n!=1$;当 $n>1$ 时,$n!=n(n-1)!$。要计算 $n!$,可以先计算 $(n-1)!$,要计算 $(n-1)!$,可以先计算 $(n-2)!$ ……而最终 $1!=1$ 是确定的,就可以计算 $2!,3!,\cdots,n!$,所以可以使用递归来解决此问题。

【算法描述】 (计算阶乘的函数)

```
factor(n)                          //函数 factor 计算 n 的阶乘
    如果 n=0 或 n=1,则
        y=1
    否则:
        y=n * factor(n－1)
    返回结果 y
```

【源程序】

```
/*例 5-10 用递归调用计算阶乘 */
#include <iostream>
using namespace std;
int  fac(int n)                  //定义函数,计算 n 的阶乘
{
    int y;                       //f 表示 n 的阶乘
    if(n==0||n==1)               // n 是 0 或 1 的情况,值是确定的、已知的
        y=1;
    else                         //n 大于 1 的情况,n!=n*(n-1)!=n*fac(n-1)
        y=fac(n-1)*n;            //如果 n>1 时调用自身,即递归调用,特别注意参数
```

```
                                    //规模小了,n变成n-1了
    return y;                       //返回结果
}
void main()                         //主函数
{
    int n,y;
    cin>>n;                         //输入n
    if (n>0)                        //n>0时才计算阶乘
    {
        y=fac(n);                   //调用函数,计算阶乘
        cout<<n<<"!="<<y;           //显示结果
    }
    else                            //输入的n<=0的情况
        cout<<"n的值应大于0";
}
```

【运行结果】

```
10
10!=3628800
```

【程序分析】 本例中,函数 fac(int n)用来计算整数 n 的阶乘。在该函数中,当 n 的值大于 1 时进行了递归调用,由语句 f=fac(n-1) * n;实现。注意到该调用的实参是 n-1,经过若干次的递归调用,n 的值会递减到 1,从而结束递推的过程。

使用递归调用,关键有两条：一是有一种递推的关系;常见的是计算规模为 n 的问题时,可以分解为几个规模更小的问题,比方是规模为 n-1、n-2 的问题,解规模为 n-1 的问题可以分解为规模更小的问题……另外一条关键的问题是有终止条件。规模小到一定程度时,解是容易求得或是确定的。像汉诺塔、斐波那契序列、猴子吃桃、排序等问题都是可以用递归实现的简单问题。地图着色、迷宫、八皇后等问题也是典型的可以用递归实现的问题。

【例 5-11】 Hanoi 塔问题。有 A、B、C 三根柱子,在 A 柱子上有 n 个大小不同的金盘,大盘在下,小盘在上(图 5-3)。要将 A 柱子上的所有金盘移动到 C 柱子上,每次只能搬动一个金盘,搬动过程中可以借助任何一根柱子暂时放置金盘,但必须满足大盘在下、小盘在上的条件。编程显示移动的过程。n 由用户输入。

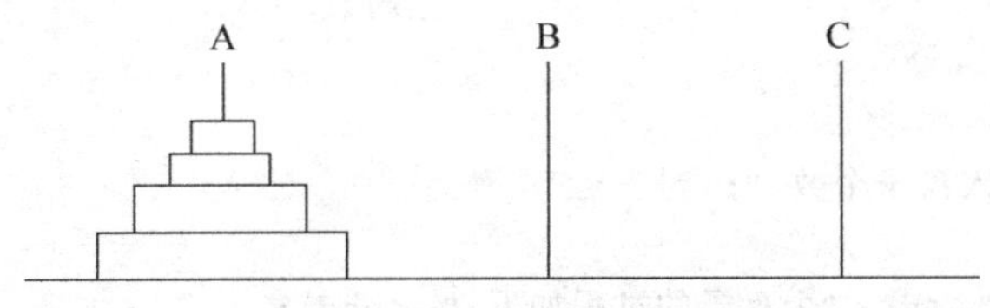

图 5-3　Hanoi 塔问题示意图

【问题分析】 若有一个金盘,问题是容易解决的,只要直接移动即可,可以用 A->C 表示。若有两个金盘,可以将上面的小金盘先移到 B 上,再将底下的金盘移到 C 上,再

将B上的小金盘移到C上，可以用A－＞B，A－＞C，B－＞C表示。若有三个金盘，可以用刚才的方法将上面两个小的金盘移到B上，再将最下面的金盘移到C上，再用上述方法将B上的两个金盘移到C上。设n－1个金盘的问题已经解决。对n个金盘的问题，先将n－1个金盘移到B上，再将最下面的金盘移到C上，再将B上的n－1个金盘移到C上，问题解决了。

【算法描述】 n个金盘的汉诺塔问题。

```
hanoi(n,A,B,C)  //函数hanoi求解n个金盘的汉诺塔问题，A,B,C代表三根柱子
                //功能是将n个金盘借助B从A移到C上
如果n＝1，则
    显示A,"－－＞",C              //将一个金盘直接从A移到C上
否则
    hanoi(n－1,A,C,B)             //将n－1个金盘借助C从A移到B上
    显示A,"－－＞",C              //将一个金盘直接从A移到C上
    hanoi(n－1,B,A,C)             //将n－1个金盘借助A从B移到C上
```

【源程序】

```
/* 例5-11 Hanoi塔问题  */
#include <iostream>
using namespace std;
void move(char x,char y)                      //函数move将一个盘子从x移动到y
{
    cout<<x<<"---->"<<y<<endl;               //显示这条信息表示移动
}
void hanoi(int n,char a,char b, char c)      //解规模为n的Hanoi问题的函数
{                                             //变量a,b,c是表示柱子的三个变量
    if(n==1)                                  //n=1时直接调用move
        move(a,c);
     else
    {   hanoi(n-1,a,c,b);            //n>1时调用自身，借助c将n-1个盘子从a移到b
        move(a,c);                   //将a上剩下的一个盘子直接移到c上
        hanoi(n-1,b,a,c);            //n>1时调用自身，借助a将n-1个盘子从b移到c
     }
}
int main()                                    //主函数
{
    int m;
    cout<<"请输入盘子个数:";
    cin>>m;
    cout<<"移动"<<m<<"个盘子的过程如下:"<<endl;
    hanoi(m,'A','B','C');                     //'A','B','C'是三根柱子的名称
                                              //与函数hanoi中的变量a,b,c是不同的
    return 1;
}
```

【运行结果】

```
请输入盘子个数:3
移动 3个盘子的过程如下:
A---->C
A---->B
C---->B
A---->C
B---->A
B---->C
A---->C
```

【程序分析】 hanoi 函数中 else 部分的 3 条语句正好对应算法描述中的 3 个步骤。递归的结束条件就是 n 的值为 1。

【思路扩展】 反复运行该程序,n 的值分别输入 3、10、20、30。对比在不同 n 值情况下程序运行所用的时间。

使用递归求解问题,一是要有一种递推的关系。一个大问题可以分解为几个更小的问题,每个小问题又是一个和原问题相同的问题(只是规模不同)。二是要有一个终止的条件。大问题分解为小问题,小到一定程度,比如规模为 1 时,这个问题是容易求解的。这样的问题都可以用递归的方法求解。除阶乘、汉诺塔问题外,还可以用递归方法求解简单问题,如数组的最大值、最小值、乘方,快速排序,二分查找,去掉字符串开头或末尾的空格,棋盘覆盖,列出 n 个数的全排列,分形问题;等等。

5.5 内联函数

一个函数被调用时,系统要将程序流程转移到被调函数所在的内存单元。当被调函数执行完毕,又要返回到主调函数。为实现这一调用,系统在调用前要进行现场保护、调用中数据传递以及调用结束时的恢复现场等工作,这些工作都要占用系统的存储空间和时间。

对于一些函数体的代码不长而又经常被调用的函数,系统为调用这些函数所花费的时间和空间开销较大,有时甚至会影响程序的运行效率。

内联函数的使用就是为了解决这一问题。如果一个函数说明为内联函数,在程序编译时,将程序中出现的内联函数调用表达式用内联函数的函数体中的代码替代,这样,就不会产生程序调用时的转向、恢复等问题,减少了系统的开销,但程序的代码长度会增加。这是以增加程序代码为代价换来的时间上的效率。

内联函数的定义方法是在函数定义时在函数类型之前加上关键字 inline,即:

```
inline 函数类型 函数名(形参及其类型表列)
{
    函数体
}
```

内联函数一般适合于函数体较小而又被频繁调用的情况，对一个含有很多语句的函数，没有必要使用内联函数来实现。

【例 5-12】 内联函数的使用。编写程序，计算 $1^2+2^2+3^2+\cdots+10^2$，将计算整数平方的功能定义为内联函数。

【问题分析】 平方的计算很简单。只要在原来定义的函数头部或函数声明的最前面写上 inline，就可成为内联函数。在主函数中循环调用平方函数，计算平方和。

【源程序】

```
/*例 5-12 内联函数的定义和使用    */
#include <iostream>
using namespace std;
inline int square(int x)                    //使用关键字 inline 表示定义内联函数
{
    return x*x;                             //函数内只有一条语句
}
void main()
{
    int i,sum=0;
    for(i=1;i<=10;i++)
    sum=sum+square(i);
cout<<"sum="<<sum;
}
```

【运行结果】

```
sum=385
```

【程序分析】 程序的作用是计算 $1^2+2^2+3^2+\cdots+10^2$。函数 square 的作用是计算每个数的平方，这里将其定义为内联函数。

内联函数在调用方法和执行结果上与一般的函数没有什么区别，只不过是在程序产生实际调用时，在调用处将函数代码展开执行。

内联函数与普通函数的区别主要是在调用方式上。当在程序中调用一个内联函数时，是将该函数的代码直接插入到调用点，然后执行该段代码，所以在调用过程中不存在程序流程的转移和返回等问题。而普通函数的调用，程序是从主调函数的调用点转去执行被调函数，一旦被调函数执行完毕后，再返回到主调函数的调用点的下一语句继续执行。

但是，应当说明，不是任何一个函数都适合定义成内联函数。如果内联函数的函数体内含有复杂的结构控制语句，例如分支和循环，则编译将该函数当作普通函数那样进行调用。

5.6 函数重载

先看下面的问题。编写一个函数，求出两个整数中的最大值并返回。该函数的函数原型如下：

```
int max_i(int i1,int i2);
```

还可以分别为两个浮点数、两个字符求最大值编写不同的函数，它们的函数原型如下：

```
double max_d(double d1,double d2);        //两个双精度数的最大值
char max_c(char c1, char c2);             //两个字符的最大值
```

上面的 3 个函数，含义相同，完成的操作也是相同的，只是因为形参的数据类型不同，就需要为它们分别编写不同的函数；而在调用这些函数时，需要在程序中具体指明调用的是哪一个函数，即以函数名来区分。

能否对这些函数都用相同的函数名，当进行函数调用时，让系统根据实参的数据类型自动确定调用的是哪个函数？这就是**函数重载**。

C++ 的函数重载机制，允许两个或两个以上的函数具有相同的函数名，这些函数被称为**重载函数**。只要这些函数的参数表列不同，包括形参的个数不同或形参类型不完全一样，编译系统就会根据实参和形参的个数或类型的匹配关系，在同名函数中自动选择调用某个函数。函数重载机制可以使得程序的设计更加灵活。

【例 5-13】 形参个数相同但类型不同的函数重载。使用函数重载分别编写求两个整型、双精度型和字符型数的最大值的函数。

【问题分析】 本例中设计 3 个功能相同的函数，都是求两者中的最大值，只是每个函数形参的类型不同，分别是整型、双精度型和字符型。

【源程序】

```
/* 例 5-13 通过形参类型进行函数的重载  */
#include <iostream>
using namespace std;
int max(int x,int y)                      //求整型数最大值的函数
{
    return x>y?x:y;
}
double max(double x,double y)             //求双精度型数最大值的函数
{
    return x>y?x:y;
}
char max(char x, char y)                  //求字符型数最大值的函数
{
    return x>y?x:y;
}
void  main()                              //主函数
{
    cout<<max(4,5)<<endl;                 //实参为整型数
    cout<<max(4.6,1.2)<<endl;             //实参为双精度型数
    cout<<max('x','y')<<endl;             //实参为字符型数
}
```

【运行结果】

```
5
4.6
y
```

【程序分析】 程序中,3 个被调函数的名称都是 max,但是形参类型不同。main 中有 3 次函数调用。第 1 次是 max(4,5),实参是整数,所以自动调用第 1 个函数;第 2 次调用 max(4.6,1.2)实参是双精度数,自动调用第 2 个函数;第 3 次调用 max('x','y')实参是字符,自动调用第 3 个函数。

【思路扩展】 如何修改程序,使程序运行结果中可以显示出具体被调用的函数名?

【例 5-14】 形参个数不同的函数重载。使用函数重载,分别编写求两个、三个、四个数的和的函数。

【问题分析】 本例中设计 3 个功能相同的函数,都是求形参变量之和并将结果返回到主调函数。3 个函数的参数类型一数,但个数不同,分别是 2、3、4 个。

【源程序】

```
/*例 5-14 通过形参个数进行函数的重载    */
#include <iostream>
using namespace std;
int add(int x,int y)                          //有两个形参
{
    int sum;
    sum=x+y;
    return sum;
}
int add(int x,int y,int z)                    //有 3 个形参
{
    int sum;
    sum=x+y+z;
    return sum;
}
int add(int x,int y,int z,int t)              //有 4 个形参
{
    int sum;
    sum=x+y+z+t;
    return sum;
}
void  main()                                  //主函数
{
    int a,b,c;
    a=add(3,5);                               //有 2 个实参
    b=add(3,5,7);                             //有 3 个实参
    c=add(3,5,7,9);                           //有 4 个实参
```

```
    cout<<a<<endl;
    cout<<b<<endl;
    cout<<c<<endl;
}
```

【运行结果】

```
8
15
24
```

【程序分析】 程序中的 3 个被调函数的函数名都是 add，形参的类型也相同，不同的只是每个函数的参数个数。这样，在 main 中的函数调用，会根据实参的个数自动调用与形参个数相同的函数。

从上面两个例子可以看出，C++ 中是按函数的形参表来区分同名函数的，即要求参数表中参数的个数或类型有不一致的地方。因此，不允许出现两个函数的名称相同、形参个数、形参类型也相同而只是返回值类型不同的函数。例如，下面的函数原型定义在同一程序中出现是不允许的：

```
char max(char x, char y);
int max(char x, char y);
```

也就是说不允许通过函数的返回值类型进行重载。

5.7　变量的作用域和存储类型

一个程序由若干个函数组成，那么，在一个函数中定义的变量能否在另一个函数中使用呢？一个变量能在多个函数中使用，实参变量和形参变量可以取相同的名称，为什么互相之间没有影响呢？这都涉及到变量的使用范围，也称为**作用域**。根据变量的使用范围不同，可以把变量分为**局部变量**和**全局变量**。

5.7.1　局部变量

局部变量是指在一个函数内部或在一个复合语句内部定义的变量。函数的形参也属于局部变量，在 main 函数中定义的变量也是局部变量。

程序编译时，系统没有为局部变量分配内存空间。当程序执行到局部变量所在的块时，系统才为其分配存储空间；当该块执行完毕后，这些局部变量所占用的空间会被释放（不再属于该块）。所以，局部变量只在声明它的函数或复合语句范围内有效，即使两个函数或两个复合语句中的局部变量同名，也不会互相干扰，它们不会同时存在。由于空间的分配和释放是由系统自动进行的，因此局部变量也称为**自动类型**。

【例 5-15】 main 函数和复合语句中的局部变量的演示。

```
/*例 5-15 各种不同的局部变量 */
#include <iostream>
```

```
using namespace std;
void main()
{    int i=1,j=3;                          //main中定义的局部变量
     cout<<i<<",";
     i++;
     {
         int i=0;                          //复合语句中定义的局部变量,与上面的变量 i 同名
         i+=j * 2;                         //这里使用的是复合语句中定义的变量 i
         cout<<i<<","<<j<<",";
     }
     cout<<i<<","<<j;                      //这里使用的是复合语句之外定义的变量 i
}
```

【运行结果】

```
1,6,3,2,3
```

【程序分析】 程序中两次定义了变量i。第一次定义的是局部变量,第二次是在复合语句内定义的。分析时应把握住在复合语句内定义的变量仅在复合语句内起作用,而此时在复合语句外定义的同名变量不起作用。

main()中第一次的cout<<i<<",";语句,显示i的值1。然后执行i++;语句,将其值加1。

在复合语句内,局部变量i的值为0,因此语句i+=j*2;相当于i=i+j*2=6,第二次的cout<<i<<","<<j<<",";语句,显示变量i、j的值分别是6和3。复合语句结束时,其内部定义的变量i所占单元也随即释放。

接下来是复合语句之外的最后一个cout<<i<<","<<j;语句,此时的变量i仍是原来的值2,因此输出2和3。

5.7.2 全局变量

全局变量是在函数、类之外定义的变量。全局变量可以为本源程序中的所有函数、类或复合语句所访问。定义的全局变量如果没有初始化,系统自动将其初始化为0。全局变量和某个局部变量允许同名,但在局部变量的作用范围内,全局变量不起作用。

使用全局变量,可以增加函数间的直接联系,减少实参、形参的数目。但是全局变量在程序运行中始终占用内存,降低了程序的通用性、可靠性和移植性,这是全局变量的负面作用。

【例 5-16】 全局变量和局部变量的演示。

【源程序】

```
/* 例 5-16全局变量和局部变量  */
#include <iostream>
using namespace std;
int a=3,b=5;                               //这里定义了两个全局变量
int max(int a,int b)                       //两个形参是局部变量
```

```
{
    return a>b?a:b;                    //这里使用的是局部变量
}
void main()
{
    int a=8;                           //该处定义的局部变量与全局变量同名
    cout<<max(a,b);                    //第 1 个实参是局部变量,第 2 个是全局变量
}
```

【运行结果】

```
8
```

【程序分析】 函数 max()是计算两个数的最大值,并将最大值返回给主调函数。本题中要分清在函数调用时实参的具体值。

在 main()中的函数调用 max(a,b)有两个实参 a 和 b,程序中有两个同名变量 a,一个是全局变量,另一个是在 main()中定义的局部变量。对于同名变量,在局部变量起作用的范围内,全局变量暂时不起作用,因此实参 a 使用的是局部变量 a 的值 8,而实参变量 b 是全局变量其值为 5。这样,在调用函数 max()时传递的是 8 和 5,因此计算这两个数中的最大值,并将结果 8 返回给 main(),最后输出 8。

本例说明,使用同名变量时,在局部变量的作用范围内,全局变量不起作用。如果要在同名的局部变量范围内使用全局变量,则应在全局变量名前加上作用域运算符"::"。

例如,在上例中,在 main 函数中如果要使用全局变量 a,则可以写成::a 的形式。

全局变量的作用范围是从定义点到整个源程序的结束。这样,在定义点之前,如果其他函数要引用全局变量,就应该在该函数中用 extern 对全局变量进行声明。

5.7.3 变量存储类型

不同的变量所分配的存储区域也不同,这就是变量的存储类型。

1. C++ 程序使用的内存区域

C++ 程序运行时,在内存的用户区中使用 4 个区,分别是程序代码区、全局数据区、栈区和堆区,如图 5-4 所示。各个区的作用如下:

堆区
栈区
全局数据区
程序代码区

图 5-4　C++ 程序存储区

(1) 程序代码区(code area):存放程序的各个函数的代码。

(2) 全局数据区(data area):存放全局数据和静态数据,该区的数据由编译器建立,对于定义时没有初始化的变量,系统自动将其初始化为 0,该区域的数据一直保持到程序的结束。全局变量保存在全局数据区。

(3) 栈区(stack area):存放程序的局部数据。局部变量保存在栈区。当函数被调用时,才为函数中的局部变量在此区域分配存储空间而且不对存储单元初始化,函数调用结束时系统会收回该函数在栈区分配的单元。

(4) 堆区(heap area):存放程序的动态数据。用 new 或 malloc 动态分配的变量保存在堆区,分配区域的首地址保存到指针变量中。用完后,可以用 delete 或 free 进行释放。

2. 局部变量的存储方式

对于局部变量,除了可以保存在默认区域,也可以保存在其他位置。这时,就要在定义变量时指定存储的方式。这样,对一个变量进行声明的完整形式是:

```
<存储类型>  <数据类型>    <变量名>;
```

C++ 中变量的存储类型有 4 种,它们分别是 auto(自动类)、register(寄存器类)、static(静态类)和 extern(外部类)。

(1) 自动变量

自动变量用 auto 修饰,缺省时认为是自动变量。以前定义局部变量时没有指定存储类型,都省略了关键字 auto,因此,int i; 相当于 auto int i;。

局部变量都是自动变量,它们在块(函数或复合语句)开始执行时分配空间,在块结束时释放空间,所以它们的生命期开始于块的执行,终止于块的结束。如果块被再次执行,自动变量就会再经历一次生命期。

(2) 寄存器变量

用 register 修饰的变量将尽可能被存放在 CPU 的寄存器中,以提高程序运行速度。但仅局部变量和形参可作为寄存器变量。寄存器变量没有地址,因此不能作地址运算。不提倡使用寄存器变量。

(3) 静态变量

用 static 说明的变量为静态变量。根据位置的不同,还分为静态局部变量和静态全局变量,也称内部静态变量和外部静态变量。静态变量存储在全局数据区,如果没有初始值,系统自动初始化为 0。静态变量占有的存储空间要到整个程序结束时才释放,因此静态变量具有全局生命期。

静态局部变量是在块中定义的静态变量。它具有局部作用域,却有全局生命期。它不像自动变量那样,当调用时就存在,退出函数时就消失。静态局部变量始终存在着,也就是说它的生存期为整个源程序。如果定义时显示给出初始值,则在该块第一次执行时完成,且只进行一次。

静态全局变量是用 static 说明的全局变量,它的意义将与外部变量对比说明。

(4) 外部变量

一个 C++ 程序可以由多个源程序文件组成,它们可以分别编译。如果在一个文件中定义的全局变量要在其他文件中使用,则在使用前应该用 extern 进行说明,表示该全局变量不是在本文件中定义的。例如,在 1.cpp 中定义全局变量:

```
int DIMENSION=100;
```

要在 2.cpp 文件中使用,则应在 2.cpp 文件中说明如下:

```
extern int DIMENSION;
```

全局变量可以在其他源程序文件中使用。如果在全局变量前加上 static 修饰符，则成为静态全局变量。静态全局变量只能在本文件中使用，其他文件即使进行外部变量的声明，也不能使用。

【例 5-17】 函数调用计数器。使用静态局部变量统计某个函数被调用的次数。

【问题分析】 静态局部变量在函数调用结束后所占的内存单元不释放，其值可以保持到函数的下一次调用。在每次调用该函数时使该变量的值加 1，就可以统计被调用的次数。

【源程序】

```
/* 例 5-17 统计某个函数被调用的次数    */
#include <iostream>
using namespace std;
void fun()
{   static int n=0;
    n++;
    cout<<"本函数被调用了"<<n<<"次"<<endl;
}
void fun1()
{
    int i;
    for(i=1;i<=2;i++)
        fun();
}
int main()
{
    int i;
    for(i=1;i<=3;i++)
        fun();
    fun1();
    return 1;
}
```

【运行结果】

```
本函数被调用了 1 次
本函数被调用了 2 次
本函数被调用了 3 次
本函数被调用了 4 次
本函数被调用了 5 次
```

【程序分析】 首先请尝试将函数 fun()中整型变量 n 的说明语句前的 static 去掉，观察程序的运行结果。

函数 fun()中的局部变量 n 是静态局部变量，它的值在函数每次调用结束后依然保存，因此，语句 n++是将上次调用结束时的形参 n 的值加 1。

main()函数中，通过循环 3 次调用 fun()，接下来 main()函数中又调用了函数 fun1()，而 fun1()中通过循环调用了 fun()两次。这样，程序中 fun()函数总共被调用了 5 次。

【思路扩展】 使用静态局部变量对例 5-11 的 Hanoi 塔问题统计盘子总的搬动次数。然后分别将不同盘子数时的搬动次数填写到下表中，并总结盘子数 n 与搬动次数之间的关系。

盘子数 n	3	4	5	6	7	8	9	10
搬动次数								

5.8 程序设计实例

本节通过几个综合例子进一步说明函数的定义与调用。

5.8.1 使用递归求斐波那契序列的前 30 项

【例 5-18】 使用递归调用的方法计算 Fibonacci 数列的前 30 项，每行显示 5 个。

【问题分析】 斐波那契数列的前 8 项是：1、1、2、3、5、8、13、21。该数列的规律是最开始两项为 1，从第三项开始，每一项是其前两项之和。对于从第三项开始的计算可以使用递归调用的方法。

【算法描述】 求 Fibonacci 的第 n 项

```
fib(n)              //函数 fib 计算 Fibonacci 序列的第 n+1 项(n=0 时是第 1 项)
    如果 n=0 或 n=1，则
        y=1                         //基本情况
    否则
        y=fib(n-1)+fib(n-2)         //递归调用
```

【源程序】

```
/* 例 5-18 计算 Fibonacci 数列 */
#include <iostream>
using namespace std;
int  fib(int n)                         //计算 Fibonacci 数列的函数
{
    if(n==0||n==1)                      //数列前 2 项直接赋值
        return 1;
    else
        return fib(n-1)+fib(n-2);      //从第 3 项起递归调用来计算
}
void main()
{
    int i;
    for(i=0;i<30;i++)
```

```
    {
        if(i%5==0)
            cout<<endl;                //每行显示 7 项
        cout<<fib(i)<<"\t";
    }
    cout<<endl;
}
```

【运行结果】

```
1       1       2       3       5
8       13      21      34      55
89      144     233     377     610
987     1597    2584    4181    6765
10946   17711   28657   46368   75025
121393  196418  317811  514229  832040
```

【思路扩展】 请考虑以下问题：

(1) 分析在主函数中调用 fib(i)时，变量 i 的值每次变化时该函数被调用的次数。

(2) 计算该数列有多种方法，和其他方法相比，递归调用的方法执行效率如何？

5.8.2 求非线性方程的根

【例 5-19】 用二分迭代法求方程 $2x^3-4x^2+3x-6=0$ 在$(-10,10)$之间的近似解。

【问题分析】 用二分法求方程根的前提是方程 $f(x)=0$ 有两个粗略的解 x_1 和 x_0，这就是初值，对初值要求：①$f(x_1)$和 $f(x_0)$符号相反；②$f(x)$在$[x_1,x_0]$内单调升或单调降。然后取$[x_1,x_0]$的中点(二分)x 作为近似解。如果 x 满足精度要求，则结束；否则，用 x 替代 x_1 或 x_0，使新的区间仍满足初值要求，继续找下一个近似解。

【算法描述】 设方程左边的代数式为函数 f(x)，初始值为 x1，x0，eps=1.0e−5。

① 取两点区间的中点：x=(x1+x0)/2，计算 y=f(x)。

② 如果|y|<eps，则转④；否则，执行③。

③ 如果 y＊f(x0)<0，x1=x；否则，x0=x。转①。

④ x 为近似解，结束。

【源程序】

```
/* 例 5-19 用二分法求方程的根 */
#include<cmath>
#include<iostream>
using namespace std;
double fun(double x)
{
    return ((2.0*x-4.0)*x+3.0)*x-6.0;
}
void main()
```

```
{
    double eps=1.0e-5;
    double x0=-10,x1=10,x,y;
    x=(x0+x1)/2.0;
    y=fun(x);
    while (fabs(y)>eps)                    //循环执行(即迭代)的条件
    {
        if(y*fun(x0)<0)                    //判断 x0 的函数值与中点的函数值是否同号
        {    x1=x;  }
        else
        {    x0=x;  }
        x=(x0+x1)/2;
        y=fun(x);
    }
    cout<<"root="<<x<<endl;
}
    return 1;
}
```

【运行结果】

```
root=2
```

【程序分析】 程序中有两个函数,其中定义的fun(x)函数用来计算 $2x^3-4x^2+3x-6$,程序中要用到取绝对值的数学函数fabs,因此,在程序开始处要将数学库cmath包含到程序中。

与eps有关的是解的精度,当函数值<=eps时可以作为方程的根,作为迭代条件(循环条件)时则应写成>eps。

【思路扩展】 解非线性方程的常用方法还有弦截法、牛顿法等。它们都是使用迭代策略,求方程的近似解。

5.8.3 有趣的数

【例 5-20】 编写一个判断素数的函数,找出2~200的所有孪生素数。

【问题分析】 所谓孪生素数是指间隔为2的相邻素数,例如3和5,5和7。其中最小的孪生素数是3和5。

解决该问题时,编写一个函数用来判断某个整数是否为素数,该函数的类型为bool型。如果判断结果为素数,则返回true,否则返回false。然后在主函数中调用该函数,判断某个整数i和i+2是否同时为素数。

【源程序】

```
//例 5-20 找出 2~200 的孪生素数
#include "iostream"
using namespace std;
```

```
bool isprime(int n)                       //判断某个整数是否为素数的函数
{   int i;
    for(i=2;i<n;i++)
        if(n%i==0)                        //找到 n 的某个因子后返回 false 值
            return false;
    return true;                          //没有找到 n 的因子时返回 true 值
}
int  main()
{   int i;
    cout<<"2~200 的孪生素数如下："<<endl;
    for(i=2;i<200;i++)
    {
        if(isprime(i) && isprime(i+2)) //判断 i 和 i+2 是否同时为素数
            cout<<i<<","<<i+2<<endl;
    }
    return 1;
}
```

【运行结果】

```
2~200 的孪生素数如下：
3,5                                     71,73
5,7                                     101,103
11,13                                   107,109
17,19                                   137,139
29,31                                   149,151
41,43                                   179,181
59,61                                   191,193
                                        197,199
```

【程序分析】 程序中通过循环变量 i 产生 2～200 的每个整数，然后判断 i 和 i+2 是否同时为素数。如果是，则 i 和 i+2 是孪生素数，并将结果显示出来。

【思路扩展】 ①绝对素数是指一个自然数是素数，且它的各位数字位置经过任意对换后仍为素数，例如 13 是绝对素数。如何调用本题中的 isprime(int n)函数判断某个自然数是否为绝对素数？

② 本例是如何判别素数的？还有更好的方法吗？

【例 5-21】 就 200 以内的偶数验证哥德巴赫猜想。

【问题分析】 哥德巴赫猜想的内容是一个不小于 4 的偶数可以表示为两个素数之和，如 4=2+2，8=3+5，10=3+7 等。

本程序对 200 以内的大于 4 的每个偶数进行验证，即找出每个偶数的两个素数之和的分解方法。

【源程序】

```
//例 5-21 验证哥德巴赫猜想
#include "iostream"
```

```
using namespace std;
bool isprime(int n)                                   //判断素数的函数
{   int i;
    for(i=2;i<n;i++)
        if(n%i==0)
            return false;
        return true;
}
int  main()
{   int i,j;
    cout<<"使用 200 以内的偶数验证哥德巴赫猜想："<<endl;
    for(i=4;i<=200;i=i+2)                   //产生 4~200 的每个偶数
    {   for(j=2;j<i;j++)
        if(isprime(j) && isprime(i-j))
        {
            cout<<i<<"="<<j<<"+"<<i-j<<endl;
            break;
        }
    }
    return 1;
}
```

【运行结果】

```
使用 200 以内的偶数验证哥德巴赫猜想：
4=2+2
6=3+3
8=3+5
10=3+7
12=5+7
14=3+11
16=3+13
18=5+13
以下各行省略。
```

【程序分析】 程序中通过外循环产生 4～200 的所有偶数 i。内循环中，将 i 分解为两个正整数之和即 j 和 i－j，然后判断 j 和 i－j 是否同时为素数。如果是，则是变量 i 的一种分解方式，将其显示输出，找到一组分解方式后退出内循环。

【思路扩展】 有些偶数可以有多种素数之和的分解法。例如 10 就有两种分解方法：10＝3＋7 和 10＝5＋5。本题中只显示出一种分解方法。如何修改程序写出每个整数的所有分解方法？

5.8.4 二分查找法

【例 5-22】 二分查找法。用户输入一个数，请使用二分查找方法查找它是否在有序的数据元素{1,3,6,7,9,12,13,15,22,43}中。若存在，则显示它的序号(从 1 开始)；若不存在,则显示"该数不在列表中"。

【问题分析】 查找用的方法一般是比较。设待找的数用 key 表示,二分查找法先比较序列中间位置的元素;如果相等,就是找到了。如果 key 比中间位置的元素小,再在前半部分查找;如果 key 比中间位置的元素大,则再在后半部分找……

【算法描述】

① 将 key 与数组的中间位置的元素进行比较,如果相等,表示找到,返回下标值,即位置,查找结束。

② 如果不相等,则缩小查找范围,在新的范围内继续查找。

如果 key 大于中间元素的值,则新的查找范围缩小为后半个数组,否则新的查找范围为前半个数组;

③ 重复以上①～②不断缩小查找范围,直到找到返回位置或没找到时返回－1 标志。

【源程序】

```
//例 5-22 二分查找法
#include<cmath>
#include<iostream>
using namespace std;
int search(int a[],int n,int key)          //n 为数组长度,key 为查找关键字
{
    int low,high,mid;                      //low 和 high 为区间范围
    low=0;
    high=n-1;
    while(low<=high)
    {
        mid=(low+high)/2;                  //中间元素的位置
        if(key==a[mid])
        {
            return mid+1; }
        else
        {
            if(key>a[mid])                 //新范围在后半部分
            {
                low=mid+1;}
            else                           //新范围在前半部分
            {
                high=mid-1; }
        }
    }
    return-1;
}
int  main()
```

```
{
    int a[]={1,3,6,7,9,12,13,15,22,43};
    int k,n;
    cout<<"请输入要查找的数";
    cin>>n;
    k=search(a,10,n);
    if(k>=0)
        cout<<n<<"在数组中的位置是"<<k<<endl;
    else
        cout<<"该数不在列表中"<<endl;
    return 1;
}
```

【运行结果】

请输入要查找的数13
13 在数组中的位置是 6

另一次的运行结果:

请输入要查找的数10
要想找的数据在数组中不存在

【程序分析】 程序中使用 low 和 high 表示查找的范围,在循环中先找出中间位置数的下标,即 mid=(low+high)/2。这时判断 key 和中间元素 a[mid]是否相等。相等时返回下标 mid,不相等时再判断 key 在数组的前半部分还是后半部分。在后半部分时,新的范围在 mid+1~high;在前半部分时,新的范围在 low~mid−1。

【思路扩展】 如果数组事先没有排序,能否采用本例的查找方法?

5.9 小结

(1) 模块化程序设计的基本思想是将一个较大的问题分解为若干个功能相对独立的子问题,每个子问题由独立的程序模块实现,每个程序模块在 C++ 中通过函数来实现。

(2) 函数在使用时有声明、定义和调用三个环节。

函数的定义由函数头部和包围在一对花括号中的函数体两部分组成。

函数的声明是指在函数被调用之前要对被调用的函数进行说明,包括名称、类型、形参的个数、类型、顺序等。声明一个函数所采用的形式称为函数原型。

(3) 函数定义时,允许为形参指定默认的值。这样,在函数调用时如果有实参,则形参使用实参的值;如果没有,形参可以自动使用这个默认的值。

(4) 一个被调用的函数执行结束后,通过 return 语句返回到主调函数。返回时可以向主调函数带回一个值,这个值称为函数的返回值。

(5) 函数调用时,各个函数之间通过实际参数向形式参数的传递和函数的返回值实现数据的传递。调用一个函数的过程中,被调函数中又可以调用另一个函数,称为函数的嵌套调用。

(6) 函数调用时通过参数进行数据传递,参数传递有值传递、地址传递和引用传递三种方式。

(7) 一个函数可以直接或间接地调用其自身,称为递归调用。

(8) 对于一些代码不长而又经常被调用的函数,可以定义为内联函数。在程序编译时,将程序中出现的内联函数调用表达式用内联函数的函数体替代,从而提高时间上的效率。

(9) 函数重载机制。允许两个或两个以上的函数具有相同的函数名。这些函数的参数表列不同,包括形参的个数不同或形参类型也不完全一样。编译系统根据实参和形参的个数或类型的匹配关系,在同名函数中自动选择调用某个函数。

习题 5

1. 实现函数 int index(char t[], char s[]),用于确定字符串 t 是不是 s 的子串。若是,返回子串 t 在 s 中第一次出现时的第一个字符的下标;若不是,返回-1。编写主函数。调用该函数查找子串。

2. 编写将字符串中所有小写字母转换为大写字母的函数。

问题扩展:编写将字符串中所有大写字母转换为小写字母的函数。

3. 编写函数,绘制由指定符号组成的、指定行数的如下形式的三角形。参数缺省时行数为 3,字符为'*'。三角形的形式如下:

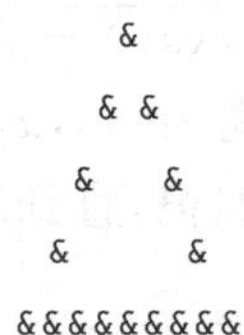

这是由'&'组成的 5 行的三角形。在主函数中输入行数和字符,调用该函数绘制三角形;缺省某些参数调用该函数绘制三角形。

4. 编写函数,求两个数的最大公约数。

问题扩展:编写函数,求两个数的最小公倍数。

5. 求出 200~1000 所有这样的整数,它们的各位数字之和等于 5,其中判断一个数的各位数字之和是否等于 5 的功能应写为一个函数。

6. 编写程序计算 $p=n!/(r!(n-r)!)$ $(n>r)$,其中阶乘的计算写成函数。

7. 从键盘上输入一个大于 4 的整数,然后将从 4 开始到该数之间的所有整数分解为两个素数之和,显示出每个整数的分解情况,例如:4=2+2,6=3+3,8=3+5 等。

8. 编写函数,用选择法对一维双精度数组的 10 个元素进行从小到大的排序。

9. 写一个判断素数的函数。在主调函数中输入一个整数后,由该函数输出是否是素数的信息。

10. 编写函数 fun,它的功能是:计算正整数 n 的除 1 和 n 之外的所有因子之和,并返回此值。

11. 编写函数fun,它的功能是：计算下列级数的和,并返回此值。

$S=1+x+x^2/2!+x^3/3!+\cdots+x^n/n!$,其中 n 和 x 由键盘输入。

12. 编写函数fun,它的功能是：计算 $1\sim n$ 中能同时被3、5和7整除的所有自然数之和,并返回此值。

13. 从键盘输入两个整数 m 和 n,然后从 $m+1$ 开始找出大于 m 的 n 个素数。

14. 从键盘输入10个字符串,找出其中最大者并输出,假定每个字符串长度不超过80个字符。

15. 用牛顿迭代法(简称牛顿法)求方程 $2x^3-4x^2+3x-6=0$ 在1.5附近的根。

提示：牛顿迭代法解非线性方程根的迭代公式为：

$$x_{n+1}=x_n-\frac{f(x_n)}{f'(x_n)}$$

其中,$f'(x_n)$是 f 在 x_n 处的导数。

16. 用弦截法求一元非线性方程 $f(x)=xe^x-1=0$ 在区间[0.5,0.6]中的根。

提示：设方程 $f(x)=0$ 在区间$[x_0,x_1]$中有单根,且 $f(x_0)$和 $f(x_1)$异号,则过两点$(x_0,f(x_0))$、$(x_1,f(x_1))$的直线方程为：

$$\frac{x-x_0}{y-f(x_0)}=\frac{x_0-x_1}{f(x_0)-f(x_1)}$$

如果用该直线作为原 $f(x)$的近似,用该方程的根作为原方程的根,解出新的近似根为：

$$x_2=x_0-\frac{x_0-x_1}{f(x_0)-f(x_1)}f(x_0)$$

若 $f(x_0)f(x_2)>0$,则新的求根区间为$[x_2,x_1]$,若 $f(x_1)f(x_2)>0$,则新的求根区间为$[x_0,x_2]$。再用上述方法求解新的近似根,直到新的近似根 x_n 满足$|f(x_n)|<\varepsilon$。ε 可取1.0E-8。

问题扩展：用弦截法求方程 $x^3-5x^2+16x-80=0$ 在(2,6)之间的根。

17. 使用梯形法计算定积分 $\int_a^b f(x)\mathrm{d}x$ 的值,其中 $a=0,b=1,f(x)=\sin(x)$。

提示：将积分区间分成 n 等份,每份的宽度为$(b-a)/n=h$,在区间$[a+ih,a+(i+1)h]$上使用梯形的面积近似原函数的积分。则：

$$\int_a^b f(x)\mathrm{d}x=\sum_{i=0}^{n-1}\int_{a+ih}^{a+(i+1)h}f(x)\mathrm{d}x\approx\sum_{i=0}^{n-1}\frac{h}{2}(f(a+ih)+f(a+(i+1)h))$$

$$=h\left(\frac{f(a)+f(b)}{2}+\sum_{i=1}^{n-1}f(a+ih)\right)$$

这就是数值积分的梯形求积公式。n 越大或 h 越小,积分就越精确。本题 n 可以取1000,或让 h 是一个较小的值。

18. 重载求三个数中最大值的函数。三个数的类型可能是整型、实型(float)、双精度型和字符型。

第6章

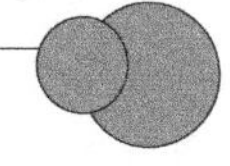

按址操作——指针

计算机运行时,表示信息的数据和组成程序的命令均存储在内存中。每个存储单元都有唯一的一个编号,即**地址**。计算机通过地址实现命令和数据的存取操作。如果用一个变量表示地址,则这样的变量称为**指针变量**。指针变量的值称为**指针**(pointer)。指针就是地址。

使用指针可以直接访问内存单元,有效处理复杂的数据结构,方便引用数组元素,灵活处理字符串;特别是在函数调用时,使用指针作为函数参数可以实现以前不能完成的许多操作,还可以进行内存的分配和管理。因此,指针是一种非常重要的数据类型。

6.1 地址与指针

地址是内存单元的编号。程序运行时,变量、数组、函数都存储在内存中,它们都有自己的地址。可以获得它们的地址吗?

6.1.1 地址

1. 内存单元的地址

内存单元通常以字节为单位从0开始用二进制数连续编号,地址的位数和CPU的地址总线的条数相同,例如地址总线为32条时,单元地址为32位的二进制。为了简化书写,通常采用十六进制书写,例如0012FF74H。

2. 变量、数组和函数的地址

在C++中,编译系统根据所定义变量的类型为其分配若干个字节的连续内存空间。图6-1中,整型变量i分配到4个字节的连续单元0012FF7C~0012FF7F,4个单元中保存的值为4。双精度变量j分配到8个字节的连续单元0012FF74~0012FF7B,8个单元中保存的值为3.1。

通常,系统为变量、数组、函数和对象在内存中分配连续的存储单元。把第一个内存单元的地址称为**变量的地址**,也就是起始单元的地址,即**首地址**。

变量的地址可以通过取地址运算符"&"得到。"&"是单目运算符。例如,如果定义了整型变量i,则下面的语句可以显示变量i的地址:

单元地址	单元内容	变量
0012FF70	0012FF7C	int* p;
0012FF71		
0012FF72		
0012FF73		
0012FF74	3.1	double j;
0012FF75		
0012FF76		
0012FF77		
0012FF78		
0012FF79		
0012FF7A		
0012FF7B		
0012FF7C	4	int i;
0012FF7D		
0012FF7E		
0012FF7F		

图 6-1　不同类型变量分配的内存单元

```
cout<<&i;
```

数组名是数组的地址，是数组第 1 个元素的地址，也称为**数组的首地址**。例如：

```
int A[10];cout<<A<<endl;
```

显示数组 A 的地址。注意，如果 str 是字符数组，cout<<str;显示的是 str 的所有内容。但 str 仍是字符数组的地址，只不过，字符数组可以整体输入、输出(其他类型的数组不可以)。注意整体输出时，其中存放的应是字符串(有结束标志'\0')。

函数名代表函数的地址。例如 sin(x)是正弦函数，cout<<sin<<endl;将显示一个 8 位十六进制数。这是函数 sin(x)的地址。

6.1.2　指针和指针变量

1. 指针和指针变量

指针是地址，但一般把指针变量的值称为指针。例如，可以定义一个变量 p，用来保存变量 i 的地址，p 的值是指针，说变量 p 指向 i。图 6-1 中，整型变量 i 的地址为 0012FF7CH，p 的值是 0012FF7CH，而 p 的地址为 0012FF70H，它也可以通过"&"获取。所以，指针和指针变量是两个不同的概念。指针是地址，指针变量则是保存地址的变量。

2. 变量的存取方式

程序中对变量进行的存取操作实际上是对变量所对应的内存单元进行的操作。如果直接按变量名称进行存取，则称为**直接存取**方式或**直接访问**方式。例如：

```
int N;
N=100;
cout<<N<<endl;
```

当一个指针变量指向某个变量后，这两个变量之间就建立了一种联系。对变量的地址可以通过指针变量的值获取，从而通过该地址存取变量的值。这种存取方式称为**间接存取**方式或**间接访问**方式。

间接存取可以使用指向运算符“*”来完成。指向运算符又称为间接访问运算符，是一个单目运算符。它右侧的运算对象可以是地址或者是存放地址的指针变量，其结果是取出地址对应的或指针变量指向的存储单元中保存的数据。例如，设 p 是指针变量，指向变量 i，则下列的表达式可以实现对变量 i 的间接赋值：

```
*p=4;
```

这种方式与 i=4；的效果是一样的。

也就是说，当指针变量 p 指向变量 i 时，在表达式中出现 i 或 *p 都是对变量 i 的访问。只不过使用 i 是直接访问。而使用 *p 是间接访问。

6.2　指针变量的定义和使用

在使用指针变量时，通常要按以下三个步骤进行：

(1) 定义指针变量。

(2) 对指针变量进行赋值，使其指向某个变量、数组、对象或函数。

(3) 间接访问(引用)该指针变量指向的变量、数组、对象或函数。

本节先讨论指向变量的指针变量。

6.2.1　指针变量的定义

定义指针变量的一般格式如下：

```
<数据类型>    * <指针变量名>;
```

其中，＜数据类型＞表示指针变量所指向的那个变量的数据类型，可以是 int、float、double、char 以及结构体类型、类类型等；“＜数据类型＞ *”表示指针类型，后面的＜指针变量名＞是指针变量的名称。例如：

```
int *x, *y;
```

定义了两个指向 int 型的指针变量，指针变量名分别是 x 和 y，这样，指针变量 x 和 y 用来保存整型变量的地址。又如：

```
double *p;
```

定义了一个指向 double 型的指针变量，指针变量名是 p。指针变量 p 用来保存双精度型变量的地址。

指针变量定义中的<数据类型>是指针变量所指的变量的数据类型，称为**基类型**。通过基类型可以知道从起始地址开始连续几个单元为该指针变量所指向的变量的单元，也就是单元的个数(长度)。例如，对上面的指针变量 x，如果其值为 0012FF7C，由于它的基类型是整型(int)，这样，当使用 x 间接引用变量时，就访问从 0012FF7C 开始的连续 4 个字节。

【例 6-1】 指针变量的定义和使用。

【问题分析】 使用指针变量要经过三个步骤，分别是定义、指向和间接访问。

【源程序】

```
/* 例 6-1 指针变量的使用 */
#include <iostream>
using namespace std;
int main()
{
    int a=4,*p;                          //指针变量的定义
    p=&a;                                //指针变量的指向，即赋值
    cout<<a<<"  "<<&a<<endl;             //输出变量 a 的值和地址
    cout<<p<<"  "<<&p<<endl;             // 输出指针变量 p 的值和地址
    cout<<*p<<endl;                      //使用指针变量进行间接访问变量 a
    return 1;
}
```

【运行结果】

```
4  0012FF7C
0012FF7C  0012FF78
4
```

【程序分析】 本题是使用指针变量的典型过程。

说明语句中，int a=4，*p;定义了整型变量 a 和指向整型变量的指针变量 p。

赋值语句 p=&a;对变量 p 赋值为 &a，这样变量 p 指向整型变量 a。

运行结果第 1 行的两个输出分别是变量 a 的值和地址(指针)，第 2 行的两个输出是指针变量 p 的值和地址。可以看出，指针变量 p 的值 0012FF7C 就是变量 a 的地址。

对指针变量定义并赋值之后，可以通过 *p 对变量 p 指向的变量 a 进行间接引用，所以，最后一行的输出 cout<<*p<<endl; 相当于 cout<<a<<endl;。

【思路扩展】 如果在 p=&a;语句之后加上一句 *p=200;，则最后的输出结果是什么？

可以将指针变量的定义和指向在一条语句中完成，这就是对指针变量进行的初始化。例如，本例中前两条语句可以合并为以下一条：

```
int a=100,*p=&a;
```

关于指针变量的使用，有下面的说明：

(1) 一个指针变量只能指向一种类型的变量。

(2) 指针变量必须指向一个变量后，才能对其指向的对象进行操作(间接访问)。

C++ 中符号“&”在不同的场合有不同的含义。作为双目运算符，它是按位“与”运算。例如，c=a&b;，在变量的定义中出现在等号左边时，它是引用的定义，如 int &x=y;x 是 y 的引用；作为单目运算，后面是变量名，它是取地址运算，例如 int i, * p;p=&i;。

同一个符号作为不同功能的运算符，而且又能明确地区分，这种情况在 C++ 中称为运算符的重载。

6.2.2 指针变量的使用

和指针变量有关的运算都和单元的地址有关，包括赋值运算、算术运算和比较运算。

1. 赋值运算

对指针变量进行赋值，是使指针变量获得确定的地址值，从而指向确定的对象。

(1) 通过取地址运算符 & 。例如：

```
p=&a;
```

(2) 通过其他指针变量获得。例如，设 p 和 q 是指向相同类型数据的两个指针变量，则下面的语句将指针变量 q 的值赋给指针变量 p，结果这两个变量指向了同一个变量。

```
p=q;
```

(3) 通过运算符 new 获得。例如：

```
p=new int[100];
```

该语句的作用是申请可以保存 100 个 int 类型数据的连续存储单元(400 个内存单元)，申请成功后的起始地址赋给指针变量 p，其中 new 是动态申请存储空间的运算符。

(4) 给指针变量赋空值。例如：

```
p=NULL;
```

其中 NULL 是符号常量，其值为 0，这时的 p 不指向任何单位。

2. 算术运算

指针变量的算术运算是按内存地址进行的，计算的方法与指针变量的基类型有关。为便于描述，以下假设变量 px 和 py 是基类型为整型的指针变量，n 为整型变量。

(1) 指针变量加、减整数

表达式 px+n 和 px-n 的运算结果为指针，它们的值是 px 的当前位置的前方或后方 n 个数据的位置。例如，设 px 的值为 0012FF44H，则 px+5 的值为 0012FF58H。因为每个整型数据占 4 个字节，指针变量加 5 时，内存地址加 20(14H)，0012FF44H+14H=0012FF58H。

(2) 自增运算

px++或++px 运算使指针变量 px 指向下一个数据位置，这一点在使用指向数组的指针时还要详细介绍。

(3) 自减运算

px——或——px 运算使指针变量 px 指向上一个数据位置。

(4) 两个指针相减

px—py 的结果是两个指针变量所指向的地址之间相差的数据个数(而不是内存单元的距离)。

3. 比较运算

两个指针变量间的比较运算是比较其所指向的内存单元的位置之间的前后关系,结果为逻辑值 true 或 false。

例如:如果 px<py 成立,则表示 px 所指单元的位置在 py 所指单元的位置之前。

6.2.3 结构体变量的指针

结构体类型变量同样也有指针,因此,也有指向结构体类型变量的指针变量。

1. 指向结构体类型的指针变量

结构体变量的各个成员在内存中按顺序连续存放,每个成员的地址可以通过分别对每个成员使用取地址运算符得到。例如,结构体变量 student1 的一个成员 age 的地址是 &student1.age。

结构体变量的地址(指针)则是整个变量所占连续内存单元的首地址,在数值上与第一个成员的地址相同。

指向结构体类型的指针变量用来保存结构体变量的地址,使用指向结构体类型的指针变量同样也有定义、指向和引用三个步骤。

例如,已经定义了结构体类型 student,下面的程序段定义了结构体变量 student1 和指向结构体类型的指针变量 p,并使 p 指向 student1:

```
student  student1;                    //定义结构体变量 student1
student  *p;                          //定义指向结构体变量的指针变量 p
p=&student1;                          //指针变量 p 指向 student1
```

使用指针变量引用其指向的结构体变量中的各个成员,可以使用成员运算符“.”,格式为:

```
(*指针变量名).成员名
```

例如,以下表示对成员 stno 进行赋值:

```
(*p).stno=12345;
```

注意在引用成员时,(*p)的括号不能省略。

2. 结构指向运算符“—>”

在用指针变量引用结构体成员时,除了使用成员运算符外,还可以使用结构指向运算符,它由减号“－”和大于号“＞”组成。这两个符号组成一个运算符,在书写时中间不能有空格。

用结构指向运算符引用成员的格式如下:

```
指针变量名->成员名
```

例如,p－＞stno 表示引用成员 stno,它和(＊p).stno 的作用是等价的。

这样,引用结构体变量中的成员可以使用以下三种形式:

- 结构体变量名.成员名
- (＊指针变量名).成员名
- 指针变量名－＞成员名

6.2.4 二级指针

如果一个指针变量的地址保存在另一个指针变量中,则后一个变量就称为指向指针变量的指针变量,这就是**二级指针**。它的定义格式:

```
<类型标识>    **<指针变量名>;
```

例如,int **p;

如果一个二级指针变量指向某个一级指针变量,而一级指针变量也指向了某个变量,那么,利用这个指针变量可以完成下面的操作:

(1) 用＊p 引用所指向的一级指针变量。

(2) 用**p 引用一级指针变量所指向的变量。

例如,如果定义 int x＝100,＊p1＝&x, **p2＝&p1;,则下列 3 条语句的输出结果都是 100。

```
cout<<x;
cout<< * p1;
cout<<**p2;
```

6.3 地址传递和函数的指针

使用指针变量可以间接访问其指向的变量;同样,使用指针变量也可以在函数调用时进行地址传递,还可以使用指针变量进行函数的调用。

6.3.1 函数调用时的地址传递

第 5 章介绍过在函数调用时三种参数传递方式中的值传递和引用传递,本节介绍第三种方式,即地址传递。

函数调用时,实参也可以向形参传递地址。这时,实参可以是指针变量或某个变量的地址(例如 &a),形参则是指针变量,用来接收传递过来的地址。

如果实参是指针变量或某个变量的地址,这时,形参与实参指向同一个变量,则在被调函数中，通过形参指针变量改变的存储单元的值就是主调函数中相应变量的值，而且这种改变可以影响到返回主调函数之后，因为虽然函数中的形参随函数调用的结束而消失，但形参所指向的变量在主函数中依然存在。通过地址的传递，可以在被调函数中改变主调函数变量的值。

【例 6-2】 通过地址传递改变主调函数中变量的值。在函数 swap 中实现交换主调函数中两个整型变量的值，并在主调函数中显示交换的结果，函数 swap 中使用两个指针变量作为形参，在主调函数中将两个变量的地址传递给被调函数，通过指针变量间接改变主调函数中变量的值。

【源程序】

```
/* 例 6-2 地址传递   */
#include <iostream>
using namespace std;
void swap(int *,int *);                    //函数的两个形参都是指向整型变量的指针变量
int main()
{
    int a=5,b=10;
    cout<<"a="<<a<<",b="<<b<<endl;    //显示调用 swap 前传递变量 a、b 的值
    swap(&a,&b);                       //传递变量 a、b 的地址
    cout<<"a="<<a<<",b="<<b;           //显示调用 swap 后传递变量 a、b 的值
    return 1;
}
void swap(int *p,int *q)                   //形参为指针变量用来接收实参的地址
{
    int t=*p;
    *p=*q;
    *q=t;                                  //交换指针变量 m 和 n 指向的变量的值
}
```

【运行结果】

```
a=5,b=10
a=10,b=5
```

【程序分析】 从结果中可以看出，在函数 swap 中改变了主调函数中变量 a、b 的值，即实现了 a、b 的交换。

程序中，实参分别是变量 a 和 b 的地址，形参 p 和 q 是指针变量，在函数间传递的是地址值，即 p=&a，q=&b，这样，变量 p 和 q 分别指向了变量 a 和 b，对 *p、*q 的赋值就是对 a、b 的赋值。

这几个变量之间的关系见图 6-2。在 swap 函数中通过指针变量间接引用 a 和 b 的值，从而实现在 swap 函数中改变主调函数变量 a 和 b 的值。

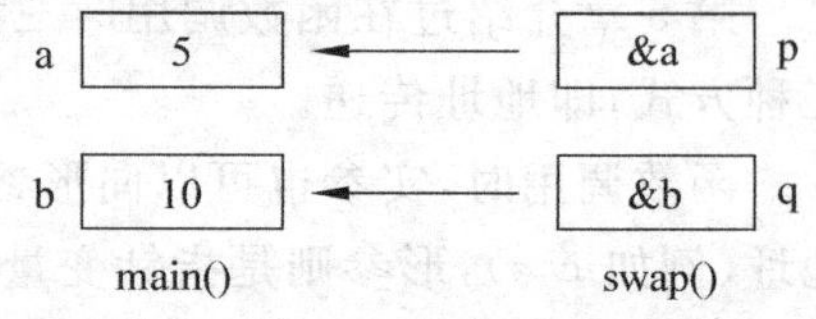

图 6-2 调用 swap 函数时的地址传递

【思路扩展】 本例中如果只在主调函数中通过

指针变量改变变量 a 和 b 的值,程序该如何编写?

第 5 章使用过引用传递。引用传递和地址传递都可以在被调函数中改变主调函数中变量的值,不过,使用指针变量传递地址时,在被调函数中要为作为形参的指针变量分配存储空间;而用引用传递时,被调函数中的引用名不另外占用空间,它和主调函数中的实参占用相同的单元。

函数调用时,为形参传递的也可以是结构体变量的地址值。这样在被调函数中对结构体中成员值的改变,可以影响到主调函数中成员的值。

【例 6-3】 在被调函数中修改主调函数中结构体变量的成员的值。

【问题分析】 用结构体变量的地址作为实参,用指向结构体的指针变量作形参,通过指针变量主调函数中结构体变量成员的值。

【源程序】

```
/* 例 6-3 在函数调用时传递结构体变量的地址 */
#include <iostream>
#include <string>
using namespace std;
struct student                              //定义结构体
{
    int stno;
    char name[20];
    int age;
};
void main()
{
    struct student stu={211123001,"Hong Yu",19};        //定义变量并初始化
    void fun(student *);                    //函数 fun 的声明
    fun(&stu);                              //变量的地址作为实参
    cout<<stu.stno<<endl<<stu.name<<endl<<stu.age<<endl;
}
void fun(student *p)                        //指针变量作为形参
{
    strcpy(p->name,"Wu Ping");              //通过指针变量访问结构体的成员
}
```

【运行结果】

```
211123001
Wu Ping
19
```

【程序分析】 从结果可以看出,在函数 fun 中对成员 name 的值进行修改,这一修改影响到主调函数中相应成员的值。程序中,为形参 p 传递的是存放实参结构体变量 stu 的地址值,即 p=&stu。这样,在被调函数中,可以通过指针变量 p 实现对主调函数中变量 stu 各个成员的引用。

【思路扩展】 程序中能否将参数传递改写为传递结构体变量成员的地址？

6.3.2 指向函数的指针变量

用来存放函数指针的变量就是指向函数的指针变量，通过这样的指针变量可以间接调用一个函数。使用指向函数的指针变量要经过定义、指向和间接调用三个步骤。

1. 定义指针变量

定义指向函数的指针变量格式如下：

```
<类型名>   (*<指针变量名>)(<形参表列>);
```

其中，<类型名>是指针变量所指向的那类函数的返回值的类型；<形参表列>是指针变量所指向的那类函数的各个形参；<指针变量名>前的“*”表示它是指针变量。例如：

```
int  (*p)(int,int);
```

该语句定义了指针变量 p。它是指向函数的指针变量。它所指向的函数返回值是 int 型，并且这个函数有两个 int 型的形参。

2. 为指针变量赋值

指向函数的指针变量定义后，对该变量赋值的过程就是存放某个函数的入口地址，也就是使该指针变量指向函数。

例如，如果 p 是上面定义的指针变量，max 是计算两个整数最大值的函数，其返回值为整型，则下面的赋值语句的作用是将变量 p 指向函数 max：

```
p=max;
```

3. 用指针变量调用函数

对指向函数的指针变量经过定义和赋值后，可以使用这个指针变量间接调用所指向的函数。调用的形式有两种，分别是：

```
(*指针变量名)(实参表列)
```

或

```
指针变量名(实参表列)
```

例如，下面的语句是使用函数名直接调用函数 max：

```
c=max(a,b);
```

而下面的语句则是使用指针变量间接调用函数 max：

```
c=(*p)(a,b);
```

下面的语句也可以间接调用函数 max：

```
c=p(a,b);
```

这两种调用的效果是一样的。

如果将另一个函数名再次赋给指针变量，则该指针变量就指向了另一个函数，这个指针变量也可以调用另一个函数。

【例 6-4】 使用指向函数的指针变量调用函数 max，被调用的函数的作用是返回两个整数中的较大值。

【源程序】

```
/* 例 6-4 使用指针变量间接调用函数 */
#include <iostream>
using namespace std;
int max(int x,int y)                         //返回两个数中较大值的函数
{
    if (x>y)
        return x;
    else
        return y;
}
int main()
{
    int a=10,b=20,c;
    int (*p)(int,int);                       //定义指向函数的指针变量 p
    p=max;                                   //指针变量 p 指向函数 max
    c=(*p)(a,b);                             //使用指针变量 p 间接调用函数 max
    cout<<"max="<<c<<endl;
    return 1;
}
```

【运行结果】

```
max=20
```

【程序分析】 在 main()中：

(1) 语句 int (*p)(int,int);定义的是一个指向函数的指针变量 p，它所指向的函数返回值为整型并且有两个整型的参数。

(2) 语句 p=max;是对该变量赋值 max，即该变量指向了函数 max。

(3) 语句 c=(*p)(a,b);是引用该指针变量，即调用它所指向的函数，因此该语句相当于 c=max(a,b) 。

函数 max()中将形参 x 和 y 中的较大值返回给 main()函数中的变量 c。

【思路扩展】 在本例中，如果还有一个函数，其原型如下：

```
double fun(double x,double y);
```

那么指针变量 p 能否指向该函数？

6.4 数组的指针和字符串的指针

由于数组名是地址，也就是指针，这样也可以将数组名赋给指针变量，让该变量指向某个数组，然后通过该指针变量来间接访问数组中的每个元素。

6.4.1 一维数组的地址

一维数组的地址分为两种情况，分别是数据元素的地址和数组的首地址。引用元素时可以使用数组名或指针变量。

1. 数组元素的地址

数组元素的地址是对应的元素在内存中存放的地址，表示方法与普通变量是一样的：

& 数组名 [下标]

或

数组名+下标

例如，数组元素 a[2]的地址可以表示成 &a[2]或 a+2，而元素 a[i]的地址可以表示成 &a[i]或 a+i。

2. 一维数组的首地址

一维数组的首地址是数组元素所在的连续内存单元的起始地址，可以用数组名 a 表示，也可以用下标为 0 的数组元素的地址表示，即 &a[0]。

【例 6-5】 结合循环分别使用数组名的下标法和指针法引用一维数组的各个元素。

【问题分析】 用数组名引用数组中的元素时，可以有以下两种方法：

下标法： 数组名 [下标]
指针法： * (数组名+下标)

【源程序】

```
/* 例 6-5 使用数组名的下标法和指针法引用数组元素 */
#include <iostream>
using namespace std;
int main()
{
    int a[10]={1,2,3,4,5,6,7,8,9,10},i;      //定义并初始化一个一维数组
    for(i=0;i<10;i++)
         cout<<a[i]<<"  ";                    //数组名下标法
    cout<<endl;
    for(i=0;i<10;i++)
        cout<< * (a+i)<<"  ";                 //* 数组名指针法
```

```
    cout<<endl;
    return 1;
}
```

【运行结果】

```
1  2  3  4  5  6  7  8  9  10
1  2  3  4  5  6  7  8  9  10
```

【程序分析】

程序中两个循环的结果是一样的,都是输出这个数组中的每个元素,但使用的方法不完全一样。第一个循环使用数组名和下标的方法,第2个循环使用数组名指针法。

3. 使用指针变量引用数组元素

指向一维数组首地址的指针变量在使用时同样要经过定义、指向和引用。

(1) 定义指针变量

定义指向数组元素的指针变量方法和定义指向变量的指针变量方法一样。

例如:

```
int  a[10], * p;
```

这时的类型说明int是指针变量所指向的数组元素的类型。

(2) 指向首地址

指向首地址就是给指针变量赋值,可使用p=&a[0];或p=a;,使指针变量p指向数组的首地址。

(3) 引用数组元素

使用指针变量时,通常用以下两种程序段引用数组中的每个元素。

① 在循环中使用指针变量依次引用每个元素。

```
for(i=0;i<元素个数;i++)
    {使用 * (p+i)引用当前元素}
```

② 在循环中改变指针变量的值,使其依次指向每个元素。

```
for(p=a;p<a+元素个数;p++)
    {使用 * p 引用当前元素}
```

【例6-6】 使用指针变量的下标法和指针法引用数组中的每个元素。

【源程序】

```
/* 例6-6 使用指针变量的下标法和指针法引用数组元素 */
#include <iostream>
using namespace std;
void main()
{
    int a[10]={1,2,3,4,5,6,7,8,9,10}, * p,i;
```

```
    p=a;                                  //指针变量指向数组的首元素
    for(i=0;i<10;i++)
        cout<<*(p+i)<<"  ";               //指针变量指针法
    cout<<endl;
    for(i=0;i<10;i++)
        cout<<p[i]<<"  ";                 //指针变量下标法
    cout<<endl;
    for(i=0;i<10;i++)
    {
        cout<<*p<<"  ";
        p++;                              //改变指针变量的值使其依次指向每个元素
    }
    cout<<endl;
}
```

【运行结果】

```
1  2  3  4  5  6  7  8  9  10
1  2  3  4  5  6  7  8  9  10
1  2  3  4  5  6  7  8  9  10
```

【程序分析】 程序中的三个循环的结果是一样的，都是输出这个数组中的每个元素，但使用的方法不完全一样。第一个循环中，使用指针变量指针法；第二个循环中，使用指针变量下标法。在两次循环中，指针变量始终指向的都是数组的第 0 个元素。第三个循环中，每次执行循环体，都会改变指针的值，指向下一个数组元素。要注意的是，第三种用法改变了指针变量的值。若要再从开头重新处理数组元素，则需要重新给 p 赋值，如 p=a，让指针变量重新指到数组的首元素。

4. 使用数组名作为函数参数

一维数组名也是地址，因此，也可以作为函数实参在函数调用时使用地址传递。作为被调函数中的形参，可以是数组名，也可以是指针变量。

如果形参是数组名，那么这里实参和形参都是数组名，这两个数组共用相同的内存空间。在函数调用返回主调函数时，对形参数组元素进行的操作也会影响到实参数组中的元素。

如果实参是数组名，形参是指针变量，那么函数调用时将一维数组名或数组首元素的地址作为函数实参传递给被调函数的形参指针变量时，该指针变量就指向了一维数组的第 0 个元素，在被调函数中对形参指向的对象的操作就是对一维数组元素的操作。当函数调用结束后，被调函数对数组操作的结果会反映在主调函数中。

【例 6-7】 将数组中的元素逆序存放。在主函数中对数组进行初始化，在被调函数中实现反序，最后在主调函数中显示反序的结果。本题中实参是数组名，形参使用指向数组元素的指针变量。

【问题分析】 对数组 a 的 n 个元素进行逆序存放时，是将 a[0]和 a[n−1]交换，a[1]

和 a[n－2]交换……设两个指针变量 i 和 j。首先让其分别指向 a[0]和 a[n－1];交换后,再让它们分别指向 a[1]和 a[n－2]。可用 i＋＋和 j—实现,经过(n－1)/2 次循环后,逆序完成。

【源程序】

```
/* 例 6-7 将数组元素逆序保存 */
#include <iostream>
using namespace std;
void inv(int * x,int n)                  //第 1 个形参是指针变量,第 2 个形参接收元素个数
{
    int t, * i, * j;
    i=x;                                 //变量 i 指向第 0 个元素
    j=x+n-1;                             //变量 j 指向最后 1 个元素
    for(;i<j;i++,j--)                    //每次循环后指针 i 后移,指针 j 前移
    {
        t= * i; * i= * j; * j=t;         //通过间接访问改变主调函数中元素的值
    }
}
int  main()
{
    int i,a[10]={3,7,9,11,0,6,7,5,4,2};
    cout<<"逆序前:";
    for (i=0;i<10;i++)
        cout<<a[i]<<"  ";
    cout<<endl;
    inv(a,10);                           //第 1 个实参是数组名,将地址传递给形参
    cout<<"逆序后:";
    for (i=0;i<10;i++)
        cout<<a[i]<<"  ";
    cout<<endl;
    return 1;
}
```

【运行结果】

```
逆序前:3  7  9  11  0  6  7  5  4  2
逆序后:2  4  5  7  6  0  11  9  7  3
```

【程序分析】 程序中的第 1 个实参是数组名 a,第 1 个形参是指针变量 x;将数组名 a 即地址传递给 x,函数之间是地址传递。第 2 个实参是整数,函数之间是值传递,传递的是数组元素的个数。

被调函数 inv()中定义了两个指针变量 i 和 j,语句 i＝x;将变量 i 指向 x,也就是指定向了数组 x 的第 0 个元素,即 x[0]。语句 j＝x＋n－1;使变量 j 指向了数组的最后一个元素即 x[n－1]。循环体中对这两个元素进行交换。交换后,由于 for 语句的表达式 3 是

i++,j--也就是将i指向下一个元素,而将j指向倒数第二个元素,在下一次循环中进行交换,最后完成反序。

【思路扩展】 在本例中:

(1) 如果要将数组中前5个元素和后5个元素分别进行反序,程序该如何修改?

(2) 如果将形参指针变量改为数组名,程序该如何修改?

6.4.2 二维数组的地址

N行M列的二维数组可以看作大小为N×M的一维数组。

1. 列地址法

二维数组int B[N][M]的第1个元素的地址为&B[0][0],声明整型指针变量p:

```
int *p;                         //声明整型指针变量
p=&B[0][0];                     //指向二维数组的0行0列元素
```

那么,*p就是B[0][0],*(p+1)就是B[0][1],*(p+i*M+j)就是B[i][j]。每次p加1,指向下一列的元素,这时的p称为**列指针**。

2. 行地址法

对二维数组int B[10][20],每行看作一个整体,这时可以看作每个元素是一行的一维数组。B是这个一维数组的名字,B[i]就是这个一维数组的第i(从0开始)个元素。B是这个一维数组的首地址,B+i就是第i个元素的地址。下列表示是相同的:

① B与&B[0]　　② *B与B[0]

③ B+i与&B[i]　　④ *(B+i)与B[i]

再来看B[i],它实际是一行元素。它是这一行元素的名称,就是这一行元素的首地址。这样说来,下列表示是相同的:

⑤ B[i]与&B[i][0]　　⑥ *B[i]与B[i][0]

⑦ B[i]+j与&B[i][j]　　⑧ *(B[i]+j)与B[i][j]

将④和⑧结合,将*(B+i)带入⑧,得:

```
*(*(B+i)+j)与B[i][j]、*(B+i)[j]相同的
```

B是二维数组B[10][20]的首地址,*(*(B+i)+j)是通过地址访问i行j列元素,与B对应的指针的声明为:

```
int (*p)[20];                //其中20与p将指向的二维数组的列大小相同
```

通过指针p访问二维数组B的方法是:

```
p=B;                         //为指针赋值,也可写为p=&B[0];
*(*(B+i)+j)=(i+1)*(j+1);     //*(*(B+i)+j)相当于B[i][j]
```

这样声明的指针变量,赋值p=B。开始p是第0行的地址,p+1就是第1行的地址,

所以，这样的 p 称为**行地址**。

3. 二维数组的指针作为函数的参数

通过指针传递二维数组时，形参和实参应对应。

设 int B[N][M]为二维数组。若形参写为 int ＊p，则实应参为 &B[0][0]，函数中访问元素的基本方式是 ＊(p＋M＊i＋j)。若形参写为 int (＊p)[M]，则实参应为 B 或 &B[0]，函数中访问元素的基本方式是 ＊(＊(p＋i)＋j)。

6.4.3　字符串的指针

字符串的指针是字符串中第 0 个字符的地址。这样，也可以定义指向字符型的指针变量，用该变量保存字符串的指针或字符型一维数组的首地址，然后就可以用指针变量引用或处理一维数组中的每个字符。这个指针变量称为指向字符串的指针变量。

1. 使用指针变量处理字符串

先定义指向字符串的指针变量，然后使其指向字符串常量。有两种方法。

第 1 种方法是先定义指向字符型的指针变量，然后使用赋值语句使该变量指向某个字符串常量。例如：

```
char  *p;
p="Hello";
```

第 2 种方法是在定义指针变量同时使其指向某个字符串常量，即赋初值。例如：

```
char  *p="Hello";
```

这两个例子的结果都是将字符串"Hello"的第 0 个字符的地址保存到变量 p 中，而不是将整个字符串赋给变量 p。

将字符串常量看成存放在一个一维的字符数组中，这样，当指针变量指向这个字符串后，要引用字符串中某个字符可以使用下面的方法：

```
*(指针变量+下标)
```

或

```
指针变量[下标]
```

【例 6-8】 使用指针变量输出字符串。输出整个字符串有多种方法，本例题中通过指向字符串的指针变量来输出字符串。

【源程序】

```
/*例 6-8 使用指针变量输出字符串  */
#include <iostream>
using namespace std;
int  main()
```

```
{
    int i;
    char * str="computer";        //定义指针变量同时使其指向字符串常量
    cout<<str<<endl;              //通过指针变量名输出字符串
    for(i=0;str[i]!='\0';i++)
        cout<<str[i];
    cout<<endl;
    for(i=0; * (str+i)!='\0';i++)
        cout<< * (str+i);
    return 1;
}
```

【运行结果】

```
computer
computer
computer
```

【程序分析】 程序中,定义指针变量 str 的同时使其指向字符串"computer",即赋初值。

str[i]或 *(str+i)相当于一维字符数组的第 i 个元素,这样,程序中使用 3 种方法都可以输出整个字符串。

【思路扩展】 程序中:

(1) 如果将程序中语句 cout<<str<<endl; 改写为 cout<<str+3<<endl;,则输出结果是什么?

(2) 如果将程序中语句 cout<<str<<endl; 改写为 cout<< * str<<endl;,则输出结果是什么?

2. 用指向字符串的指针变量作为函数的参数

在函数调用时,用字符数组名或用指向字符串的指针变量作为函数的形参,实参可以是字符串常量、字符数组名或指针变量,这样,在被调函数中可以实现对主调函数中的字符串进行处理。

【例 6-9】 编写函数实现库函数 strcmp 的功能。

【问题分析】 函数 strcmp 的功能是对两个字符串中的字符逐对进行比较。如果两个字符串相同,则结果为 0;如果前一个字符串大,则输出 1;如果前一个字符串小,则输出 −1。本例中用字符串常量作为实参,用指针变量作为形参。

【源程序】

```
/* 例 6-9 实现库函数 strcmp 功能的函数  */
#include <iostream>
using namespace std;
int s_cmp(char * s, char * t)             //两个形参都是指针变量
{
```

```
    while((*s)&&(*t)&&(*t==*s))
        {
            t++;s++;
        }
    if(*s-*t>0)
        return 1;
    else
        if (*s-*t==0)
            return 0;
        else
            return-1;
}
int  main()
{
    cout<<s_cmp("xyz","xyy")<<endl;
    cout<<s_cmp("xyz","xyz")<<endl;
    cout<<s_cmp("xyy","xyz");
    return 1;
}
```

【运行结果】

```
1
0
-1
```

【程序分析】 函数中形参是两个指向字符串的指针变量，用来指向来自主调函数的两个字符串常量，这是地址传递。

在该函数中，语句 while((*s)&&(*t)&&(*t==*s))中的循环条件比较两个字符串对应的字符，直到不相同或遇到字符串的结束符。然后计算其差值，并对差值的不同情况返回不同的值。因此函数的功能是比较两个字符串的大小，这与字符串处理函数 strcmp 的作用是一样的。

【思路扩展】 如果要实现字符串间的复制，即完成 strcpy 的功能，应该如何修改被调函数？

也可以使用二级指针来处理多个字符串。例如，下面两条语句分别定义了指针数组和二级指针变量 p：

```
char *name[]={"China","Japan","German","Franch","Itali"};
char **p;
```

这样，下面的语句可以输出每个字符串，

```
for(i=0;i<5;i++)
  { p=name+i;  cout<<*p<<endl; }
```

程序的运行结果与直接使用 name 数组的结果相同。

6.5 动态申请存储空间

定义一个变量后，系统会为该变量分配相应字节的内存单元。这些单元是在程序运行前就已确定下来的。这种分配内存的方式称为**“静态存储分配”**，与之对应的有“动态存储分配”的方式。

“动态存储分配”方式是指在程序运行期间，根据用户输入的信息决定分配空间的大小，或者说是按用户的需求来确定内存空间。同时，当动态分配的空间不再使用时，也可以由用户对单元进行释放。申请空间和释放空间这两个操作分别通过两个运算符 new 和 delete 实现的。

6.5.1 动态申请存储空间

运算符 new 用于动态申请内存空间，这是一个单目运算符。在使用时，通常要将它申请到的空间的首地址赋给指针变量，它的格式如下：

```
指针变量=  new 数据类型(初值);
```

格式中：

- 数据类型表示按此类型所占的字节数申请空间。例如 char 申请 1 个字节，int 申请 4 个字节，double 申请 8 个字节。
- 指针变量应是已定义过的指向该数据类型的指针变量。
- 圆括号中的初值表示申请成功后，在空间中存放的初始数值。

在申请空间时，如果没有足够的内存单元，则 new 返回空指针，用 NULL 表示，说明动态申请空间操作失败。

动态申请的空间使用完毕，应将其释放，将所占的空间交还系统。在 C++ 中，由运算符 new 申请的空间必须由运算符 delete 释放。

使用 delete 释放变量的格式是：

```
delete  指针;
```

在上面的格式中，指针变量保存的必须是由 new 返回的指针，因此程序中 new 和 delete 总是配合使用的。

【例 6-10】 使用运算符 new 动态申请空间，空间大小为整型数据所占的空间。

【源程序】

```
/*例 6-10 使用运算符 new 动态申请空间 */
#include <iostream>
using namespace std;
void main()
{
    int *p;                          //定义指针变量 p
    p=new int;                       //申请 int 类型的变量空间,并将起始地址保存到变量 p 中
```

```
    * p=5;                          //间接访问所申请的空间
    cout<<p<<endl<< * p<<endl<<sizeof(p);
    delete p;                       //释放申请的空间
}
```

【运行结果】

```
00780DA 0
        5
        4
```

【程序分析】 程序中的定义变量和申请空间这两条语句也可以合成一条语句，即采用对指针变量初始化的方法：

```
int * p=new int;
```

程序中倒数第 2 条语句输出申请空间的地址、间接引用的值和 p 的字节数。

【思路扩展】 上面动态申请的空间并没有初始化。如果要在分配空间的同时为其赋初值，程序该如何修改？

6.5.2 定义动态数组

使用运算符 new 还可以对数组进行动态分配。方法是在数据类型后加上方括号，并将要申请分配的数组大小放在方括号中。

1. 动态申请一维数组

动态申请一维数组空间的格式是：

```
<指针变量>=  new <数据类型>  [<元素个数>];
```

其中＜指针变量＞的类型与＜数据类型＞相同，＜元素个数＞是申请的空间大小，单位是＜数据类型＞的数据元素，可以是整型的常量、变量或表达式。

例如，下面的语句动态申请的空间相当于可以存放含有 10 个 int 型元素的数组：

```
int * p=new  int[10];
```

元素个数可以是常量、变量或表达式。当元素个数是变量时，数组的长度随变量值可以变化。这就是**动态数组**。

使用 delete 释放数组的格式是：

```
delete  [ ] 指针;
```

【例 6-11】 从键盘输入一个整数，然后动态申请数组空间，将输入的整数作为数组的长度。

【问题分析】 这里的数组长度可变，可以使用动态申请数组的方法。

【源程序】

```
/* 例 6-11 动态数组的使用 */
```

```
#include <iostream>
using namespace std;
void main()
{
    int n,i;
    cout<<"请输入数组元素的个数：";
    cin>>n;
    int *p=new int [n];          //元素个数用的是变量
    for(i=0;i<n;i++)
        p[i]=i;
    for(i=0;i<n;i++)
        cout<<p[i]<<"  ";
delete []p;
}
```

【运行结果】

请输入数组元素的个数：

如果输入：10，按回车后，屏幕显示如下结果：

0 1 2 3 4 5 6 7 8 9

【程序分析】 程序中，先输入 n 的值，语句 int *p=new int [n];使用变量 n 来指定元素的个数。当变量 n 每次取不同的值时，所申请数组的元素个数也会不同。

【思路扩展】 动态定义数组和第 2 章使用定义语句声明的数组有什么不同？

2. 动态申请二维数组

一维数组可以存放矩阵的元素，所以，动态申请二维数组并不是必要的。动态申请二维数组的格式是：

```
int  (*p)[20];                 //声明指向二维数组的指针变量
p=new int  [N][20];            //动态申请二维数组
...
delete []p;                    //释放空间
```

其中 int 可改为其他数据类型；p 是指针，可以自己命名；20 是二维数组的列的大小，可以改变，但必须是整型常量；N 是行数，可以是整型常量、变量或表达式。

6.6 程序设计实例

6.6.1 指针变量作为函数的形参

【例 6-12】 在主函数中输入圆的半径，在被调函数中同时计算该圆的面积和周长，并将结果返回到主调函数中。

【问题分析】 由于在被调函数中通过 return 语句只能返回一个值,因此要同时返回面积和周长两个值,可以使用引用传递,也可以使用地址传递。本题中通过指针变量的间接访问在被调函数中改变主调函数变量的值。

【源程序】

```
/* 例 6-12 调用计算圆的面积和周长的函数 */
#include <iostream>
using namespace std;
void fun(double r,double *p1,double *p2)       //该函数没有返回值
{
    *p1=3.1416*r*r;              //计算面积并保存到 p1 指向的主调函数的变量中
    *p2=2*3.1416*r;              //计算周长并保存到 p2 指向的主调函数的变量中
}
void main()
{
    double radius,area,len;
    cout<<"请输入圆的半径:";
    cin>>radius;
    fun(radius,&area,&len);    //后两个实参是变量的地址
    cout<<"面积="<<area<<"  周长="<<len<<endl;
}
```

【运行结果】

```
请输入圆的半径:10
面积=314.16  周长=62.832
```

【程序分析】 程序中,被调函数 fun 有 3 个形参。第 1 个是双精度型变量 r,接受半径值;后两个是指针变量 p1 和 p2。主调函数调用 fun 函数时,第 1 个参数是值传递,后两个参数是地址传递。所以本题中既有值传递,又有地址传递。

在函数 main()中输入半径值给变量 radius,在调用函数 fun()时,将这个变量的值传递给形参 r,而将变量 area 的地址和变量 len 的地址分别传递给形参即指针变量 p1 和 p2,这样,函数 fun()的形参 p1 和 p2 分别指向了主调函数中的变量 area 和 len。

在函数 fun()中,语句 *p=3.1416*r*r;计算面积,然后通过使用 p1 对主调函数中的变量 area 进行间接引用,将结果保存在变量 area 中。

同样,语句 *p2=2*3.1416*r ;计算周长,然后通过使用 p2 对主调函数中的变量 len 进行间接引用,将结果保存在变量 len 中。

【思路扩展】 如果要通过引用传递完成此程序的功能,该如何修改程序。

【例 6-13】 分别编写两个函数用来计算圆的面积和周长,在另一个函数中使用一个指向函数的指针变量分别调用这两个函数。

【问题分析】 将一个函数名赋给指向函数的指针变量后,可以通过该指针变量调用函数,因此,给该指针变量赋予不同的函数名,就可以分别调用不同的函数。

【源程序】

```
/*例 6-13 使用指向函数的指针变量调用函数 */
#include "iostream"
using namespace std;
double  area(double r)              //计算圆的面积
{
    return 3.14*r*r;
}
double length(double r)             //计算圆的周长
{
    return 2*3.14*r;
}
double process(double  x, double (*fun)(double))
                                    //第 2 个形参 fun 是指向函数的指针变量
{
    return (*fun)(x);               //间接调用 fun 指向的函数
}
void main()
{
    double r;
    cout<<"请输入圆的半径：";
    cin>>r;
    cout<<"面积="<<process(r,area)<<endl;          //计算面积
    cout<<"周长="<<process(r,length)<<endl;        //计算周长
}
```

【运行结果】

```
请输入圆的半径：10
面积=314
周长=62.8
```

【程序分析】 程序由 4 个函数组成，其中前两个函数 area 和 length 分别用来计算圆的面积和周长。

第 3 个函数 process 的头部格式如下：

```
float process(float  x, float (*fun)(float))
```

函数 process 有 2 个形参。第 1 个形参 x 是半径；第 2 个形参 fun 是指向函数的指针变量，它所指向的函数具有实型的参数和实型的返回值。

在 main 中第一次调用 process 函数时，传递了 2 个参数。第 1 个是半径；第 2 个是函数名 area，也就是将 area 的入口地址传递给 process 中的形参 fun。由于 fun 是指向函数的指针变量，这时，process 函数中的(*fun)(x)相当于 area(x)，从而调用 area 函数计算面积。

同样，在 main 中第 2 次调用 process 函数时，传递的两个参数中，第 2 个是函数名 length，实现的是调用 length 函数计算周长。

6.6.2 32 位的二进制 IP 地址转换成点分十进制地址

【例 6-14】 从键盘输入一个 32 位的二进制形式的 IP 地址，然后对输入的地址进行合理性的检验，包括长度检验和有效字符检验。有效性检验正确后将其转换为点分十进制 IP 地址的表示形式。

【问题分析】 将 32 位二进制表示的 IP 地址转换成点分十进制时，将这 32 位每 8 位一组共分为四组。每一组分别转换成一个十进制数，转换部分由一个函数来完成。最后将这四个数用小数点连接起来。

本题中将 32 位二进制数作为一个字符串保存在一个字符型数组中。

在转换前要对输入的数据进行有效性检验。主要检验两项：一是长度是否为 32 位，另外是检查包含的字符只能是 1 或 0。后者单独编写一个函数实现。

本题中使用 3 个函数，转换用的 trans()和检验使用的 check()以及主函数 main()。

【源程序】

```
/*例 6-14 IP 地址的转换 */
#include"iostream"
#include "string"
using namespace std;
bool check(char * str)                          //该函数检查字符串中是否有 1 和 0 以外的字符
{   int i;
    for(i=0;i<32;i++)
        if(str[i]!='1' && str[i]!='0')          //出现 1 和 0 以外的字符时返回 false
            return false;
    return true;
}
int trans(char * str)                           //该函数将 8 位二进制转换为十进制数并返回
{   int n=0,i;
    for(i=0;i<8;i++)
        if(str[i]=='1')                         //二进制中相邻两位之间相差两倍
            n=n*2+1;
        else
            n=n*2;
    return n;
}
int main()
{   char ip[33];                                //该数组用来保存 32 位的 IP 地址
    cout<<"请输入一个 32 位二进制表示的 IP 地址"<<endl;
    cin>>ip;
    if(strlen(ip)!=32)
```

```
            cout<<"IP 地址长度应为 32 位"<<endl;
    else
            if(!check(ip))
                cout<<"该字符串中含有 1 和 0 之外的其他字符,不是正确的 IP 地址"<<endl;
            else
            { cout<<"该 IP 地址对应的点分十进制写法是:"<<endl;
            cout<<trans(ip)<<"."<<trans(ip+8)<<"."<<trans(ip+16)<<"."<<trans(ip
            +24)<<endl;
            //四次调用 trans()分别转换四组二进制数
            }
        return 1;
}
```

【运行结果】

```
请输入一个 32 位二进制表示的 IP 地址
01000000110000010000001100000111
该 IP 地址对应的点分十进制写法是:
64.193.3.7
```

【程序分析】 程序中将输入的 32 位 IP 地址作为一个字符串进行处理,在调用两个函数 trans()和 check()时使用的是地址传递,所以这两个函数的形参是指向字符串的指针变量。在这两个函数中通过指针变量分别处理字符串中的每个字符。

【思路扩展】 如果输入 IP 地址时,每 8 位之间用一个空格隔开,该程序如何修改?

6.6.3 指针数组

如果一个数组中的每个元素都是指针变量,该数组就称**指针数组**。指针数组中的每个元素都是指向同一数据类型的指针变量,也就是说数组中的每个元素只能存放地址。

指针数组的定义格式如下:

```
类型标识    *数组名[数组长度]
```

例如下面的定义:

```
int *p[4];
```

p 是一个指针数组,它的每个元素都是指向 int 型变量的指针变量。

注意在定义指针数组时要和指向一维数组的指针变量区别开来。例如,下面的两个定义:int (*p)[4]; 和 int *q[4];。

前者定义了一个指针变量 p,它指向含有 4 个 int 型元素的一维数组;而后者定义了一个指针数组 q,它有 4 个元素,每一个都是指向 int 型的指针变量。

【例 6-15】 通过指针数组引用二维数组中的元素。分别定义一维指针数组和二维数组,用指针数组中的各个元素分别指向二维数组的行首元素时,指针数组名等同于二维数组名。

【源程序】

```
/* 例 6-15 使用指针数组访问一个二维数组中的元素 */
#include <iostream>
using namespace std;
void main()
{
    int i,j,*p[3],a[3][4]={{1,2,3,4},{5,6,7,8},{9,10,11,12}};
    p[0]=a[0];                          //指针数组中第 0 个元素指向二维数组的第 0 行
    p[1]=a[1];                          //指针数组中第 1 个元素指向二维数组的第 1 行
    p[2]=a[2];                          //指针数组中第 2 个元素指向二维数组的第 2 行
    for(i=0;i<3;i++)
    {
        for(j=0;j<4;j++)
        {
            cout.width (5);             //输出结果中每个数据占 5 个字符的位置
            cout<<p[i][j];              //访问二维数组中的每个元素
        }
        cout<<endl;                     //每行输出后另起一行
    }
}
```

【运行结果】

```
1    2    3    4
5    6    7    8
9   10   11   12
```

【程序分析】 程序中的 int *p[3]定义了一个指针数组 p，每个元素都是指针变量。3 条赋值语句：p[0]=a[0]；　p[1]=a[1]；　p[2]=a[2]；表示分别将每个元素指向了二维数组中的每一行，最后通过这 3 个指针变量引用每一行的元素。

【思路扩展】 比较一下使用行指针变量和使用指针数组引用二维数组的异同。

如果指针数组的每个元素都是指向 char 型的指针变量，这时让指针数组中每个元素分别指向不同的字符串，即每个字符串的首地址，就可以使用这个指针数组同时处理若干个字符串。

例如，下面的语句定义了一个指针数组并且将每个元素分别指向不同的字符串：

```
char *name[]={"China","Japan","German","Franch","Itali"};
```

这样，可以通过下面的语句输出每个字符串：

```
for(i=0;i<5;i++)
    cout<<name[i]<<endl;
```

这种处理方式中，各字符串的长度可以相同也可以不相同。这一点要比用二维字符数组处理多个字符串方便一些。

6.6.4 带参数的 main 函数

前面的所有 C++ 程序中，main()函数都没有使用参数，当在操作系统的命令行方式运行 C++ 程序时，可以将参数传递给 C++ 程序。这时，main()函数中也可以使用参数。

传递参数的方法是在命令行中输入函数名(命令)同时输入需要传递给 main()函数的参数。这时命令行的一般形式是：

```
命令名  参数 1  参数 2  … 参数 n
```

命令名和每个参数之间用空格分开，命令名也就是 main()函数所在的文件名。

main()函数用两个形参来接受实参。带有参数的 main()函数形式如下：

```
main(int argc,char  * argv[])
{
    …
}
```

上面格式中，两个参数的名称可以由用户定义，但类型是固定不变的。第一个参数 argc 必须是整型，用来保存命令行中包括命令名在内的参数的个数；第二个参数 argv 是指向字符串的指针数组，用来使每个指针指向一个字符串，即命令行中的各个参数。

【例 6-16】 在 main 函数中使用形参，程序运行后输出命令行中的各个参数。

【源程序】

```
/* 例 6-16 带形参的 main 函数 */
#include <iostream>
using namespace std;
void main(int argc,char * argv[])
{
    while(--argc>0)
        cout<<argv[argc]<<endl;        //分别输出指针数组各元素所指向的参数
}
```

假定该程序以文件名 prog.cpp 保存在磁盘上，程序经过编译和连接后生成的可执行文件名为 prog.exe。如果在命令行方式下输入如下命令：

```
PROG  AAA  BBB  CCC
```

然后按 Enter 键，则输出结果为：

```
CCC
BBB
AAA
```

【程序分析】 程序的结果是将命令行中除第 1 个参数 PROG 之外的其他参数按反序输出。

【思路扩展】 main 函数中的第 2 个参数还可以用什么方法实现？

6.7 小结

(1) 内存单元的地址是每个单元都有的，从 0 开始连续编号。在变量分配到的连续内存单元中，第一个内存单元的地址称为变量的地址。

(2) 一个变量的地址称为该变量的指针，而专门用来存放指针的变量则称为指针变量。在使用指针变量时，要经过三个步骤：定义指针变量，使其指向某个变量，间接访问该指针变量指向的变量的值。

结构体变量的地址(指针)是整个变量所占连续内存单元的首地址，在数值上与第一个成员的地址相同。

指向结构体类型的指针变量用来保存结构体变量的地址。要用指针变量指向结构体变量中的各个成员，可以使用成员运算符“.”，也可以使用结构指向运算符“－＞”。

(3) 函数调用时，实参也可以向形参传递地址；形参则是指针变量，用来接收传递过来的地址。在被调函数中，可以通过形参变量间接改变其指向的主调函数中变量的值，而且这种改变可以影响到返回主调函数之后。

(4) 函数名代表该函数在调用时分配的连续内存单元的入口地址。这个地址称为函数的指针。用来存放函数指针的变量就是指向函数的指针变量，通过这样的指针变量可以间接地调用一个函数。

(5) 一维数组的首地址是数组元素所在的连续内存单元的起始地址，可以用数组名 a 表示，也可以用下标为 0 的数组元素的地址表示。可以将数组名赋给指针变量，让该变量指向某个数组，然后通过该指针变量来间接访问数组中的每个元素。

(6) 字符串的指针是字符串中第 0 个字符的地址。用字符型的指针变量保存字符串的指针或字符型一维数组的首地址后，就可以用指针变量引用或处理一维数组中的每个字符。

(7) 动态存储分配方式是指在程序运行期间，按用户的需求来确定内存空间。当动态分配的空间不再使用时，也可以由用户对单元进行释放。申请空间和释放空间这两个操作分别通过运算符 new 和 delete 实现。

使用运算符 new 还可以对数组进行动态分配，元素个数可以是常量、变量或表达式。当元素个数是变量时，数组的长度随变量值可以变化。

习题 6

本章的所有题目都要求使用指针来编写。

1. 输入 10 个字符串，找出最大的字符串，要求使用指针数组实现。

2. 从键盘输入 10 个字符串，假定每个字符串长度不超过 80 个字符，然后对这 10 个字符串进行排序，最后输出排序后的结果。

3. 编写函数，求出一个字符串的长度，要求使用地址传递。

4. 编写函数，将一个字符串中指定的字符删去，然后输出新的字符串。

5. 用指针数组保存12个月份的英文名称。输入一个月份后，显示该月的英文名称。例如，输入1，则显示“January”。如果输入的月份值不在1～12之间，则显示“Input Error”信息。

6. 编写函数，将一个字符串中所有的大写字母转换为小写字母，所有的小写字母转换为大写字母。函数调用时使用地址传递。

7. 编写函数，分别统计一个字符串中的大写字母、小写字母、数字字符和其他字符的个数。

8. 使用多级指针找出多个字符串中最大的一个(以ASCII码为依据)。

9. 使用指针数组对多个字符串进行排序。

10. 在主函数中定义并初始化一个一维数组，在被调函数中计算该一维数组中的元素之和并将结果返回给主函数。

11. 已知5个学生各有4门课程的成绩。请完成以下要求：

(1) 计算每一门课程的最高分。

(2) 计算每个学生的各门课程的平均分。

(3) 分别统计每个同学不及格课程的门数。

(4) 输出平均成绩在90分以上的学生的信息。

(5) 输出每门课程都在85分以上的学生的全部成绩和平均成绩。

以上每个要求都要分别通过不同的函数实现。

12. 输入一个32位二进制写法的IP地址，然后判断该地址属于A、B、C、D、E中的哪一类。

13. 输入一个点分十进制写法的IP地址，然后将其转换为32位的二进制写法。

14. 定义一个结构体变量，包括年、月、日，编程计算某日在本年中是第几天，在计算时要注意闰年的问题。

问题扩展：编程计算任一日期是星期几，输出对应的英文单词。

15. 编写函数，统计矩阵中每列元素的最大值，将最大值保存在一个一维数组中，通过指针返回。矩阵通过指针传递。在主函数中输入矩阵的行数和列数，动态申请存放矩阵的存储空间，输入矩阵元素(可调用函数)，调用函数统计，显示统计结果。

16. 编写用梯形法求数值积分的函数，被积函数用指针传递，返回积分值。调用该函数计算e的x次方、x、x平方、x立方、$\sin(x)$等函数在[0,1]中的积分。e的x次方和$\sin(x)$可使用系统的库函数exp(x)和sin(x)，在主函数中显示积分结果。

17. 编写用牛顿法(习题5)解一元非线性方程的函数，待求根的函数和其导数函数用指针传递给求根函数。初值在主函数中给出，传给函数，结果在主函数中显示。

18. 编写程序，计算形如axb的表达式的值，a、b为整数或实数，a可能为负数，x为运算符，可以为+、-、*、/。数和运算符之间没有空格。

例如输入3+5.1，得到的结果为8.1。

第7章 数据的抽象与封装——类

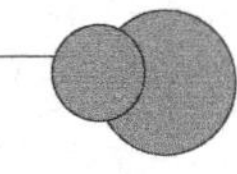

一个变量可以描述一个事物的单个特征,一个数组可以描述多个事物的同一特征或描述一个事物的多个同类特征,结构体可以描述一个事物的多个特征。从变量到结构体,是从特征的描述到事物描述的变化。除了特征外,事物还有状态的变化和功能。如 幅图像,可以缩放、倾斜,亮度可以变亮、变暗,还可以改变颜色等。要完整描述事物的特征及其功能,C++ 提供的功能是“类”。

7.1 类的定义和使用

C++ 中将现实世界中的事物称为对象,如建筑、树木、道路、车辆、动物、植物、教材、作业、报告、申请,甚至是概念、术语、思想。对象可能是简单个体,也可能是由其他类型的对象组成的复合体。如汽车由车体、车轮、发动机、传动装置、离合器、制动器、燃料系统、润滑系统等对象组成。还要注意到,上面说的汽车并不是指一辆具体的汽车。但不管是哪部汽车,上述描述的组成和功能都相似,即它们有共同的特征和功能。比如能在道路上行驶,能载物(人或货物)。C++ 中用类描述一类具有相同特征和功能的事物。

7.1.1 类的定义

类是对一类事物的特征及其功能的描述。例如,钟表能指示时、分、秒,能设置时间(对时),能报时,能走时,能停止。钟表的这些属性和功能的描述见例 7-1。

【例 7-1】 描述钟表类。这里关心的钟表的属性有时、分、秒,功能有设置时间、报时、走时。请用 C++ 的类描述钟表的这些属性和功能。

解:C++ 中,对钟表类的描述如下:

```
class CLOCK                              //钟表的描述
{
private:
    int Hour;                            //时
    int Minute;                          //分
    int Second;                          //秒
public:
    void Set(int h,int m,int s)          //设置时间(对时)
```

```
    {
        Hour=h;Minute=m;Second=s;
    }
    void Run();                           //运行
    void Show()                           //显示时间
    {
        cout<<Hour<<":"<<Minute<<":"<<Second;
    }
};
```

上述的程序描述中，"class"是关键词；"CLOCK"是类名，是程序员命名的用以表示"钟表"这类事物（对象）的标识符；"class CLOCK"部分称为**类头**；后面的一对大括号{}中的部分称为**类体**；最后大括号后有一个分号是语句的符号。类体中，有若干变量的声明语句，这些变量用以描述这类对象的特征（或称属性），称为**（类的）数据成员**(data member)或者**属性**(attribute)；类体中还有若干函数的声明或定义，这些用以实现（或模拟实现）这类对象的功能，称为**（类的）成员函数或方法**(method)，如 Set、Run、Show 等；数据成员和成员函数统称为**成员**(member)；"private"、"public"是关键词，称为类的访问限定符(access specifier)，它们说明的类的成员的访问权限，即谁可以使用，谁不可以使用。

1. 类的定义

类的定义的一般的格式为：

```
class  <类名>
{
    <访问限定符>:
        <成员列表>
    <访问限定符>:
        <成员列表>
    …
};
```

其中，＜访问限定符＞除 private(私有)、public(公有)之外还有 protected(保护)，它们的功能将在后面介绍，限定符后一定有一个冒号"："；＜访问限定符＞可以使用多个，一个限定符也可以使用多次；＜成员列表＞可以是变量的说明语句，还可以是函数的说明语句或函数的定义。**在类的定义中，数据成员不能在声明的同时初始化**，即在类的定义中，下列语句是不正确的，如：

```
int Hour=0;
```

2. 成员函数的定义

类的成员函数可以在类中定义。它与一般函数的定义相同，包含返回类型、函数名、一对圆括号中的参数列表以及函数体。函数体中直接使用类的数据成员，不再声明。使用其他的变量需要声明。在类的定义中定义的成员函数是**内联函数**。不加 inline 说明的称为隐式的内联函数;也可以在返回类型前加上 inline 说明,加上 inline 的称为显式内联函数。

在类中可以只有成员函数的声明语句(例如上例中的 Run()函数);而在类定义之外,即类体之外定义类的成员函数,这时就要说明这个函数是属于哪个类的。在类外定义成员函数的格式如下:

```
<返回类型><类名>::<函数名>(<形参列表>)
{
    <函数体>
}
```

与一般函数的定义不同的是在函数名前面加上了一个类的名称和双冒号,说明这个函数是哪个类的成员函数。

例如,例 7-1 中的 Run()成员函数在类外的定义如下:

```
void CLOCK::Run()                                  //运行
{
    int i=0;
    for(i=0;i<10;i++)                              //只模拟 10 秒钟
    {
        Second++;                                  //加 1 秒
        if(Second==60)                             //60 秒需要进位
        {
            Second=0;
            Minute++;                              //加 1 分
            if(Minute==60)                         //60 分需要进位
            {
                Minute=0;
                Hour++;                            //时加 1
                if (Hour==24)                      //到 24 时,置为 0 点
                {Hour=0;}
            }
        }
        cout<<'\r';
        Sleep(1000);//每隔一秒显示秒数加 1,然后显示一次时间
        Show();
    }
}
```

由于本例是一个模拟程序,只模拟时钟运行 10 秒钟的情况。每隔一秒,时钟的秒值加 1;加到 60 时,秒等于 0,分加 1;分加到 60 时,分置 0,时加 1;时加到 24 时置 0。'\r'是回车符,使显示位置回到屏幕左边(不换行)。大家也可以试试不加这行的效果。Seep()是一个系统函数,其中的 1000 表示 1000 毫秒,即 1 秒钟,也就是程序暂停运行 1 秒钟后再

继续执行，需要包含头文件 windows. h(在 Windows 下使用)。

7.1.2 类的使用

类是一类对象的描述。C++ 中实际是定义了一种新的数据类型，由于它是对一类事物的抽象，称为抽象数据类型。像 int 是整数这一类数一样，要表示一个具体的数，就要定义一个整型变量。同样，要表示一个具体的对象，可以用类定义一个对象。对象用来表示一类事物的一个具体个体，它具有同类事物的共同特征和功能。

1. 对象的声明

C++ 中，定义了类之后，要表示一个具体的个体，使用下列格式：

```
<类名>  <对象名列表>;
```

其中＜类名＞是已定义的类的名称；＜对象名列表＞是用来表示类中一个个体的标识符，多个对象之间用逗号隔开。例如：

```
CLOCK c1,c2,alarm,watch;
```

这实际上与变量的声明是一样的。

2. 成员的使用

定义了对象，对象名就表示一个具体的对象，可以使用点运算符“.”使用其数据成员和成员函数。如果是数据成员，则使用格式为：

```
<对象名>.<数据成员>
```

如果是成员函数，则格式是：

```
<对象名>.成员函数名(<实参列表>)
```

其中＜实参列表＞的参数个数、参数类型、参数顺序与形参对应。

不过，能这样使用的成员只有访问权限是 public 的成员才可以，而 private 成员、protected 成员只能被它自己的成员函数使用。对于例 7-1 的类 CLOCK，定义的对象 c1,c2，

```
c1.Set(0,0,0);                    //将时间设置到 0 点 0 分 0 秒
c1.Run();                         //开始计时
c1.Show();                        //显示当前时间
```

是正确的，而

```
c1.Hour=0;                        //设置时为 0
c1.Minute=0;                      //设置分为 0
c1.Second=0;                      //设置秒为 0
```

是不正确的，因为这三个数据成员是私有数据成员(private)。

【例 7-2】 使用例 7-1 定义的 CLOCK 类显示时钟。

解：设已经定义了类 CLOCK，那么要显示时钟，只要使用类声明一个对象，然后调用其成员函数完成钟表的功能。程序如下：

```
#include<iostream>
#include<windows.h>                                    //包含 Sleep 函数
using namespace std;
...//此处添加例 7-1 类 CLOCK 定义的代码
...//此处添加 7.1.1 节 CLOCK 成员函数 Run 定义的代码

void main()                                            //主函数
{
    CLOCK c1;                                          //声明 CLOCK 对象
    c1.Set (0,0,0);                                    //调用成员函数，设置时间
    c1.Show ();                                        //调用成员函数，显示时间
    c1.Run();                                          //调用成员函数，走时
    c1.Set (1,1,30);                                   //调用成员函数，设置另一个时间点
    c1.Run();                                          //调用成员函数，走时
    cout<<endl;                                        //换行
    c1.Show();                                         //调用成员函数，显示时间
}
```

【运行结果】

```
1:1:40
1:1:40
```

其中第一行实际从 0：0：0 开始，秒从 0、1、2 增加到 10，然后又从 1：1：30 开始，从 30、31、32……增加到 40；第 2 行的 1：1：40 是程序的最后一个 Show()显示出来的。

关于对象的使用，有以下规则：

(1) 通过点运算符，只能访问类的公有成员(public)，可以是数据成员或成员函数。

(2) 对象一般不能整体输入，不能整体输出。也就是说，若 c1 是对象，那么

```
cin>>c1;
cout<<c1;
```

一般是不正确的。说“一般不正确”，是因为学了类的多态性的运算符重载后，可以重新规定“＞＞”和“＜＜”运算符的功能而使上式可以使用。

(3) 同类对象可以用赋值运算符整体赋值(这和结构体是一样的)。例如 c1、c2 是 CLOCK 类的对象，则

```
c1=c2;
```

是正确的。

(4) 可以定义对象数组、某个类类型的指针，可以进行值传递、指针传递、引用传递的函数调用，函数也可以返回对象，只要把原＜数据类型＞的地方，改为某个类的类名即可。

3. 对象的存储

使用类创建(声明)对象时,系统会为每一个对象分配一块存储空间。由于每个对象的功能相同,即它们的代码相同,所以系统用一段公共的空间存放类的代码供每个对象使用,通过每个对象调用成员函数时,都使用的是这个公共区域中的代码。而每个对象的属性值不同,所以系统只为对象分配存储数据成员所需的空间。对象所占的存储空间可以使用 sizeof()运算符获得。例如,设 c1 是 CLOCK 类的对象,则:

```
sizeof(c1);
sizeof(CLOCK);
```

都能获得类 CLOCK 的对象占用的存储空间为 16,单位为字节(Byte)。

7.2 面向对象的方法简介

面向对象的程序设计之前,程序员使用面向过程的程序设计方法。面向过程的程序设计采用变量、数组、结构体描述事物(对象)的属性,而用函数来对这些数据进行计算,改变事物的状态。但函数和它所操作的数据(对象的属性)是分开的,也就是说,它们之间没有表现出内在联系。函数并不反映数据所代表的对象的功能,函数仅是对数据的加工。如果提供的数据不符合函数的参数要求,函数就不能顺利加工;如果改变了函数,可能原来能加工的数据就不再能够加工了。这都给软件维护带来了困难。

7.2.1 对象和面向对象

软件开发人员重新认识世界。世界是由对象组成的,每个对象不仅有属性,还有其功能。通过对象的功能,可以改变自身或其他对象的状态,使世界变得丰富多彩。可见,对象是组成一个系统的基本逻辑单元,是一个有组织形式的含有信息的实体。用面向对象的方法设计软件系统时,首先要确定该系统是由哪些对象组成的,然后再设计并实现这些对象。每个对象有各自的属性和方法,对象之间可以相互作用。整个软件是由一系列相互作用的对象组成的。识别和描述对象是面向对象程序设计的出发点。对象、类、封装、继承、多态性和消息机制是面向对象技术的基本特征。

1. 对象(object)

面向对象的方法中,对象是系统中描述客观事物的实体,是构成系统的基本单位。每个对象由一组属性(数据成员)和一组方法(成员函数)构成。属性用来描述对象的静态特征,方法用来描述对象的行为、功能和服务,是对象的动态属性。属性常常用变量、数组和对象描述,方法实际是若干段程序。

2. 类(class)

把众多的事物归纳、划分为若干类别是人们认识世界时经常采用的思维方法。如将张三、李四、大人、小孩、中国人、美国人概括为“人”，将集中学习阶段的人概括为“学生”。将事物的共性归纳和集中的过程就是抽象(abstraction)。面向对象方法中，将具有相同属性和方法的一组对象抽象为“类”。用类描述一类对象的公共特征和行为。属于某类的一个具体对象称为该类的一个实例(instance)。

3. 封装(encapsulation)

照相机将快门机构、成像机构、存储装置、焦距调节机构等部分安装在一个外壳中，就是封装。封装使得人们不必关心内部细节，只需通过一些接口就能使用对象的功能，也使得对象的内部部件更加安全。将内部细节隐藏起来的方法称为信息隐藏(information hiding)。

在面向对象的方法中，封装一方面将属性和行为结合在一起，形成一个有机的整体，对象之间相对独立，互不干扰；另一方面对外屏蔽某些细节(私有成员)，只允许通过对外接口(公有数据成员和公有成员函数)进行操作。

封装使类具有较好的独立性，使用方便，可以防止外部程序破坏内部数据，从而使得程序的修改、维护比较容易。

4. 派生(derivation)和继承(inheritance)

每个人都有姓名、性别、年龄等属性。学生还有学校、专业、年级、学号、成绩等特征。如果已经用类描述了“人”，那么再描述“学生”类时，则只需要在“人”这一类的基础上添加“学生”的特殊属性。这种从已有的类产生新类的过程称为**派生**。新产生的类保留原有类的属性和行为的特性称为**继承**。

继承性可以简化人们对问题的认识和描述，有效利用已有的程序，这就是软件的重用(reuse)。软件的重用，不仅可以提高编程效率，还可以减少错误，提高软件质量。好的程序是重用率高的程序，是重复代码少的程序。

5. 消息

消息是向对象发出的服务请求。封装使得对象对外屏蔽一些细节，而消息提供使用对象的服务的方式。当对象A需要使用对象B的服务时，就向对象B发送一条规定好的消息给对象B的接口，B接收到消息后执行相应的程序进行处理，并返回结果。接受、处理和返回结果的过程称为响应(echo)。函数的调用就是消息传递的一个例子。

6. 多态性

多态性指同一个消息被不同的对象接收时会产生不同的结果。例如，两个量相加，对于实数就是数量上的加，对于复数是实部、虚部分别相加，对于字符串是顺序相连。面向对象使用这种方法，实现“统一接口”，这与人们日常的理解和数学上的运算一致，使对象更易使用。

7.2.2 面向对象方法

面向对象是一种思想方法。客观世界是由各种实体构成的，实体之间存在相互联系。

面向对象的方法尽可能模拟人类习惯的思维方式，使软件开发的方法与过程也尽可能接近人类认识世界、解决问题的方法与过程。在软件开发中，面向对象的思想扩展到系统的分析、设计、测试和维护等阶段。面向对象的分析、面向对象的设计、面向对象的编程、面向对象的测试和面向对象的维护统称为**面向对象的方法**。

1. 面向对象的分析

需求分析从问题入手，建立系统真实情况的模型，主要了解“做什么”而不关心“怎样做”。面向对象的分析直接将问题域中的客观事物抽象为模型中的对象，并保留事物及它们之间联系的原貌，客观地反映现实世界。

2. 面向对象的设计

设计把分析阶段得到的需求转换成符合要求的目标系统的实现方案。面向对象的设计是一个逐渐扩充模型的过程。许多分析结果可以直接映射成设计结果，在设计过程中进一步对事物进行抽象，并加深和补充对需求的理解。面向对象方法在概念和表示方法上的一致性，保证了各项开发活动之间的平滑过渡。

3. 面向对象的编程

面向对象的编程把面向对象设计的结果翻译成用某种程序设计语言书写的面向对象的程序。在使用面向对象的方法，相同的类可以支持一个阶段到另一个阶段，无需改变表示方法。

4. 面向对象的测试

测试是为发现软件中的问题而运行软件的过程。面向对象的测试是从测试类中的每个方法，到测试同类内属性和各方法之间的关系，再到对象之间的相互服务请求，再到各个子系统之间的关系。复杂对象由简单对象组成，测试是基于对象的测试。

5. 面向对象的维护

即使经过“严格”的测试，软件中仍会存在错误或需要补充新的功能。在软件的使用过程中，需要不断地修改补充。使用面向对象的方法，软件的维护就是对象或类的维护，程序中的对象与问题域中的对象是一致的，无论哪个阶段发现问题，都能容易地追溯到另一个阶段。由于对象的封装性，一个对象的修改对其他对象的修改会影响很少。面向对象的方法可以提高维护效率。

使用面向对象的方法开发软件，时间短、效率高、可靠性高、易维护。

7.3 构造函数和析构函数

定义变量时，可以同时对变量初始化；定义结构体变量时，也可以对结构体变量初始化。例如：

```
int a=0;                                            //初始化变量 a
struct Date today={2013,3,19};          //初始化 Date 的三个整型成员 year、month 和 day
```

而对于例 7-1 中定义的 CLOCK 类，下列语句却不行：

```
CLOCK alarm={10,53,00};
CLOCK alarm(10,53,00);
```

还有，如果在一个函数中动态申请了一块存储区域，当使用完毕后，应该使用 delete 语句释放空间。如果类的数据成员是一个指针，指向使用某个成员函数动态申请的存储空间，那么这个空间该何时释放呢？放在哪个成员函数之中呢？C++ 中，关于类的定义提供构造函数和析构函数，可以解决上述两个问题。

7.3.1 构造函数

构造函数是一个与类同名的特殊成员函数。当声明类的对象时，构造函数被自动调用，所以构造函数常用于对象的初始化。

1. 构造函数的定义

构造函数的语法格式为：

```
class  <类名>
{
    ...
public:
    <类名>();                                //默认构造函数
    <类名>(<类名>&c);                        //拷贝构造函数
    <类名>(<形参列表>);                      //其他构造函数
};
```

以上格式说明构造函数可以重载，即可以有多个构造函数，函数名都与类名相同。其中没有参数的构造函数称为**默认构造函数**；有一个参数，且参数的类型是同类的引用，这个构造函数称为**拷贝构造函数**(copy constructor)，也称复制构造函数；有一个或多个其他参数的构造函数是普通的**带参数的构造函数**。以上三类构造函数可以都没有，可以有一种或多种，普通构造函数还可以有多个。构造函数的定义可以在类的定义之中进行，也可以在类外定义，方法与其他成员函数相同，只是函数名与类名相同；且构造函数没有返回类型，不返回值，也不写“void”。因为构造函数是被自动调用的，没有上一级程序接收它的返回值，所以，返回值对构造函数没有意义。

【例 7-3】 为 CLOCK 类创建默认构造函数、拷贝构造函数和一个带三个参数的构造函数。

解： 默认构造函数没有参数，拷贝构造函数有一个同类引用作为参数。CLOCK 类关于构造函数的部分如下：

```
class CLOCK
```

```
    {
        ...                                                    //数据成员
        CLOCK(){hour=0;minute=0;second=0;};                  //默认构造函数,类内定义
        CLOCK(CLOCK &c)                                        //拷贝构造函数,类内定义
        {
            hour=c.hour;                                       //为本类的数据成员赋值
            minute=c.minute;
            second=c.second;
        }
        CLOCK(int h,int m,int s);                              //有三个参数的构造函数,在类内声明
        ...                                                    //其他成员函数的定义或声明
    };
    CLOCK::CLOCK(int h,int m,int s)                            //在类外定义构造函数
    {
        hour=h;minute=m;second=s;                              //为本类的数据成员赋值
    }
```

2. 构造函数的使用

构造函数在声明对象时自动调用,不能通过＜对象名＞.＜成员函数＞(实参)的方式调用。

当声明的对象仅有对象名称时,系统自动调用默认构造函数。

当声明的对象后加一对圆括号,圆括号中是另一个对象名时,调用拷贝构造函数。

当声明的对象后加一对圆括号,圆括号中提供若干实参时,根据函数重载的调用规则,调用相应的带参数的构造函数。

【例 7-4】 构造函数的定义如例 7-3,声明 CLOCK 的不同对象,使每个构造函数至少被使用一次。

解:在 main 函数中声明 CLOCK 类的对象,根据构造函数的调用规则提供参数,系统会自动调用相应的构造函数。声明对象的语句如下:

```
CLOCK  c1(12,21,10);                //提供三个参数,调用带三个参数的构造函数
CLOCK  c2(c1);                      //提供一个同类对象作参数,调用拷贝构造函数
CLOCK  c3;                          //没有任何参数,也没有圆括号,调用默认构造函数
```

【程序分析】 上述语句执行后,c1 的时间为 12 点 21 分 10 秒;c2 的数据成员和 c1 的数据成员具有相同的值;c3 数据成员均为 0(默认构造函数中的赋值语句的结果)。

3. 构造函数的其他说明

(1) 虽然默认构造函数没有任何参数,但却应该给出它的函数体,即使函数体中没有任何语句。当一个类没有程序员定义的任何构造函数时,系统会为其建立一个默认构造函数,函数体为空。一旦程序员定义了构造函数,系统就不再为其建立默认构造函数。

(2) 拷贝构造函数的参数是同类对象的引用,用于从已有的对象创建新的对象,已有

对象和新对象占用不同的存储空间。若类中没有拷贝构造函数，系统也为其创建一个拷贝构造函数，直接用实参对象初始化新声明的对象。类的数据成员含有指针成员时，系统自动创建的拷贝构造函数不能对其进行复制，这时需要程序员自己定义拷贝构造函数完成指针成员的初始化。

(3) 带参数的构造函数用具体的数值初始化对象。对参数的个数没有限制，参数可以带有默认值。带参数的构造函数可以重载，系统根据声明对象时提供的参数的个数和类型调用相应的构造函数。

7.3.2 析构函数

析构函数(destructor)也是一个特殊的成员函数，函数名为～<类名>。它没有参数，没有类型，也不写 void，没有返回值，不能重载。该函数在对象被撤销时自动执行，常用来在对象被撤销前做最后的善后处理工作。比如，释放由 new 动态申请的存储空间。

1. 析构函数的格式

声明析构函数的方法是：

```
class <类名>                                    //定义类
{
...                                             //其他成员
public:
    ~<类名>();                                  //析构函数
};
```

析构函数可以在类内定义，也可以在类外定义。如果类中没有声明析构函数，编译器自动声明一个默认的析构函数，函数体为空。

2. 析构函数的调用时机

析构函数在对象被撤销时自动执行。除用 delete 撤销动态申请的对象外，局部变量的撤销(函数结束时)，程序运行的结束都会撤销对象，这时也会自动执行析构函数。每撤销一个对象，析构函数都会执行一次。

【例 7-5】 定义一个 N 维空间点类，空间的维数 N 在声明对象时通过构造函数确定，存储空间动态获得，默认新点的分量均为 0，也可以通过构造函数以数组为参数初始化点坐标。点类有三个成员函数分别用于设置各分量坐标(参数为数组)，计算与另一个点的欧氏距离和显示点的各分量。在析构函数中释放空间点的存储空间。

在主函数中声明同一空间中的两个点，使用其中一个初始化另一个。调用成员函数计算它们之间的距离，修改一个点的分量值，再次计算两点之间的距离，显示两个点的各分量值。

【问题分析】 点的维数应该是点的一个数据成员。而点的各分量，本可以用数组表示，但由于定义类时点的维数都是不确定的，所以无法确定数组的大小，最好使用动态数组，这样只需要声明一个指针。初始化对象时，维数一旦确定，就可以动态申请一块空间存储各分量。

构造函数至少需要两个，一个只给定维数，一个还需要给出分量值。需要一个析构函数，使用 delete 释放动态申请的存储空间。

设置点的分量值的成员函数除数组作为参数外，最好有一个表示数组元素个数的参数。如果元素个数大于点空间的维数，则取用部分元素；如果小于点空间的维数，则后面的分量设置为 0。

设空间点的维数为 n，则距离的计算公式为：

$$||x-y||=\sqrt{\sum_{i=1}^{n}(x_i-y_i)^2}$$

【算法描述】 设 N 维空间的点类为 Npoint。

① 定义类

数据成员有：维数 dimension 和指向存储空间的指针 data，它们为私有成员。

成员函数有：

构造函数 Npoint(int N)，设定空间维数，申请存储空间，赋值分量坐标为 0；

构造函数 Npoint(int N,double A[],int M)，设定空间维数，申请存储空间，使用数组 A 初始化点的分量坐标，N 为向量维数，M 为数组 A 的元素个数；

成员函数 void Set(double A[],int M)，使用数组 A 设置点的分量坐标；

成员函数 double distance(Npoint y)，计算与点 y 之间的欧氏距离；

成员函数 void show()，显示点的分量坐标；

析构函数～Npoint()，释放存储空间。

② 在主函数中，定义一个数组并赋初始值，使用该数组初始化一个 Npoint 的对象。使用刚才的 Npoint 对象初始化另一个新对象，显示两个点，计算两个点之间的距离。改变一个点的分量，再显示两个点，再计算两个点的距离。

【源程序】

```
//example7-5//
#include<iostream>
#include<cmath>
using namespace std;
class Npoint                                    //N 维空间中的点类
{
private:
    int dimension;                              //维数
    double * data;                              //指向分量的指针
public:
    Npoint(int N);                              //构造函数，用维数初始化
    Npoint(Npoint &y);                          //构造函数，用另一个点初始化，拷贝构造函数
    Npoint(int N, double A[],int M);            //构造函数，用维数和数组初始化
    void set(double A[],int M);                 //设置点的坐标
    double distance(Npoint y);                  //计算两个点之间的距离
    void show();                                //显示点的坐标
```

```
    ~Npoint(){                              //析构函数
        cout<<"This is the destructor function\n";
        cout<<"Point \n";
        show();
        delete []data;
    }                                       //析构函数,释放空间
};
//构造函数,用维数初始化
Npoint::Npoint(int N)
{
    int i;
    double * p;
    dimension=N;
    data=new double[N];
    p=data;
    for(i=0;i<N;i++)
    {
        * p=0;
        p++;
    }
}

//构造函数,用另一个点初始化,拷贝构造函数
Npoint:: Npoint(Npoint &y)
{
    int i;
    double * p, * q;
    dimension=y.dimension ;
    data=new double[dimension];
    p=data;
    q=y.data ;
    for(i=0;i<dimension;i++)
    {
        * p= * q;
        p++;  q++;
    }
}

//构造函数,用维数和数组初始化
Npoint::Npoint(int N, double A[],int M)
{
    dimension=N;
    data=new double[N];
    set(A,M);
```

```
}
//设置点的坐标
void Npoint::set(double A[],int M)
{
int i;
double * p;
p=data;
if (M<dimension)
{
    for(i=0;i<M;i++)
    {
        * p=A[i];
        p++;
    }
    for(i=M;i<dimension;i++)
    {
        * p=0;
        p++;
    }
}
else
{
    for(i=0;i<dimension;i++)
    {
        * p=A[i];
        p++;
    }

}


}
//计算两个点之间的距离
double Npoint::distance(Npoint y)
{
int i=0;
double d=0;
double * p, * q;
p=data;
q=y.data ;
for(i=0;i<dimension;i++)
{
    d=d+((* p)-(* q)) * ((* p)-(* q));
    p++;
    q++;
```

```
}
return sqrt(d);

}
//显示点的坐标
void Npoint::show()
{
int i=0;
double * p;
p=data;
for(i=0;i<dimension;i++)
{
    cout<<(* p)<<" ";
    p++;
}
cout<<endl;
}
//main  function
int main()
{
const int N=5;
double A[5]={1,4,2,6,3};                    //三个数组
double B[N-1]={2,3,6,2};
double C[N+1]={3,7,6,8,9,5};
Npoint p1(N,A,N);                           //定义点对象,用不同的方式初始化
Npoint p2(p1);
Npoint p3(N);
cout<<"These three points are:\n";
p1.show ();                                 //显示三个点
p2.show ();
p3.show ();
cout<<"distance:\n";
cout<<"distance p1-p2 "<<p1.distance (p2)<<endl;
cout<<"distance p1-p3 "<<p1.distance (p3)<<endl;

p2.set(B,N-1);
p3.set(C,N+2);
cout<<"Show points after changing\n";
p1.show ();
p2.show ();
p3.show ();
cout<<"distance:\n";
cout<<"distance p1-p2 "<<p1.distance (p2)<<endl;
cout<<"distance p1-p3 "<<p1.distance (p3)<<endl;
```

```
return 0;
}
```

【运行结果】

```
These three points are:
1 4 2 6 3
1 4 2 6 3
0 0 0 0 0
distance:
This is the destructor function
Point
1 4 2 6 3
distance p1-p2 0
This is the destructor function
Point
0 0 0 0 0
distance p1-p3 8.12404
Show points after changing
1 4 2 6 3
2 3 6 2 0
3 7 6 8 9
distance:
This is the destructor function
Point
2 3 6 2 0
distance p1-p2 6.55744
This is the destructor function
Point
3 7 6 8 9
distance p1-p3 8.30662
This is the destructor function
Point
3 7 6 8 9
This is the destructor function
Point
2 3 6 2 0
This is the destructor function
Point
1 4 2 6 3
```

【程序分析】 从运行结果看到,一是在显示距离之前调用了析构函数。这是因为计算距离的函数需要一个点对象作为参数,这是值传递。在成员函数中创建形参对象,成员函数执行完毕,该对象撤销,这时执行了析构函数。计算两个距离,析构了两次。另一处调用析构函数是程序结束之前,要撤销所有对象,这时调用了析构函数;而且也可以看出,析构的顺序就是定义对象的相反顺序,即后定义的先撤销。

7.3.3 类的组合

一个复杂的事物是由一些简单的事物组成的。例如计算机是由主板、CPU、内存条、硬盘、机箱、键盘、鼠标、显示器等部分组成的,而且是分级的。如硬盘又由盘片、驱动机构、读写装置、控制机构等部分组成等。在信息处理中描述一种事物时,也可以用这种层次结构进行描述,即一个类中可以有其他类的对象。这就是类的组合。

1. 类的组合概念

类的组合指的是一个类中有其他类的对象作为成员的情况,其他类的对象统称为**内嵌对象**。例如:

```
class Point{                        //点类,用两个坐标描述
  private:
    double x,y;
 public:
    void show();
};
Class Rectangle                     //矩形类,用两个点描述
{
private:
    Point lefttop;                  //包含类 Point 的对象,类的组合
 public:
    Point rightbottom;              //有意将其声明为公有成员,为后面举例
 public:
    void show();
};
```

其实 Point 类的描述就是类的组合了。它是两个整型变量的组合,而 Rectangle 是两个点的组合。使用类的组合,**作为成员的类应该在该类之前定义**。

2. 组合类的使用

组合类的成员的访问也是通过点运算符“.”,或箭头运算符“->”,不过,可以有多级。例如,有上面的 Point 和 Rectangle 类:

```
Rectangle left,right, * q;          //声明 Rectangle 对象和指针
q=&right;                           //指针 q 指向 right 对象
left.show();                        //通过点运算符"."访问 Rectangle 的公有成员
left.rightbottom.show();            //通过"."访问 Rectangle 的公有成员(对象)的公有成员
q->rightbottom.show();              //通过指针访问 Rectangle 的公有成员(对象)的公有成员
```

注意,上面的例子中,rightbottom 是 Rectangle 的公有成员,所以才可以访问。而注意到,上面 Rectangle 类的定义故意将 lefttop 设置成私有成员,所以,lefttop 就不能被访问。

3. 内嵌对象的初始化

数据成员的赋值一般通过成员函数和构造函数。如果一个类只有带参数的构造函数,那么在创建对象时,就必须提供参数通过该构造函数初始化对象。如果作为内嵌对象,声明时仍然不能初始化。如,类 Rectangle 的定义中 Point lefttop 写为:

```
Point lefttop(10,5);
```

是不正确的。那么它们何时被初始化呢。

当一个组合类的对象被创建时,内嵌对象也被创建,这时就要初始化内嵌对象,所以,应该在组合类的构造函数中初始化内嵌对象。格式如下:

```
<类名>::<类名>(形参表 0):内嵌对象 1(形参表 1),内嵌对象 2(形参表 2),…
{
    <类的初始化>
}
```

对于这个定义,需要如下说明:

(1) 内嵌对象 1(形参表 1),内嵌对象 2(形参表 2)……称作**初始化列表**,其作用是对内嵌对象进行初始化,执行效率要比赋值语句高。

(2) 对于基本类型的成员变量也可以采用这样的初始化方式。例如:

```
Point::Point(int a,int b):x(a),y(b) {}
```

(3) 构造函数的调用顺序是:先调用内嵌对象的构造函数,再执行本类的构造函数。

(4) 如果定义组合类对象时没有指定对象的初始值,将调用默认形式的构造函数。

(5) 析构函数的调用执行顺序与构造函数相反。

【例 7-6】 定义一个平面点类,数据成员为 x,y 坐标,整型,私有;成员函数有带两个整型参数的构造函数和显示坐标的函数。再定义一个矩形类,数据成员是两个平面点类的对象;成员函数有带参数的构造函数以初始化内嵌对象,还有一个显示两个点坐标的函数。

在两个类的构造函数中各显示一句话和成员的值(如果可以的话),以观察构造函数的执行顺序。

在主函数中声明两个 Rectangle 的对象,并初始化它们,调用对象的成员函数显示矩形两个点的坐标。

【源程序】

```
//组合类的初始化
#include<iostream>
using namespace std;
//Point 类
class Point {                              //-------点类,用两个坐标描述-------
private:
    int x,y;
```

```
public:
    Point(int a,int b){                 //----构造函数,带两个整型参数----
        x=a;
        y=b;
        cout<<"Point 构造函数 1("<<x<<","<<y<<")"<<endl;
    };
    Point(Point &A){                    //----拷贝构造函数----
        x=A.x;
        y=A.y;
        cout<<"Point 构造函数 2("<<x<<","<<y<<")"<<endl;
    }
    void show(){                        //----显示点坐标----
        cout<<"Point ("<<x<<","<<y<<")"<<endl;
    };
};
//Rectangle 类
class Rectangle                         //-------矩形类,用两个点描述-------
{
private:
    Point lefttop;                      //包含类 Point 的对象,类的组合
    Point rightbottom;
public:
    //-------构造函数,使用 4 个整数初始化-------
    Rectangle(int x1,int y1,int x2,int y2): rightbottom(x2,y2),lefttop(x1,y1)
    {
        cout<<"Rectangle 构造函数 1"<<endl;
    };
    //-------构造函数,使用 Point 对象初始化-------
    Rectangle(Point A,Point B): rightbottom(B),lefttop(A)
    {
        cout<<"Rectangle 构造函数 2"<<endl;
    };
    //----显示矩形的两个坐标点----
    void show(){
        cout<<"Rectangle\n";
        lefttop.show();
        rightbottom.show();
    }
};

//-----------------main  function--------------
int main()
{
    int x1=1,y1=2,x2=3,y2=4;                 //声明 4 个整型量并赋值
```

```
    Point A(11,12),B(13,14);                              //声明两个点对象并初始化
    Rectangle left(x1,y1,x2,y2),right(A,B);       //声明两个矩形对象,用不同的方式初始化

    cout<<"------Rectangle left--------\n";
    left.show();                                          //显示 left 矩形的点
    cout<<"------Rectangle right--------\n";
    right.show();                                         //显示 right 矩形的点

    return 0;
}
```

【运行结果】

```
Point 构造函数 1(11,12)
Point 构造函数 1(13,14)
Point 构造函数 1(1,2)
Point 构造函数 1(3,4)
Rectangle 构造函数 1
Point 构造函数 2(13,14)
Point 构造函数 2(11,12)
Point 构造函数 2(11,12)
Point 构造函数 2(13,14)
Rectangle 构造函数 2
------Rectangle left--------
Rectangle
Point (1,2)
Point (3,4)
------Rectangle right--------
Rectangle
Point (11,12)
Point (13,14)
```

【程序分析】 main 函数中,先声明了 4 个整型变量,它们不产生输出。然后声明了两个 Point 对象 A 和 B,它们调用 Point 的构造函数,得到结果的前两行。再声明 Rectangle 类的对象 left 和 right,它们调用构造函数。先是 left 构造,是 3、4、5 行,而且是先内嵌对象的构造,再组合类 Rectangle 的构造,内嵌对象的构造顺序是对象的声明顺序,不是构造函数中的顺序;然后是 right 的构造,由于参数是 Point,它调用的均是 Point 和 Rectangle 的第 2 个构造函数,由于 Rectangle 的构造函数是值传递,要创建局部对象,这是结果的第 6、7 行,顺序与形参的声明顺序相反;8、9 行才是内嵌对象的构造,第 10 行是 right 的构造。后面是 show()的结果。

【问题扩展】 常见的类的基本练习还有圆类、椭圆类、立方体类等几何形状类,还有虚数类、分数类,还可以是多项式类、矩阵类、方程类,等等。

7.4 对象与指针

对象占用内存空间，具有地址，可以声明指向对象的指针。指针也可以指向类的成员函数。

7.4.1 指向对象的指针

对象的地址也使用取地址运算符“&”获得。指向对象的指针存放了对象存储空间的起始地址。

1. 指向对象的指针的定义

其定义方法与指向基本类型变量的指针类似。形式为：

```
<类名>  *<对象指针名>;
```

例如，例 7-5 中的 Npoint 类：

```
Npoint start,end;                    //定义对象
Npoint *p=&start,*q;                 //定义指向对象的指针 p,q,初始化 p
q=&end;                              //为指针变量 q 赋值
```

其中 p,q 是指向 Npoint 类的对象的指针变量，它们分别指向对象 start 和 end。

2. 指向对象的指针的使用

通过指向对象的指针，可以访问对象的成员，使用箭头运算符“－＞”。格式如下：

```
<指针>-><成员名>
```

例如：

```
p->show();                           //通过指针访问公有成员
p->set (B,N-1);                      //B 为数组,N-1 为其元素个数
```

通过指针也只能访问类的公有成员。凡是用“＜对象＞.”访问的成员都可以改为“＜指针＞－＞”访问。

“*”运算符可以出现在对象的指针变量前面，表示对象本身。例如 p 指向对象 start，*p 就表示 start，下列语句是等价的：

```
start.show();
(*p).show();
```

使用 new 运算符也可以动态地建立对象和对象数组。例如：

```
Npoint  *p=new Npoint;               //动态建立对象
Npoint  *q=new Npoint[20];           //动态建立对象数组
```

释放对象也用 delete，例如：

```
delete p;                                    //释放动态对象
delete []q;                                  //释放动态数组
```

7.4.2 指向对象成员的指针

对象中的成员也有地址,也可以声明指向对象成员的指针变量,指向对象中的公有数据成员或成员函数。

1. 指向数据成员的指针

指向数据成员的指针,就是与成员相同类型的指针,可以是 int,double,char 或结构体、类类型。若有日期类:

```
class Date                                   //日期类
{
public:
  int year,month,day;                        //公有数据成员,年、月、日
  void add(int n);                           //日期加 n 天
  void show(){cout<<year<<" "<<month<<" "<<day<<endl;}
};
```

可进行如下操作:

```
Date today,tomorrow;                         //声明对象
Date * r=&tomorrow;                          //声明指向对象的指针,并初始化
int * p, * q;                                //声明整型指针
p=&today.day;                                //指针指向类的数据成员
q=&(r->day);                                 //q通过指向对象的指针指向数据成员
 * p=26;                                     //通过指针为数据成员赋值
 * q=27;
today.show ();
tomorrow.show ();
```

2. 指向对象成员函数的指针

指向对象成员函数的指针变量的声明方法与指向普通函数的指针有所差异,必须要指明函数所属的类。格式如下:

(1) 声明指针变量

```
<数据类型>  (<类名>::*<指针变量名>)(<参数表>);
```

例如:

```
void (Date:: * funa)(int N);                 //格式是 add那样的函数的指针
void (Date:: * funb)();                      //格式是 show那样的函数的指针
```

最大的不同是指针变量前加上类名及作用域运算符“::”。

(2) 为函数指针赋值

格式为：

```
<指针变量名>=<类名>::<成员函数名>;
```

例如：

```
funb=Date::show;                          //指向 show,也要指明类
funa=Date::add;                           //指向 add,要指明类
```

(3) 使用指向成员函数的指针

```
(<对象名>.*<指针变量名>)(实参列表)
```

例如：

```
(today.*funa)(5);                         //通过指向成员函数的指针访问成员函数 add
(today.*funb)();                          // 通过指向成员函数的指针访问成员函数 show
```

与指向普通函数的指针的使用不同的是还需要写上对象名、点(.)和星号(*)。

7.4.3　this 指针

对象的存储空间是数据成员所占的空间，成员函数的代码存储在对象的空间之外。不同的对象调用同一个函数的代码段。在每个成员函数中都有一个名字为 this 的指向本类对象的指针。this 的值是当前被调的成员函数所在对象的起始地址，通过这个地址可以访问该对象的数据成员和成员函数。在类中，写成员的地方，都可以写成 this－＞＜成员＞。

平时一般不用 this，而需要用的情景是成员函数的形参和数据成员相同时，不写 this－＞就是形参，写上 this－＞就是数据成员。例如：

```
class Time
{
private:
    int hour,minute,second;
public:
    void set(int hour,int minute,int second)          //为时分秒赋值
    {
        this->hour=hour;
        this->minute=minute;
        this->second=second;
    };
};
```

上例中，如果不用 this 指针，就分不出是哪个 hour。如果没有 this 指针，数据成员和成员函数的形参就必须使用不同的标识符。

7.5 多文件结构

前面编写的程序,类的定义、类的实现(即成员函数的定义)和类的使用在同一个源程序文件中,且类的定义在 main 函数前,以便其他函数都可以使用该类。当求解的问题比较复杂,编写的程序很长时,将所有的程序放在一个文件中浏览起来就会很烦琐。此外,规模较大的问题也需要多人合作编写程序。C++ 允许有多个源程序文件,每个源程序文件称为一个**编译单元**,可以分别单独编译。但每个编译单元需要包括所使用的类的定义。常用的做法是将类的定义写在一个扩展名为.h 的文件(称头文件)中,将类的实现(成员函数的定义)写在一个同名的.cpp 文件中,使用#include 包含头文件;将.cpp 文件作为工程文件的一部分,在类的使用文件(如 main 函数所在文件)中包含头文件。这也是模块化思想的体现。

【例 7-7】 用类表示分数,数据成员应包括分子和分母,成员函数包括构造函数、显示分数的函数和实现分数相加的函数。分数的显示形式为 a/b,其中 a 为分子,b 为分母。将类的定义、类的实现和类的使用保存在不同的文件中。

7.5.1 类的定义文件

类的定义保存在扩展名为.h 的文件中。一个文件可以包括多个类的定义,但一般只包含一个类的定义,这样使用类更具有灵活性。类的定义文件中一般只包含数据成员和成员函数的声明,不包含成员函数的定义。

例 7-7 的类的定义文件如下(设文件名为 fraction.h):

```
//分数类
class Fraction
{
private:
    int a;                                      //分子
    int b;                                      //分母

    int Fraction::divisor(int p,int q);         //求最大公约数
public:
    Fraction();                                 //无参构造函数
    Fraction(int a,int b);                      //分子、分母构造函数
    Fraction(Fraction &c);                      //拷贝构造函数

    void set(int a,int b);                      //设置分子、分母
    void show();                                //显示分数
    Fraction add(Fraction b);                   //加一个分数
};
```

在 VC6.0 中使用 File−>New−>C/C++ Head file 创建,文件名为 fraction.h(其

中.h 会自动添加)。VS2010 中使用“项目→添加新项→代码→头文件(.h)”创建。

7.5.2 类的实现文件

类的实现文件扩展名为.cpp,一般与类的定义文件同名(扩展名不同)。实现文件的内容为类的成员函数的定义,在文件开头应使用#include 包含类的定义文件.h。

例 7-7 的类的实现文件为 fraction.cpp,内容如下:

```
//类的实现(成员函数的定义)
#include<iostream>
#include "Fraction.h"
using namespace std;

Fraction::Fraction()                                    //无参构造函数
{
    a=0;
    b=1;
}

//两个整数为参数的构造函数
Fraction::    Fraction(int a,int b)
{
    set(a,b);                                           //调用成员函数
}
//拷贝构造函数
Fraction::    Fraction(Fraction &c)
{
    a=c.a;
    b=c.b;
}
//设置分子、分母
void Fraction:: set(int a,int b)
{
    this->a=a;
    this->b=b;
}
//显示分数
void Fraction::show()
{
    cout<<a<<"/"<<b;
}
//分数相加,本类对象加 u
Fraction Fraction::add(Fraction u)
{
    int tmp;
```

```
    Fraction v;

    v.a=a*u.b+b*u.a;                            //分子
    v.b=b*u.b;                                  //分母
    tmp=divisor(v.a,v.b);                       //计算分子、分母的公约数
    v.a=v.a/tmp;                                //约去公约数
    v.b=v.b/tmp;                                //约去公约数
    return v;                                   //返回结果
}
//计算公约数,私有成员
int Fraction::divisor(int p,int q)
{
    int r;
    if(p<q)
    {
        int tmp;
        tmp=p;
        p=q;
        q=tmp;
    }
    r=p%q;
    while(r!=0)
    {
        p=q;
        q=r;
        r=p%q;
    }
    return q;
}
```

在 VC6.0 中使用 File－＞New－＞ C++ Source file 创建.cpp 源文件，文件名为 fraction.cpp(其中.cpp 会自动添加)。

7.5.3 类的使用

将类的定义和实现分别保存在一个文件中。使用类时应将.cpp 文件添加到工程中，并在开头包含类的定义文件.h。

下面关于分数的加法的计算程序，使用了 7.5.1 节和 7.5.2 节编写的分数类的定义和实现文件。程序如下：

```
//类的使用
#include<iostream>
#include "fraction.h"//包含类的定义文件
using namespace std;
int main()
```

```
{
    Fraction f1(1,4),f2(5,6),f3;                    //声明类的三个对象,其中两个初始化
    int a,b,c,d;                                    //两个分数的分子和分母
    cout<<"本程序实现分数的加法,例如\n";
    f1.show();                                      //显示分数 1
    cout<<"+";                                      //显示加号
    f2.show ();                                     //显示分数 2
    f3=f1.add (f2);                                 //计算分数和
    cout<<"=";                                      //显示等号
    f3.show ();                                     //显示分数的和
    while(1){                                       //可以循环计算
        cout<<"\n 请分别输入两个分数的分子和分母,分母为 0 时退出\n";
        cin>>a>>b;                                  //输入分数 1 的分子分母
        cin>>c>>d;                                  //输入分数 2 的分子分母
        if(b==0 || d==0)                            //结束
        {
            break;
        }
        f1.set (a,b);                               //设置分数 1
        f2.set (c,d);                               //设置分数 2
        f1.show();                                  //显示分数 1
        cout<<"+";                                  //显示加号
        f2.show ();                                 //显示分数 2

        f3=f1.add (f2);                             //计算分数和

        cout<<"=";                                  //显示等号
        f3.show ();                                 //显示分数的和
    }
    return 0;
}
```

在 VC6.0 中,在当前工程中添加文件的方法是在项目管理窗口中选择“File View”(文件视图),在“Source File”文件夹上右击鼠标,选择“Add Files to Folder”。

7.5.4 编译预处理

编译预处理是指在对源程序进行编译之前,由预处理器按照编译预处理指令对源程序进行的一些加工工作。编译预处理指令以＃开头,以回车结束(末尾不加分号,不是语句),每条指令占一行,通常放在源程序的开头。如以前的＃include 和＃define 就是预处理指令。

编译预处理的作用是减轻人的劳动。

1. 宏定义

＃define 是宏定义指令。它有两种用法。

(1) 不带参数的宏定义

格式为：

```
#define <宏名> <常量串>
```

预处理时，在源文件中出现宏名的地方用对应的<常量串>替换，替换的过程称为**宏替换**或**宏展开**。例如：

```
#define PI 3.14
```

则预处理时，程序中凡是出现PI的地方，均用3.14替换。

宏替换只是字符串的替换，所以不会做任何数据类型的检查和语法检查。

(2) 带参数的宏定义

```
#define <宏名>(形参表) <表达式串>
```

例如，宏定义：

```
#define len(a,b) sqrt(a*a+b*b)
```

在程序中出现len(2,2)时被替换为sqrt(2＊2＋2＊2)，出现len(2＋3,b)时被替换为sqrt(2＋3＊2＋3＋b＊b)。注意，从第2个例子看到，替换只是机械地替换，不做参数匹配检查，不是函数，不是值调用。

因此宏定义和const常量以及函数有本质的区别，请同学们思考。

2. 文件包含

＃include是文件包含指令，将指令中指定的源程序文件嵌入到当前源程序文件的当前位置。格式为：

```
#include <文件名>
```

或

```
#include "文件名"
```

第1种格式称为标准格式，预处理器在C++安装目录的include文件夹下查找指定的文件。第2种格式，预处理器将在当前工程文件夹下查找文件。所以第1种用于系统的头文件，第2种用于自己编写的头文件和源文件。

一个被包含的头文件还可以有＃include指令，即＃include指令可以嵌套。但是一个文件只能被包含一次。例如，文件D包含头文件A和头文件B，而A、B又都包含文件C。这样在文件D中相当于C被包含了两次，就会出错(见图7-1)。解决这一问题的方法是使用条件编译指令。

3. 条件编译

一般情况下，程序编译时源程序中所有的语句会被编译。但有时希望对其中一部分内容只在满足一定条件下才进行编译，不满足时不被编译，或希望在不同条件下编译不同

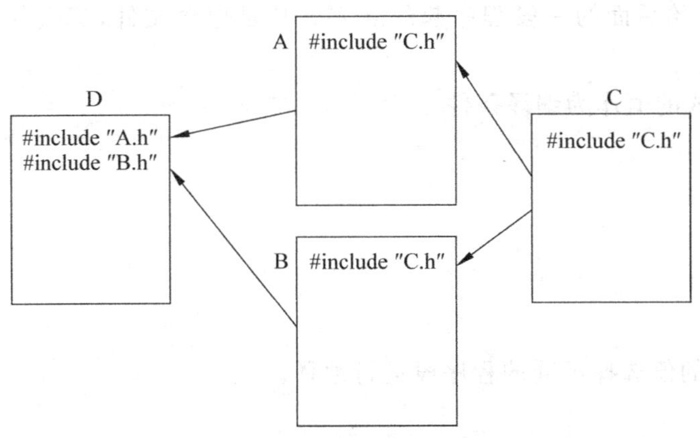

图 7-1 头文件的错误包含

的部分，即按指定的条件进行编译。这就是**“条件编译”**(conditional compile)。

条件编译的指令包括＃if、＃else、＃endif、＃ifdef、＃ifndef、＃undef 等。

条件编译有两种。一种是根据宏名是否已经定义来确定是否编译某些程序段，另一种是根据表达式的值来确定被编译的程序段。

(1) 用宏名作为编译条件

```
#ifdef  <宏名>
    程序段 1
[#else
    程序段 2 ]
#endif
```

其中方括号[]表示可以没有这部分。程序段可以是程序，也可以是编译预处理指令。作用是如果＜宏名＞存在，则编译程序段 1，否则编译程序段 2。

＃ifndef 与 ifdef 的用法一样，只是条件相反，即如果＜宏名＞不存在，则编译程序段 1。这常用来解决重复包含的问题。如在文件 A 和文件 B 中使用：

```
#ifndef  C_H
    #define C_H
    #include C.h
#endif
```

表示如果没有 C_H，就定义一个 C_H，然后包含头文件 C.h；反过来说就是，如果已经存在 C_H，就不再包含了。这就可以解决前面的重复包含的问题。其中 C_H 是宏名，可以与文件名、类名相同，也可以不同。另一种避免重复包含的方法是在 C.h 文件中，使用下列格式：

```
#ifndef  C_H
    #define C_H
    …                                              //类定义的所有内容
#endif
```

宏名,相当于给后面的一段程序起的名字。凡是包含文件,都会使用类似的预处理命令。

(2) 用表达式的值作为编译条件

```
#if  <表达式>
    程序段 1
[#else
    程序段 2 ]
#endif
```

根据<表达式>的值选择不同的程序段进行编译。

7.6 程序设计实例

本节通过几个综合例子进一步说明类的定义与使用。

7.6.1 学生信息类

【例 7-8】 实现一个名字为 StuInfo 的学生信息类,属性包括学号 Id、姓名 name、程序设计课程成绩 prog、计算机网络课程成绩 net、数据库课程成绩 db,总分 total 等,数据成员为私有。编写成员函数以设置各属性的值,分别获得各科成绩和总成绩,显示所有信息。获取各科成绩和总成绩的成员函数编写为内联函数。在主函数中声明 StuInfo 类的对象数组表示一个班级的学生信息。设班级人数不超过 50 人。在主函数中输入实际人数和每个人的信息,调用函数 sortbytotal()按总成绩排序后输出每个人的信息并显示每门课程成绩都大于或等于 85 分的学生名单。自己编写 sortbytotal()。

【问题分析】 本例设置数据成员时注意字符数组不能直接用等号赋值,内联函数只要在类的定义中直接把函数体写出来即可,设置数据成员值时可同时计算总成绩。另一个问题是排序。参数是对象数组,排序的依据是总成绩,要通过成员函数获得。交换元素是整个对象交换,而不是仅交换成绩。由于题目还要求列出各科均大于等于 85 分的学生名单,可编写成员函数或一般函数判断一个对象是否满足该条件。

【算法描述】

类的定义:

类 StuInfo 的成员有:

数据成员,均为私有:学号,字符数组;姓名,字符数组;成绩均用整数;

成员函数,均为公有:一次设置所有信息的 set(),分别获取各科成绩的 get_prog()、get_net()、get_db()、get_total(),显示信息的 show(),判断是否大于等于 85 的 Isbig()。

主函数:

① 声明对象数组,声明表示一个学生信息的数组和变量;

② 输入学生人数 N

③ 对 i=1,…,N

　　输入一个学生的信息(不包括总成绩);

设置第 i 个数组对象的数据成员；

④ 调用排序函数对对象组按总成绩从大到小排序。

⑤ 对 i=1,…,N

如果第 i 个学生的各科成绩均大于等于 85：

显示该生信息(包括总成绩)。

【源程序】

```
#include <iostream>
#include <cstring>
using namespace std;
//-----------------类的定义------------------------
class StuInfo
{
    char Id[10];                                    //学号
    char name[20];                                  //姓名
    int  prog;                                      //程序设计课程成绩
    int  net;                                       //网络课程成绩
    int  db;                                        //数据库课程成绩
    int  total;                                     //总成绩
public:
    void Set(char * id,char * name,int prog,int net,int db);    //设置数据成员
    int Get_pro(){return prog;};                    //获得程序成绩,内联
    int Get_net(){return net;};                     //获得网络成绩,内联
    int Get_db(){return db;};                       //获得数据库成绩,内联
    int Get_total(){return total;};                 //获得总成绩,内联
    void sortbytotal(StuInfo stu[],int N);          //排序
    bool Isbig(int K);                              //各科是否都大于 K
    void Show();                                    //显示信息

};
//---------------成员函数的定义---------------------
//设置数据成员
void StuInfo::Set(char * id,char * name,int prog,int net,int db)
{
    strcpy(this->Id,id);                            //字符串"赋值"
    strcpy(this->name,name);                        //字符串赋值
    this->prog=prog;                                //this 区别两个 prog
    this->net=net;
    this->db=db;
    this->total=prog+net+db;
}
//显示信息
void StuInfo::Show()
{
```

```
    cout<<Id<<"\t";
    cout<<name<<"\t";
    cout<<prog<<"\t";
    cout<<net<<"\t";
    cout<<db<<"\t";
    cout<<total<<endl;
}
//判断各科是否大于等于 K
bool StuInfo::Isbig(int K)
{
    if(prog>=K && net>=K && db>=K)
        return true;
    else
        return false;
}
//排序
void StuInfo::sortbytotal(StuInfo stu[],int N)
{
    int i,j;
    for(i=0;i<N-1;i++)
        for(j=0;j<N-1-i;j++)
        {
            if(stu[j].Get_total ()<stu[j+1].Get_total ())     //依据总成绩
            {
                StuInfo tmp;
                tmp=stu[j];                                   //交换对象
                stu[j]=stu[j+1];
                stu[j+1]=tmp;
            }

        }
}
//--------------------主函数--------------------
int main()
{
    //数据定义------------------------------
    const int MAX=50;                                         //班级容量
    StuInfo dianqi[MAX];                                      //对象数组
    int N;                                                    //实际人数
    char id[10];                                              //学号
    char name[20];                                            //姓名
    int prog;                                                 //程序成绩
    int net;                                                  //网络成绩
    int db;                                                   //数据库成绩
```

```
    int better=85;
    int i=0,j=0;                                    //循环变量
    //输入---------------------------
    cout<<"请输入学生的实际人数"<<endl;
    cin>>N;

    cout<<"请输入学生成绩的信息,包括:"<<endl;
    cout<<"学号 姓名 程序设计成绩 计算机网络成绩 数据库成绩"<<endl;
    for(i=0;i<N;i++)                                //输入每个人的信息
    {
        cin>>id>>name>>prog>>net>>db;               //输入
        dianqi[i].Set(id,name,prog,net,db);         //为对象成员赋值
    }
    //处理-----------------------------
    dianqi[0].sortbytotal(dianqi,N);                //排序
    //输出-----------------------------
    cout<<"按总分高低排名如下:"<<endl;
    cout<<"学号 姓名 程序设计 计算机网络 数据库 总分"<<endl;
    for(i=0;i<N;i++)                                //显示N个人的信息
    {
        dianqi[i].Show();
    }

    cout<<"每门课程成绩都大于85分的学生名单:"<<endl;
    cout<<"学号 姓名 程序设计 计算机网络 数据库 总分"<<endl;
    for(i=0;i<N;i++)                                //显示各科>=better的人的信息
    {
        if(dianqi[i].Isbig (better))
            dianqi[i].Show();
    }
            return 0;
}
```

【运行结果】

```
请输入学生的实际人数
5
请输入学生成绩的信息,包括:
学号  姓名 程序设计成绩 计算机网络成绩 数据库成绩
99001 张伟 100          95            90
99002 王伟 70           80            90
99003 李伟 50           60            70
99004 赵伟 70           80            75
99005 张飞 100          100           100
按总分高低排名如下:
```

```
学号      姓名 程序设计 计算机网络 数据库   总分
99005    张飞     100      100     100     300
99001    张伟     100       95      90     285
99002    王伟      70       80      90     240
99004    赵伟      70       80      75     225
99003    李伟      50       60      70     180
每门课程成绩都大于 85 分的学生名单:
学号      姓名 程序设计 计算机网络 数据库 总分
99005    张飞     100    100     100     300
99001    张伟     100     95      90     285
```

【程序分析】 本例中判断是否大于85分的成员函数设置了一个参数,这就增加了程序的灵活性,可以判断是否大于等于任何分数。将每一段功能可以独立的程序写成函数,是好的习惯。这样主函数会显得简洁、清晰,而且会减低编程的难度。

【思路扩展】

(1) 如何在班级中增加一名学生? 注销一名学生?

(2) sortbytotal 写成成员函数和一般函数,意义上有什么不同?

(3) 本例中的类没有编写构造函数,可以为其编写构造函数吗?

(4) 编写一个类,表示班级。需要或可以为该类设置哪些数据成员和成员函数? 班级的最大人数不确定怎么办(只有在初始化时才由用户确定)?

7.6.2 日期类

【例 7-9】 实现一个日期类 Date,包括的数据成员有:年 year、月 month、日 day,编写构造函数初始化年、月、日等数据成员,没有参数时年、月、日设为 1900 年 1 月 1 日。该类完成的其他功能还有按年、月、日格式显示日期,按月、日、年格式显示日期,计算若干天后的日期,计算两个日期相差的天数等。编写主函数,检验日期类的这些功能。

【问题分析】 本例稍复杂的地方是两个计算的成员函数。计算若干天后的日期,可以先实现 1 天后的日期,通过循环调用,计算 N 天后的日期。计算一天后的日期,要考虑当日是不是一个月的最后一天,是不是一年的最后一天;而最后一天的判断,每个月是不一样的,特别是闰年的 2 月是 29 天。第 2 个计算函数是计算两个日期的相差天数,通用一点的算法是计算公元 1 年或公元 1900 年 1 月 1 日到当日的天数,两个相减就是相差的天数。不需要外部调用的成员函数可以设置为 private。

【算法描述】

Date 类的定义:

数据成员,私有:year、month、day,整型;

私有成员函数:是否闰年,是否月末,天数加 1,0001.1.1 以来的天数;

公有成员函数:构造函数,设置日期,增加 N 天,两个日期差,年月日显示日期,月日年显示日期。

主函数:

① 创建对象;

② 输入日期,输入天数,设置日期,计算若干天后的日期并按两种格式显示;

③ 输入两个日期,计算它们之间相差的天数。

【源程序】

```
#include <iostream>
#include <cmath>
using namespace std;
//--------------------日期类的定义------------------------
class Date
{
private:
    int day,month,year;                    //日期的日、月、年
    bool IsLeapYear();                     //是否闰年
    bool IsEndofMonth();                   //是否月末     void IncDay()
    void IncDay();                         //日期增加一天
    int DayCalc();                         //距基准日期(公元元年 1 月 1 日)的天数
public:
    Date(int y=1900,int m=1,int d=1);      //构造函数,参数带默认值
    void SetDate(int yy,int mm,int dd);    //日期设置
    void AddDay(int);                      //日期增加任意天
    int Daysof2Date(Date ymd);             //两个日期之间的天数
    void print_ymd();                      //按年月日输出
    void print_mdy();                      //按月日年输出
};
//构造函数
Date::Date(int y,int m,int d)
{
    SetDate(y,m,d);                        //调用设置日期的成员函数
}
//设置日期
void Date::SetDate(int yy,int mm,int dd)
{
    month=(mm>=1&&mm<=12)?mm:1;            //月份有效性判断,超出设为 1
    year=(yy>=1900)?yy:1900;               //年份有效性判断,超出设为 1900
    switch(month)                          //日的有效性判断
    {
    case 4:                                //小月天数判断 4,6,9,11,应为 30 天
    case 6:
    case 9:
    case 11:
        day=(dd>=1&&dd<=30)?dd:1;          //超出时设为 1
        break;
    case 2:                                //2 月天数判断
        if(IsLeapYear())
```

```
                day=(dd>=1&&dd<=29)?dd:1;        //闰年 29 天,超出设 1
            else
                day=(dd>=1&&dd<28)?dd:1;         //非闰年 28 天
            break;
        default:                                 //大月天数判断 1,3,5,7,8,10,12 月,31 天
            day=(dd>=1&&dd<=31)?dd:1;            //超出设为 1
        }
}
//是否闰年
bool Date::IsLeapYear()
{
    //能被 4 整除且不能被 100 整除 或 能被 400 整除
    if(year%400==0 || (year%4==0 && year%100!=0) )
        return true;                             //闰年
    else
        return false;                            //不是闰年
}
//是否月末
bool Date::IsEndofMonth()
{
    bool flag;                                   //是否月末的逻辑变量
    switch(month)                                //每月的最后一天为月末
    {                                            //月份不同,天数不同
    case 4:                                      //30 天的月份
    case 6:
    case 9:
    case 11:
        flag=(day==30);                          //是否 30 日
        break;
    case 2:                                      //2 月
        if(IsLeapYear())                         //闰年
            flag=(day==29);                      //是否 29 日
        else
            flag=(day==28);                      //非闰年,是否 28 日
        break;
    default:
        flag=(day==31);                          //其他月份,是否 31 日
    }
    return flag;                                 //返回逻辑值
}
//天数加 1
void Date::IncDay()
{
    if(IsEndofMonth())                           //月末
```

```
        if(month==12)                          //年末
        {
            day=1;
            month=1;
            year++;
        }
        else                                   //月末
        {
            day=1;
            month++;
        }
        else
            day++;                             //其他,日直接加 1
}
//增加若干天
void Date::AddDay(int days)
{
    for(int i=0;i<days;i++)                    //循环增加若干天
    {
        IncDay();                              //增加 1 天
    }
}
//计算据基准的天数(0001.1.1)
int Date::DayCalc()
{
    int monthdays[13]={0,31,28,31,30,31,30,31,31,30,31,30,31};     //每月的天数
    int yy;                                    //到今年经过的年数
    int leaps;                                 //经过的闰年数
    int days;                                  //经过的天数
    int i;                                     //循环变量
    yy=year-1;                                 //经过的年数计算
    days=yy*365;                               //不计闰年的天数
    leaps=yy/4-yy/100+yy/400;            //经过的闰年数,4 的倍数-100 的倍数+400 的倍数
    days+=leaps;                               //每逢闰年增加一天

    if(IsLeapYear())                           //如果当年是闰年,则 2 月份的天数为 29
        monthdays[2]=29;
    for(i=1;i<month;i++)                       //加当年前几月的天数
        days+=monthdays[i];                    //主次加每个月的天数
    days+=day;                                 //加当月过的天数
    return days;
}
//两日期的差
int Date::Daysof2Date(Date oneday)
```

```
{
    int days;
    days=abs(DayCalc()-oneday.DayCalc());      //距基准日期的天数差
    return days;
}
//年月日格式显示
void Date::print_ymd()
{
    cout<<year<<"-"<<month<<"-"<<day<<endl;
}
//月日年格式显示
void Date::print_mdy()
{
    //指针数组,每个指针指向一个字符串常量 monthname[i]是 i 月的名称
    char *monthName[13]={"","January","February","March",
        "April","May","June","July","August",
        "September","October","November","December"};
    //
    cout<<monthName[month]<<" "<<day<<","<<year<<endl;
}

//--------------main function----------------------
int main()
{
    Date date1;                                  //日期 1
    int year,month,day;                          //存放临时输入的日期
    int N;                                       //天数

    date1.SetDate(2013,1,27);                    //设置日期
    cout<<"本程序演示日期的计算\n";
    cout<<"the current date is:"<<endl;
    date1.print_ymd();                           //显示年月日
    date1.print_mdy();                           //显示月日年
    date1.AddDay(100);                           //增加 100 天
    cout<<"After 100 days,the date is:\n";
    date1.print_ymd();
    date1.print_mdy();                           //显示月日年
    Date  date2(2008,8,24);

    cout<<"And before "<<date1.Daysof2Date(date2);
    cout<<" days,the Beijing Olympic Game had been over."<<endl;
    //----------用户输入数据-----------
    cout<<"请输入日期(年 月 日)\n";
    cin>>year>>month>>day;
```

```
    cout<<"请输入天数\n";
    cin>>N;

    date1.SetDate(year,month,day);                  //设置日期
    cout<<"the date you input is:"<<endl;
    date1.print_ymd();                              //显示年月日
    date1.print_mdy();                              //显示月日年
    date1.AddDay(N);                                //增加100天
    cout<<"After "<<N<<" days,the date is:\n";
    date1.print_ymd();
    date1.print_mdy();                              //显示月日年
    cout<<endl;

    cout<<"请输入两个日期(年 月 日 )\n";
    cin>>year>>month>>day;
    date1.SetDate (year,month,day);
    cin>>year>>month>>day;
    date2.SetDate (year,month,day);

    cout<<"Days between these two dates is "<<date1.Daysof2Date(date2)<<endl;
    return 0;
}
```

【运行结果】 本程序演示日期的计算。

```
the current date is:
2013-1-27
January 27,2013
After 100 days,the date is:
2013-5-7
May 7,2013
And before 1717 days,the Beijing Olympic Game had been over.
请输入日期(年 月 日)
2013 4 6
请输入天数
1200
the date you input is:
2013-4-6
April 6,2013
After 1200 days,the date is:
2016-7-19
July 19,2016

请输入两个日期(年 月 日 )
2016 7 19
```

```
2013 4 6
Days between these two dates is 1200
```

【程序分析】 本例中函数的设计非常精彩。如函数 SetDate 不仅能够设置日期，还可以对日期进行有效性判断；函数 IsLeapYear 判断闰年的方法是：该年能否被 400 整除或者能够被 4 整除但不能被 100 整除；函数 IncDay 能够对年末、月末等极端情况分别对待。函数 print_mdy 巧妙地使用了指针数组；函数 DayCalc 在计算当前日期距基准日期(0001-1-1)的天数时考虑了闰年、大小月等情况；计算两个日期之间的天数是通过分别计算两个日期距基准日期天数之差得到的，这种做法在时间差的计算中也经常使用。

【思路扩展】 本例是一个稍长的程序，但每一部分(成员函数)都是较易解决的。一个函数中可以使用另一个函数的功能，这样解决问题就容易得多。这就是模块化的程序设计，是解决复杂问题的基本方法。

7.7 小结

(1) 类是具有相同的属性和操作方法，并遵守相同规则的对象的集合。

(2) 类成员的访问控制权限有 3 种：私有(private)、公有(public)和保护(protected)。

(3) 成员变量说明为私有可以阻止外界对它的随意访问，说明为公有的成员函数是外界访问类中成员变量的统一接口。

(4) 一个类的任何成员可以访问该类的其他任何成员，而在该类作用域之外对该类成员的访问则受到一定限制。

(5) 内联成员函数可以提高程序的执行效率。

(6) 对象是类的实例。

(7) 同类对象之间可以整体赋值。

(8) 一个类的对象可以作为另一个类的成员变量。

(9) 构造函数在每次生成类对象(实例化)时自动调用。

(10) 对象的生存期结束时，系统自动调用析构函数。

(11) 构造函数允许重载，提供初始化类对象的不同方法，析构函数不能重载。

(12) this 指针包含了某个类对象的地址，通过这个地址可以获得该对象的成员变量和成员函数，甚至本身。

(13) 良好软件工程的一个基本原则是将接口与实现分离。

习题 7

1. 定义并实现 Dog 类，包含 name、age、sex、weight 等属性以及初始化和显示属性的方法，要求用一般成员函数和构造函数两种方法实现初始化操作。

2. 定义并实现 Circle 类，用外切正方形的左上角和右下角坐标表示圆，具有计算面积和周长等函数，要求能使用构造函数初始化。

3. 定义并实现三角形类，其成员变量包括三个边长变量，成员函数包括判断是否合法、计算面积，以及是否构成直角三角形、锐角三角形、钝角三角形的判别函数。编写主函数验证类的功能。

提示：可以根据勾股定理进行三角形类型的判断。

4. 定义并实现地址类 Address，包括姓名、所居住的街道地址、城市和邮编等属性以及改变对象姓名的 Changename 函数、显示地址信息的 Display 函数。

5. 定义并实现三维空间的 Point3D 类，包括 x、y、z 三个成员变量，一个计算空间中两个点之间的距离的成员函数，并编写合适的构造函数和析构函数。

6. 定义并实现一个电子钟类 E_Clock，该类包括的特征信息有：Hour(时)、Minute(分)、Second(秒)以及不带参数的构造函数(将时间初始化为 0 时 0 分 0 秒)，带参数的构造函数 E_Clock (int, int, int)(将时间初始化为当前系统的时间值)，显示时间函数 ShowTime，增加 1 秒钟函数 AddSecond。要求该电子钟具有计时和电子表的功能(如可以设置时间，可以显示当前时间，可以显示走时 30 秒，可以倒计时、正计时等)。

提示 1：下段程序可以创建一个电子时钟对象 EC，并初始化为当前系统的时间。执行 time(long &t)；后，可获取系统的当前时间，其中 t 为 long 变量，存放距 1970 年 1 月 1 日的秒数(GMT 时间)。库函数 time(long *)在头文件 ctime 中声明，因此需包含 #include <ctime>命令。

```
time(&t);                                        //距 1970 年 1 月 1 日的秒数
h=t/3600;                                        //转换为的小时
m=(t-h*3600)/60;                                 //分
s=t%60;                                          //秒
h=(h+8)%24;                                      //北京与 GMT 的时差为 8
E_Clock EC(h,m,s);                               //初始化自定义类的对象 EC
```

提示 2：执行库函数 Sleep(1000)可以模拟延时 1 秒的时间，即 Sleep(unsigned long)，其中 Sleep 的参数以毫秒为单位，需要包含 #include <windows.h>。

7. 定义并实现一个有理数类 Rational。该类包括的特征信息有：分子 numerator、分母 denominator，成员函数有构造函数、两个有理数相加的函数 Add、相减的函数 Sub、相乘的函数 Mul、相除的函数 Div、以分子/分母形式输出的函数 Print、化简分数函数 Fsd 和求最大公约数函数 Gcd。相除时要注意分母不能为 0。在主函数中声明类的对象，输入分数，计算、输出。操作要反映类的功能。

8. 定义并实现一个公民类 Citizen，该类包括的特征信息有：身份证号 id、姓名 name、性别 gender、年龄 age、籍贯 birthplace、家庭住址 familyAddress 等属性以及构造函数、输入公民信息的函数 input 和输出公民信息的函数 output。编写主函数，演示该类的功能(声明对象、初始化、输入和输出等)。

9. 定义并实现 Time 类，数据成员包括时、分、秒。功能包括设置时间，进行时间的加减运算，按照 24 小时制和 12 小时制输出时间。要求设计多个重载的构造函数。编写主函数验证类的功能。

10. 定义并实现职工类 Employee，包括工作部门 Department、姓名 Name、出生日期 Birthday、职务 EmpPosition、参加工作时间 DateOfWork、工资 Salary 等属性以及注册职工信息函数 Register、设置工资函数 SetSalary、获取工资信息 GetSalary 和显示职工信息函数 ShowMessage，其中 DateOfWork 是日期类 Date 的对象，Salary 是工资类 EmpSalary 的对象，EmpPosition 是 Position 枚举类型变量。Date 类包含 day、month 和 year 等属性以及初始化和按年月日打印函数；EmpSalary 包含基本工资 Wage、岗位津贴 Subsidy、房租 Rent、电费 CostOfElec、水费 CostOfWater 等属性以及计算实发工资的 RealSum 函数；Position 是包括经理 MANAGER、工程师 ENGINEER、职员 EMPLOYEE、工人 WORKER 等枚举值。要求通过职工类对象数组管理职工数据的输入和输出。编写主函数，验证 Employee 类的功能。

第8章 取其精华 发挥优势——继承

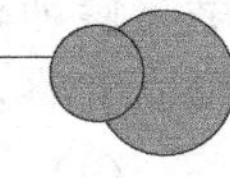

C++ 中的类采用了人类思维中的分类和抽象，类与对象的关系恰当地反映了同类群体与个体共同特征之间的关系。进一步观察现实世界可以看到，不同的事物之间往往不是独立的，很多事物之间都有着复杂的联系。继承便是众多联系中的一种：孩子与父母有很多相像的地方，同时也有不同；汽车和自行车虽然都是交通工具，但它们的外观和功能各具千秋。

8.1 继承和派生

面向对象的程序设计提供了类的继承机制，能够在原有类的基础上产生新类。原有的类叫**基类**(base class)或**超类**(super class)，产生的新类叫**派生类**(derived class)或子类(subclass)。从原有类派生出的新类继承了原有类的特征。通过继承可以实现代码的重用和扩充，提高开发效率。

8.1.1 派生类的定义

在 C++ 中，派生类的一般定义为：

```
class <派生类>: [继承修饰符] <基类 1>,…, [继承修饰符] <基类 n>
{
   <类体>;
};
```

其中 class 是关键字，<派生类>是产生的新类，<基类 i>是原有的类，带方括号的项可选。对于该定义，需要进行以下说明：

(1) 派生类的格式中除了增加了冒号“:”之后的成分外，与类的一般定义格式是相同的。比如，类体中包含成员修饰符，以及成员变量和成员函数的定义部分。

(2) 由基类产生的派生类，拥有原来基类的除构造函数和析构函数之外的所有成员，包括数据成员和成员函数，所以在类体中只需要添加新的成员，表示新事物的特殊的特征和功能。继承来的成员的访问方式由原来的访问方式和[继承修饰符]确定。

(3) [继承修饰符]包括 public(公有继承)、private(私有继承)和 protected(保护继承)，用于限制基类的成员如何转换为派生类的成员，称为**继承方式**。基类是已经定义好的类，可以有多个，用逗号隔开。派生类继承每一个基类时继承修饰符可以不同。常用的继承修饰符是 public，这样继承的成员的访问方式与基类的访问方式相同。继承修饰符可以省略，缺省为私有继承。有关继承方式的详细内容见 8.2 节。

(4) 一个派生类可以同时有多个基类，这种情况称为**多继承**，这时的派生类可同时得到多个已有类的特征。一个派生类只有一个直接父类的情况，称为**单继承**。单继承可以看作多继承的一个最简单的特例。多继承可以看作多个单继承的组合，它们之间的很多特性是相同的，如图 8-1 所示。

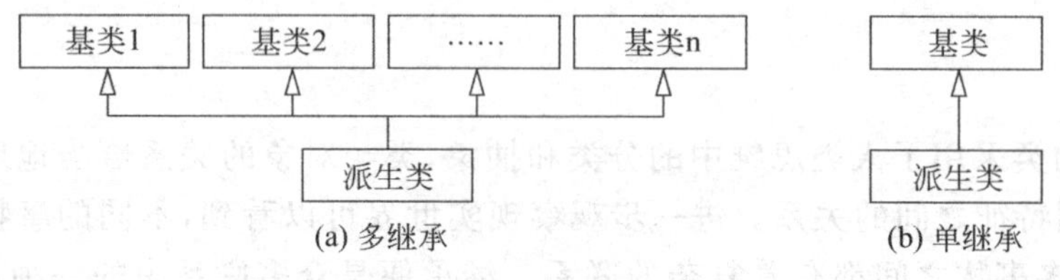

图 8-1 多继承与单继承

(5) 在派生过程中，派生类可以作为基类再继续派生，一个基类也可以同时派生出多个派生类。这样就形成了一个相互关联的类的家族，也称为**类族**。在类族中，直接参与派生的基类称为**直接基类**，基类的基类甚至更高层次的基类称为**间接基类**。

8.1.2 派生类的构成

面向对象的继承和派生机制，其最主要目的是实现代码的重用和扩充，因此吸收基类成员就是一个重用的过程，而对基类成员进行调整、改造以及添加新成员就是对原有代码的扩充，二者是相辅相成的。一般来说，构成派生类的过程包括以下步骤。

① 吸收基类成员

在 C++ 的类继承中，第一步就是全盘接收基类的成员，这样派生类就包含了基类中除构造函数和析构函数之外的所有成员，该过程在类定义后就自动完成。

② 改造基类成员

对基类成员的改造包括两个方面：一是改变基类成员的访问控制，这主要由派生类定义时的继承方式确定，有关这部分内容将在继承方式一节介绍；二是对基类成员变量或成员函数进行覆盖，也就是在派生类中定义一个和基类成员变量或者成员函数同名的成员（如果是成员函数，则参数表也要相同。参数不同的情况属于重载），这样在派生类中或者通过派生类的对象直接使用的成员名只能是派生类中定义的同名成员，这种方法就被称作**同名覆盖**。

一般来说，同名覆盖分为两种：

一种是函数覆盖，即派生类的定义中包含有与基类现有的成员函数名称相同，参数也相同的新的成员函数，从而达到修改父类功能的目的。例如由基类的成员函数完成一部分功能，然后再由派生类的同名成员函数完成其他功能，并且让它们之间存在调用关系（派生类调用基类的函数），当然也可以完全丢弃基类的函数功能而重新设计派生类的同名函数。

另一种是变量隐藏，即派生类的定义中有与基类现有的成员变量具有相同名称的新的成员变量，从而达到修改基类属性的目的。派生类和基类之间的同名变量的类型可以不同。

无论是同名覆盖还是重载基类的成员函数，派生类对象对其成员的引用（“指针－>成员名”或者“对象名.成员名”）只能访问到派生类的成员。如果要在派生类中访问基类的同名成员，就必须使用显式访问的方式。其形式一般为：

```
基类名::成员名;
基类名::成员函数(参数表);
```

③ 添加新成员

派生类新成员的加入能够保证派生类在功能上有所发展。在派生过程中，由于基类的构造函数和析构函数不能被继承，如果要完成初始化或者扫尾工作，还需要在派生类中加入新的构造函数和析构函数。

【例 8-1】 设已有 Mobile 类描述移动电话，Mobile 的定义如下：

```
#include <iostream>
using namespace std;
//-----------------基类------------------
class Mobile
{
private:
    char mynumber[11];                                              //本机电话号码
public:
    void init(char number[11]);                                     //初始化
    void dial(char * );                                             //拨打电话
    void answer(char othernumber[11]);                              //接听电话
    void hangup(){cout<<"Hanging up..."<<endl;};                    //挂断电话
    void show(){cout<<"My number is "<<mynumber<<endl;}             //显示本机号码
};
// 设置本机号码,带默认参数"00000000000"
void Mobile::init(char number[11]="0000000000")
{
    strcpy(mynumber,number);
}
void Mobile::dial(char * number)                                    //拨打电话(模拟)
{
    cout<<"Dialing number is "<<number<<endl;
    cout<<"Dialing on..."<<endl;
}
void Mobile::answer(char othernumber[11])                           //接听电话模拟
{
    cout<<"Answering number is "<<othernumber<<endl;
    cout<<"Answering in..."<<endl;
}
```

设计一个智能手机类 SmartPhone。智能手机是手机，它具有原来手机的功能，有交互式操作系统，有内存。SmartPhone 类继承 Mobile 类的属性和功能，新增数据成员：OS（操作系统）和 memory（存储卡容量）；新增成员函数 send（发送短信）和 showmemory（显示存储卡容量）函数；改写成员函数 init()设置派生类和基类的数据成员，改写成员函数 show()，显示智能手机的属性信息（含继承的属性）。编写主函数，验证基类和派生类的功能。

【问题分析】 编写派生类，只要在类定义的类名后面写上冒号“:”以及基类的名称。当然，要先定义基类。派生类中的数据成员只需要声明 OS 和 memory，自动继承基类数据成员 mynumber。新增成员函数 send 和 showmemoey。init 也是新增的，可以具有独立的功能。由于它与基类的 init 函数同名，但参数不同，是重载；新增成员函数 show()，名称和参数与基类的 show()均相同，是同名覆盖。

【算法描述】 由 Mobile 类派生 SmartPhone 类。

① 定义 Mobile 类，包括 mynumber 变量以及 init、dail、answer 和 hangup 函数；

② 定义 SmartPhone 类，包括新增 OS 和 memory 等数据成员，init、send、showmemory 和 show 等成员函数；

③ 创建 Mobile 类对象，调用基类的 init、dail、answer 和 hangup 函数；

④ 创建 SmartPhone 类对象，调用 init、send、dail、hangup、show()函数；调用基类的 init 改变本机号码，再调用 answer、hangup 和基类的 show()函数。

【源程序】

```
#include <iostream>
using namespace std;
//…基类的定义和成员函数的定义插入此处……,也可以单独文件包含进来
//----------------派生类------------------
class SmartPhone:public Mobile                          //公有继承
{
private:
    char OS[20];                                        //操作系统
    int memory;                                         //存储卡容量,派生类新增数据成员
public:
    void init(char number[11],char * os,int mem);       //派生类初始化
    void send(char othernumber[11],char message[150]);  //发送短信
    void showmemory();                                  //显示内存大小
    void show();                                        //显示智能手机基本信息

    };
//------------------派生类的成员函数的定义-----------------
void SmartPhone::init(char num[11],char * os,int mem)   //-----init()函数覆盖-----
{
Mobile::init(num);                                      //调用基类成员函数
strcpy(OS,os);
```

```
memory=mem;                                           //内存初始化
}
//发送短信
void SmartPhone::send(char othernumber[11],char message[150])          //----send()------
{
cout<<"Sending message "<<message<<" to "<<othernumber<<endl;
cout<<"Sending on "<<endl;
}
void SmartPhone::showmemory()                         //---------showmemory()------
{
cout<<"Memory is:"<<memory<<"MB"<<endl;
}
void SmartPhone::show()                               //---------show()----------
{
cout<<"---Info of this Phone---\n";
cout<<"OS is "<<OS<<endl;
cout<<"Memory is:"<<memory<<"MB"<<endl;
Mobile::show();
}
//-------------------主程序-------------------
int main()
{
Mobile ctec;                                          //基类对象
SmartPhone csat;                                      //派生类对象

//基类对象功能
cout<<"-----Mobile Phone ctec-----\n";
ctec.init("1327581890");                              //调用基类的 init
  ctec.dial("1332021567");                            //拨号
  ctec.answer("1392201672");                          //接听
  ctec.hangup();                                      //挂断
//派生类对象功能
cout<<"-----Smart Phone csat-----\n";
csat.init("1321101101","Android",768);                //调用派生类的 init
csat.send("1331101102","hello!");                     //发送信息
csat.dial("1301101103");                              //拨号
csat.hangup();                                        //挂断
csat.Mobile::show();                                  //!!!访问基类的同名成员函数

csat.Mobile::init("1321101108");                      //!!!访问基类的同名成员函数
csat.answer("1391101104");                            //接听
csat.hangup();                                        //挂断
csat.show();                                          //显示内存
```

```
return 0;
}
```

【运行结果】

```
-----Mobile Phone ctec-----
Dialing number is 1332021567
Dialing on...
Answering number is 1392201672
Answering in...
Hanging up...
-----Smart Phone csat-----
Sending message hello!to 1331101102
Sending on
Dialing number is 1301101103
Dialing on...
Hanging up...
My number is 1321101101
Answering number is 1391101104
Answering in...
Hanging up...
---Info of this Phone---
OS is Android
Memory is:768MB
My number is 1321101108
```

【程序分析】 注意对比运行结果和主程序中的代码。基类对象 ctec 的演示是平凡的。而 csat 的演示中,使用 csat. init("1321101101","Android",768);调用派生类的成员函数,同时初始化了基类的成员 mynumber,通过 csat. Mobile::show();调用了基类的成员函数,而 csat. show();调用的是派生类的成员函数。

【思路扩展】

(1) 去掉主函数中的作用域运算符 Mobile::,观察运行效果。

(2) 在什么情况下,还会使用派生类显式访问基类成员的方式?例如在多继承情况下,当多个基类拥有同名成员时,会出现什么情况?

8.2 继承方式

从基类继承的成员,其访问属性由原来的访问属性和继承方式控制。类的继承方式有 public、protected 和 private 三种,不同的继承方式导致原来就有不同访问属性的基类成员在派生类中的访问属性也有所不同。这里所说的访问来自两个方面:一是派生类中的新增成员访问从基类继承的成员;二是在派生类外部(非类族内的成员),通过派生类的对象访问从基类继承的成员。

8.2.1 公有继承

公有继承是指继承时在派生类与基类之间加入“public ”，即将[继承修饰符]写为“public”，并依据以下规则进行继承：

(1) 对于基类的公有成员，继承以后仍然具有公有成员修饰符，在派生类内部和外部均可以访问。

(2) 对于基类的保护成员，继承以后仍然具有保护成员修饰符，派生类内可以访问，派生类外不能直接访问。

(3) 对于基类的私有成员，继承后不能直接访问，只能通过基类的公有成员函数和保护成员函数访问。

(4) 在派生类之外只能通过派生类的对象访问从基类继承的公有成员。

简单地说，公有继承保持基类的公有成员和保护成员的原有访问属性，而私有成员仍为基类的私有成员，派生类和派生类对象都不能直接访问，但可以通过基类的公有成员访问。

例 8-1 就是公有继承，通过 csat 访问的 dial()，hangup()，answer()函数都是继承的基类的公有成员，还通过运算符 Mobile::访问了基类的成员 show()和 init()，它们也是公有成员。由于 mynumber 是基类的私有成员，在派生类的 init()函数中，是通过基类的 init()给它赋值的，而不能使用 strcpy(mynumber，num)；当然更不能在类外(如主函数中)使用 csat.mynumber。

公有继承是常用的继承方式，因为它继承的成员保持基类成员的访问特性，通过派生类的对象可以直接使用基类的许多(public)功能。

8.2.2 私有继承

私有继承是指继承时在派生类与基类之间加入“private”，即将[继承修饰符]写成“private”，并依据以下规则进行继承：

(1) 对于基类的公有成员，派生类可以继承，并且继承以后具有私有成员修饰符。

(2) 对于基类的保护成员，派生类可以继承，并且继承以后具有私有成员修饰符。派生类的成员函数可以访问，但不能通过派生类的对象访问。

(3) 对于基类的私有成员，派生类可以继承，但派生类的成员函数不能访问，只能通过基类的公有成员函数访问，更不能通过派生类的对象访问。

(4) 在类族之外无法访问任何基类的成员(包括数据成员和成员函数)。

经过私有继承以后，所有基类的成员都成为派生类的私有成员或不可直接访问的成员。如果进一步派生，基类的全部成员就无法在新的派生类中被直接访问。因此私有继承之后，基类的成员再也无法在以后的派生类中直接发挥作用，实际上是终止了基类功能的继续派生。出于这种原因，一般情况下很少使用私有继承。

【例 8-2】 将例 8-1 中 SmartPhone 对 Mobile 的公有继承改为私有继承，发现主函数中通过派生类对象 csat 对 Mobile 的公有成员 dial()、hangup()、answer()、init()和 show()的访问均不能进行。在派生类中添加成员函数，实现原有的功能。

【问题分析】 私有继承使原来基类中的公有成员变成派生类的私有成员，所以，通过派生类的对象就不能再访问了。这就是私有继承的特点。但派生类的成员函数可以访问基类的公有成员函数，所以可以在派生类中重新定义新的公有成员函数，通过它们访问基类的成员。这些函数甚至可以和基类的成员函数同名。就是说通过对象不能直接访问基类的公有成员了，但可以通过派生类公有成员函数这个桥梁来访问。

【算法描述】

① 派生类私有继承 Mobile 类，在派生类中，声明并定义以下公有成员函数：

```
void init(char number[11]){Mobile::init (number);};                   //初始化
void dial(char * number){Mobile::dial (number);};                     //拨打电话
void answer(char othernumber[11]){Mobile::answer(othernumber);};      //接听
void hangup(){Mobile::hangup();};                                     //挂断电话
void showbase(){Mobile::show();}            //显示本机号码。设计一个与例 8-1 功能相同的函数
```

② 将例 8-1 的主函数中的

```
csat.Mobile::show()
csat.Mobile::init("1321101108");
```

分别改为：

```
csat.showbase ();
csat.init("1321101108");
```

【源程序】 阴影部分是与例 8-1 不同的部分。

① 派生类 SmartPhone 的定义为：

```
//----------------派生类-----------------
class SmartPhone: private Mobile                          //私有继承
{
private:
    char OS[20];
    int memory;                                           //存储卡容量,派生类新增数据成员
public:
    void init(char number[11],char * os,int mem);         //派生类初始化
    void send(char othernumber[11],char message[150]);    //发送短信
    void showmemory();                                    //显示内存大小
    void show();                                          //显示内存大小
    void init(char number[11]){Mobile::init (number);};  //初始化
    void dial(char * number){Mobile::dial (number);};    //拨打电话,函数覆盖
    void answer(char othernumber[11]){Mobile::answer(othernumber);};
                                                         //接听,覆盖
    void hangup(){Mobile::hangup();};                    //挂断电话,函数覆盖
    void showbase(){Mobile::show();}                     //显示本机号码
};
```

② 主函数如下：

```
//主程序
int main()
{
    Mobile ctec;                              //基类对象
    SmartPhone csat;                          //派生类对象

    //基类对象功能
    cout<<"-----Mobile Phone ctec-----\n";
    ctec.init("1327581890");                  //调用基类的 init
    ctec.dial("1332021567");                  //拨号
    ctec.answer("1392201672");                //接听
    ctec.hangup();                            //挂断
    //派生类对象功能
    cout<<"-----Smart Phone csat-----\n";
    csat.init("1321101101","Android",768);    //调用派生类的 init
    csat.send("1331101102","hello!");         //发送信息
    csat.dial("1301101103");                  //拨号
    csat.hangup();                            //挂断
    //      csat.Mobile::show();              //!!!访问基类的同名成员函数
    csat.showbase ();
    //      csat.Mobile::init("1321101108");  //!!!访问基类的同名成员函数
    csat.init("1321101108");
    csat.answer("1391101104");                //接听
    csat.hangup();                            //挂断
    csat.show();                              //显示内存
    return 0;
}
```

【运行结果】 与例 8-1 的运行结果相同。

【程序分析】 由于继承方式是私有继承，在类外部通过派生类的对象将无法直接访问基类的任何成员，基类中原有的外部接口，如 dial、answer 和 hangup 都被派生类封装和隐藏起来，因此在主程序中，不能使用 csat. dail("1332021567")、csat. hangup()、csat. answer("1392201672")，甚至 csat. Mobile::show()。为了保证基类的外部接口特征能够在派生类对象中继续存在，可以在派生类中重新定义同名的成员。本例就重新定义了 dial()、answer()和 hangup()等函数，并在这些函数中继续使用基类的公有函数。如 mobile::dial()、mobile::answer(othernumber)、mobile::hangup()。这些继承来的函数虽然不能在类外访问，但仍然可以作为私有成员在 SmartPhone 类中访问。在类外，根据同名覆盖的原则，会调用派生类的函数。

派生类新定义的 void init(char number[11])是重载。而基类的 show()函数由于在派生类中已有同名覆盖,只好使用另一个函数名 showbase()完成与基类的 show()相同的功能。

【思路扩展】 该程序的执行结果虽然与例 8-1 相同,但执行过程不同。本例中 SmartPhone 类对象 csat 调用的函数都是派生类自身的公有成员,没有访问基类的成员。与上例相比,本例仅修改了派生类的内容,基本没有改动基类和主函数,即 SmartPhone 类的外部接口基本不变。内部成员的改变并没有影响到程序的其他部分,这是封装的优越性。请大家思考,在什么情况下使用私有继承?

8.2.3 保护继承

保护继承是指继承时在派生类与基类之间加入关键词“protected”,将[继承修饰符]写成“protected”,继承规则如下。

1. 保护继承的规则

(1) 对于基类的公有成员,派生类可以继承,并且继承以后具有保护成员修饰符,派生类的成员函数可以直接访问,不能通过派生类的对象访问。

(2) 对于基类的保护成员,派生类可以继承,并且继承以后仍具有保护成员修饰符,派生类的成员函数可以直接访问,不能通过派生类的对象访问。

(3) 对于基类的私有成员,派生类可以继承,但只能通过基类的公有成员函数和保护成员函数访问,不能通过派生类的对象访问。

(4) 在类族之外无法访问任何成员。

比较私有继承和保护继承,可以看出:在直接派生类中,对于私有成员的访问属性两者都是相同的,但如果派生类作为新的基类,继续派生时,两者的区别就出现了。假设 B 类以私有方式继承了 A 类后,B 类又派生出 C 类,那么 C 类的成员和对象都不能(直接)访问间接从 A 类中继承来的成员。如果 B 类是以保护方式继承 A 类,那么 A 类中的公有和保护成员在 B 类中都是保护成员。B 类再派生出 C 类后,A 类中的公有和保护成员被 C 类间接继承后,有可能是保护的或者是私有的(视从 B 类到 C 类的派生方式),因此 C 类的成员有可能可以访问间接从 A 类中继承来的成员。

【例 8-3】 在例 8-1 的程序中,将派生类 SmartPhone 继承基类的方式改为 protected,发现有与私有继承相同的结果,dial()、answer()、hangup()等函数不能再使用。为 SmartPhone 添加成员函数,实现与公有继承时相同的功能。

【问题分析】 保护继承,基类的公有成员和保护成员变成派生类的保护成员,它们不能通过派生类的对象访问(即不能在类外访问),但在派生类的成员函数中可以直接使用。所以,在派生类中声明公有成员函数来访问这些保护的成员,类的对象就可以通过派生类的公有成员函数访问继承的保护成员了。

【算法描述】 SmartPhone 类保护继承 Mobile 类;

其他修改与例 8-2 私有继承时的修改相同。

【源程序】 SmartPhone派生类的定义如下：

```
//---------------派生类-----------------
class SmartPhone: protected Mobile                              //保护继承
{
private:
    char OS[20];
    int memory;                                                //存储卡容量,派生类新增数据成员
public:
    void init(char number[11],char * os,int mem);               //派生类初始化,同名覆盖
    void send(char othernumber[11],char message[150]);          //发送短信
    void show();                                                //显示内存大小
    void init(char number[11]){Mobile::init (number);};       //初始化
    void dial(char * number){Mobile::dial (number);};         //拨打电话
    void answer(char othernumber[11]){Mobile::answer(othernumber);};
                                                              //接听电话
    void hangup(){Mobile::hangup();};                         //挂断电话
    void showbase(){Mobile::show();}                          //显示本机号码
};
```

【运行结果】 与例8-2相同。

【程序分析】 对类外来讲,保护继承和私有继承是一样的,都不能直接访问基类的公有成员。对类内的成员函数来说,保护继承的公有成员和保护成员都可以直接访问,即使再继承下去。而私有继承一次后,相当于派生类的私有成员,如果再继承下去,后面的派生类就不能直接访问了。

【思路扩展】

(1) 如果将该例中类Mobile的私有变量再改为protected,保护继承后在派生类的init中是否可以使用strcpy(mynumber,number)? 会得到怎样的结果?

由于继承方式是保护继承,派生类的成员函数可以访问基类的保护成员,因此可以在派生类的函数init中使用strcpy(mynumber,number)。由于在派生类中重新定义了同名的成员,在主程序中,派生类对象就可以调用自己的成员函数了。由此可以看出:如果能合理地利用保护成员,就可以通过类的层次关系在共享和成员隐蔽之间找到一个平衡点,既能实现成员隐蔽,又能方便继承。

(2) 在什么情况下使用保护继承?

2. 继承方式的总结

总结8.2.1节、8.2.2节和8.2.3节的内容,将不同继承方式对成员属性的影响总结为表8-1。

表 8-1 基类成员在派生类中的访问属性

派生类中的访问属性 \ 继承方式 基类中的访问属性	公有继承	保护继承	私有继承
公有成员	公有	保护	私有
保护成员	保护	保护	私有
私有成员	不能直接访问	不能直接访问	不能直接访问

可以看出,在派生类中,成员有 4 种不同的访问属性:

(1) 公有:在派生类内和派生类外部都可以访问。

(2) 保护:在派生类内可以访问,派生类外部不能访问,在下一层派生类内可以访问。

(3) 私有:在派生类内可以访问,派生类外部不能访问。

(4) 不能直接访问:这种成员是存在的,不能直接访问,类外更不能访问。如果需要,可以在派生类中定义公有成员函数,通过公有、保护或私有的成员函数来访问,对外提供公有接口。

还需要注意的是:引入派生类后,类的成员不仅属于其所属的基类,还属于各个不同层次的派生类,类的成员在不同的作用域中有不同的属性,表现出不同的特征。

8.3 派生类的构造函数与析构函数

由于基类的构造函数和析构函数不能被继承,在派生类中,如果对派生类新增的成员初始化或者基类需要参数进行初始化,就必须为派生类添加新的构造函数。派生类的构造函数只负责对派生类新增的成员初始化,对所有从基类继承下来的数据成员,其初始化工作仍然由基类的构造函数完成。同样,对派生类对象的扫尾、清理工作也需要加入新的析构函数。

8.3.1 派生类的构造函数

派生类的成员变量是由所有基类的成员变量、派生类新增的成员变量以及派生类新增成员变量中的内嵌对象共同组成的,因此在构造派生类的对象时,就要对上述变量和对象初始化。派生类构造函数的一般格式为:

```
<派生类名>::<派生类名>(<参数表>):<基类名 1>(<参数表 1>),…,<基类名 n>(<参数表 n>),
    <内嵌对象名 1>(<内嵌对象参数表 1>),…,<内嵌对象名 m>(<内嵌对象参数表 m>)
{
    派生类新增成员的初始化语句;
};
```

对于这个定义,需要进行如下说明。

(1) 派生类的构造函数名与派生类的类名相同。

(2) 在构造函数的参数表中,需要给出初始化基类变量、新增内嵌对象以及新增成员变量所需的全部参数,各参数之间用逗号“,”分隔。

(3) 当一个类同时有多个基类或者内嵌对象时,对于所有需要使用参数初始化的基类或者内嵌对象都要显式地给出名称和参数表,对于使用默认构造函数的基类或者内嵌对象可以不必写出。

(4) 如果基类声明了带有形参表的构造函数,派生类就应当定义构造函数,提供一个将参数传递给基类构造函数的途径。

(5) 派生类构造函数执行的一般次序为:①基类构造函数,调用顺序按照它们被继承时定义的顺序;②内嵌对象的构造函数,调用顺序按照它们在类中声明的顺序;③派生类的构造函数。

8.3.2 派生类的析构函数

派生类析构函数的定义方法与没有继承关系的类中析构函数的定义方法完全相同,主要在函数体中把派生类新增的非对象成员的清理工作做好就行了,系统会自己调用基类及内嵌对象的析构函数对基类及内嵌对象进行清理。

派生类析构函数的执行次序和构造函数正好严格相反:

(1) 首先对派生类新增普通成员进行清理。

(2) 然后对派生类新增对象成员进行清理。

(3) 最后对所有从基类继承来的成员进行清理。

这些清理工作分别对应着派生类析构函数、派生类的内嵌对象所在类的析构函数和基类的析构函数。

【例 8-4】 模拟对话框。对话框是一个窗口,窗口有位置、宽度和高度,对话框中有显示文本和按钮。一个表示位置(点)的类 Position 如下:

```
//-----------------类的定义------------------
class Position{                                    //位置 Position 类
private:
    int x,y;
public:
    Position(int x0=0,int y0=0){x=x0;y=y0;}    //构造函数
    void show(){cout<<x<<" "<<y;}
    ~Position(){cout<<"Deconstructor of Position---"<<x<<" "<<y<<endl;}
                                                   //析构函数
};
```

(1) 编写按钮类 Button,数据成员有 name(按钮名称),Position 类的对象 a 表示位置,编写构造函数初始化数据成员,编写 show()显示按钮参数,编写析构函数显示对象的名称。

(2) 编写 Window 类,数据成员有 name 表示窗口名称,Position 类的对象 a 表示位

置,及整型变量 width 和 height 分别表示宽和高。编写构造函数初始化数据成员,编写 show()显示按钮参数,编写析构函数显示对象的名称。

(3) 编写 Dialogue 类,公有继承 Window,添加数据成员 text(显示文本)和 btn1(按钮),编写构造函数初始化数据成员,编写 show()显示按钮参数,编写析构函数显示对象的名称。

(4) 编写主函数,声明一个 Dialogue 类的对象,并提供参数通过构造函数初始化各类和各级成员,调用 show()显示对话框窗口的组成。

【问题分析】 Position(位置)类是一个基本的类。按钮有位置,所以有一个内嵌的 Position 的对象。Window 也有位置,所以也有一个表示位置的 Position 的对象。对话框是窗口的一种,所以可以从窗口类继承。本例的编程主要是掌握基类和内嵌对象的初始化方法。因为基类有构造函数,所以必须在派生类的构造函数的头部初始化。基本的方法是在构造函数的参数列表中列出所有的基类和内嵌对象以及本类其他成员所需的参数(注意在函数定义中是形参),然后在参数列表的右圆括号后加冒号“:”,之后列出基类名、内嵌对象名及参数,各项之间用逗号隔开,注意,这时是实参,不再需要类型说明符。

【算法描述】

按题目的每一项要求定义类,编写构造函数、析构函数和 show()函数。

【源程序】

```
#include <iostream>
using namespace std;
//-----------------类的定义-----------------
class Position{//------位置 Position 类------
private:
    int x,y;
public:
    Position(int x0=0,int y0=0){x=x0;y=y0;}
    void show(){cout<<x<<" "<<y;}
    ~Position(){cout<<"Deconstructor of Position---"<<x<<" "<<y<<endl;}
};
class Button{  //------按钮 Button 类------
private:
    Position a;                                    //内嵌对象
    char name[20];
public:
    Button(char * name,int x0,int y0):a(x0,y0){    //构造函数,初始化内嵌对象
        strcpy(this->name,name);                   //初始化派生类的成员
    }
    void show(){cout<<name<<endl;;cout<<"Position ";a.show();}
    ~Button(){cout<<"Deconstructor of Button---"<<name<<endl;}
};
```

```
class Window{                                    //------窗口类 Window,基类----
private:
    char name[30];
    Position a;                                  //内嵌对象,表示位置
    int width,height;
public:
    Window(char * name,int x0,int y0,int w,int h):a(x0,y0){      //构造函数,初始化内嵌对象
        strcpy(this->name,name);                 //初始化派生类的成员
        width=w;height=h;                        //初始化派生类的成员
    };
    void show(){
        cout<<name<<endl;
        cout<<"Positon ";a.show();
    }
    ~Window(){cout<<"Deconstructor of Window---"<<name<<endl;}
};
class Dialogue:public Window                     //-----派生类,公有继承 Window-----
{
private:
    char text[50];
    Button btn1;                                 //内嵌对象
public:
    Dialogue(char * name,int x0,int y0,int w,int h,      //参数总表,基类需要的参数
        char * namebtn,int xbtn,int ybtn,char * text):   //参数总表,内嵌对象需要的参数
        Window(name,x0,y0,w,h),btn1(namebtn,xbtn,ybtn)   //初始化基类和内嵌对象
    {
        strcpy(this->text,text);                 //初始化派生类的成员
    }
    void show(){
        Window::show();
        cout<<"\nText: "<<text<<endl;
        cout<<"Button: ";
        btn1.show();
    }
    ~Dialogue(){cout<<"Deconstructor of Dialogue---"<<text<<endl;}
};
//--------------主函数----------------
int main()
{
    //窗口的名称叫"Dialogue window Demo"
    //位置为 10 10,宽为 20,高为 30
```

```
    //对话框中有"OK"按钮,按钮位置为 10,20
    //对话框中显示"dream..."
    Dialogue dlg1("Dialogue Window Demo",10,10,20,30,"OK",10,20,"dream...");
    dlg1.show();
    cout<<endl;
    return 0;
}
```

【运行结果】

```
Dialogue window Demo
Positon 10 10
Text: dream...
Button: OK
Position 10 20
Deconstructor of Dialogue---dream...
Deconstructor of Button---OK
Deconstructor of Position---10 20
Deconstructor of Window---Dialogue Window Demo
Deconstructor of Position---10 10
```

【程序分析】 仔细观察程序中内嵌对象和基类的初始化方法。

【思路扩展】

(1) 根据运行结果,研究析构函数的执行顺序。

(2) 在构造函数中加入字符串的输出语句,运行程序,研究构造函数的执行顺序。

(3) 什么情况下使用继承?什么情况下在类中使用内嵌对象?

(4) 另外举一些使用继承和内嵌对象的例子。

8.4 虚基类

在多条继承路径上有一个公共的基类时,在这些路径中的某几条汇合处,这个公共的基类就会产生多个实例(或多个副本)。下面通过一个例子说明这个问题。

【例 8-5】 设计一个新型手机类 mobilecell,这是一种双卡手机。该派生类由具有 GSM 发射制式的手机类 mobilegsm 以及具有 CDMA 发射制式的手机类 mobilecdma 派生得到。这两个类又由手机类 mobile 得到,其中 mobile 类的成员包括: mynumber(机主电话号码)变量以及 showmumber(显示号码)函数,mobilegsm 类的成员包括: memory (gsm 存储卡容量)变量以及 showmemory(显示存储卡容量)函数,mobilecdma 类的成员包括: memory(cdma 存储卡容量)变量以及 showmemory(显示存储卡容量)函数,mobilecell 类的成员包括: OS(操作系统)变量以及 showOS(显示操作系统类型)函数。要求对 mobilecell 对象的各成员变量赋值,显示两种制式手机的电话号码、存储卡容量和操作系统消息。

【问题分析】 本例的继承关系如图 8-2 所示。

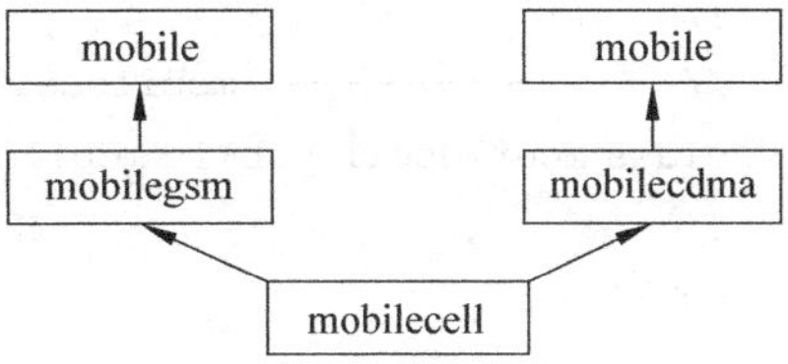

图 8-2 继承关系

【算法描述】 mobilecell 类对象使用 mobile 类成员。

① 定义 mobile 类,包括 mynumber 变量以及 shownumber()函数。

② 定义 mobilegsm 类,包括 memory 变量以及 showmemory()函数。

③ 定义 mobilecdma 类,包括 memory 变量以及 showmemory()函数。

④ 定义 mobilecell 类,包括 OS 变量以及 showOS()函数。

⑤ 创建 mobilecell 类对象,对成员变量赋值并调用函数。

【源程序】

```
#include <iostream>
using namespace std;
//---------------mobile类----------------------
class mobile                                    //基类
{
public:
    char mynumber[11];                          //机主的电话号码
    void shownumber()                           //显示号码
    {
        cout<<"The phone is mobile "<<mynumber<<endl;
    }
};
//---------------mobilegsm类-----------------------
class mobilegsm:public mobile                   //派生类 mobilegsm,继承 mobile
{
public:
    int memory;                                 //新增变量
    void showmemory()                           //显示内存
    {
        cout<<"The memory of gsm is "<<memory<<endl;
    }
};
//---------------mobilecdma类-----------------------
class mobilecdma:public mobile                  //派生类 mobilecdma,继承 mobile
{
public:
    int memory;                                 //新增变量
    void showmemory()                           //显示内存
    {
        cout<<"The memory of cdma is "<<memory<<endl;
    }
```

```
};
//---------------mobilecell类--------------
class mobilecell:public mobilegsm,public mobilecdma          //派生类,多继承
{
public:
    char OS[10];                                            //操作系统,新增变量
    void showOS()                                           //显示操作系统
    {
        cout<<"The OS of the phone is "<<OS<<endl;
    }
};
//-------------mian函数-----------------
int main()
{
    mobilecell Python1;                                     //声明mobilecell类的对象Python1
    strcpy(Python1.OS,"Android");                           //赋值操作系统
    strcpy(Python1.mobilegsm::mynumber,"1302561612");       //gsm卡号码赋值
    Python1.mobilegsm::memory=2;                            //gsm卡内存
    strcpy(Python1.mobilecdma::mynumber,"1399191636");      //cdma卡号码
    Python1.mobilecdma::memory=4;                           //cdma卡内存

    Python1.mobilegsm::shownumber();                        //显示gsm卡号码
    Python1.mobilecdma::shownumber();                       //显示cdma卡号码
    Python1.mobilegsm::showmemory();                        //显示gsm卡内存
    Python1.mobilecdma::showmemory();                       //显示cdma卡内存
    Python1.showOS();                                       //显示操作系统
    return 0;
}
```

【运行结果】

```
The phone is mobile 1302561612
The phone is mobile 1399191636
The memory of gsm is 2
The memory of cdma is 4
The OS of the phone is Android
```

【程序分析】 mobilegsm和mobilecdma各从mobile继承了两个成员mynumber和shownumber()。mobilecell从mobilegsm和mobilecdma派生得到,所以有两个mynumber成员、两个shownumer()成员、两个memory成员和两个showmemory成员。虽然都是公有成员并且是公有继承,但如果使用Python1. mynumber,那么系统就不知道这个number是从mobilegsm来的,还是从mobilecdma来的,所以,使用显式的访问方式"mobilegsm::","mobilecdma::"。其他的也是如此。

【思路扩展】 在主函数中使用strcpy(Python1. mynumber, "1302561612")试试。

使用 strcpy(Python1. mobile::mynumber,"1302561612")呢?

由于派生类继承了多次基类,从而产生了多个拷贝,即不止一次地通过多个路径继承基类,在内存中创建了基类成员的多份拷贝。在该例执行过程中,派生类对象 Python1 会同时拥有两份同名的拷贝(mynumber,shownumber()等)。如果只想保存一个实例,就可以将公共基类定义为虚基类。通过把基类继承声明为 virtual,就可以只继承基类的一份拷贝,从而消除歧义。

虚基类的定义是在派生类的定义过程中进行的,其格式为:

```
class 派生类名:virtual 继承方式 基类名
```

对于该定义,需要作如下的说明:

(1) 用 virtual 限定符把基类继承说明为虚拟的,此时的基类为虚基类。

(2) 声明了虚基类后,虚基类的成员在派生过程中和派生类一起维护同一个内存拷贝。同名虚基类只产生一个虚基类子对象。

【例 8-6】 mobilecell 类的手机是一种单卡双制式手机,即一个号码支持两种发射制式,请重新设计例 8-5。

【问题分析】 本例中的继承关系同例 8-5 是相同的,为了只保留基类 mobile 的一个备份,在 mobilegsm 和 mibilecdma 继承 mobile 时,使用 virtual 关键词。

【源程序】 只列出变化的部分,mobile 类和 mobilecell 类见例 8-5。

① mobilegsm 和 mibilecdma 类的定义,阴影是变化的部分。

```
//---------------mobilegsm类------------------------
class mobilegsm: virtual public mobile           //派生类 mobilegsm,继承 mobile
{
public:
    int memory;                                  //新增变量
    void showmemory()                            //显示内存
    {
        cout<<"The memory of gsm is "<<memory<<endl;
    }
};
//---------------mobilecdma类------------------------
class mobilecdma: virtual public mobile          //派生类 mobilecdma,继承 mobile
{
public:
    int memory;                                  //新增变量
    void showmemory()                            //显示内存
    {
        cout<<"The memory of cdma is "<<memory<<endl;
    }
};
```

② 主函数,阴影是变化的部分。

```
//--------------mian 函数-----------------
int main()
{
mobilecell Python1;                          //声明 mobilecell 类的对象 Python1
strcpy(Python1.OS,"Android");                //赋值操作系统
strcpy(Python1.mynumber,"1302561612");       //gsm 卡号码赋值
Python1.mobilegsm::memory=2;                 //gsm 卡内存
Python1.mobilecdma::memory=4;                //cdma 卡内存
Python1.shownumber();                        //显示 gsm 卡号码
Python1.mobilegsm::showmemory();             //显示 gsm 卡内存
Python1.mobilecdma::showmemory();            //显示 cdma 卡内存
Python1.showOS();                            //显示操作系统
return 0;
}
```

【运行结果】

```
The phone is mobile 1302561612
The memory of gsm is 2
The memory of cdma is 4
The os of the phone is Android
```

【程序分析】 和上例的不同之处在于派生类 mobilegsm 和 mobilecdma 的定义中声明 mobile 为虚基类,mobilecell 类通过 mobilegsm 和 mobilecdma 两条派生路径从基类 mobile 继承得到的拷贝(mynumber 和 shownumber())只有一份,因此可以在派生类中直接使用间接基类的同名变量和函数而不会造成歧义。

【思路扩展】

(1) 能否在主函数中使用 m1.memory=2;语句?

(2) 在 mobilecell 的定义中使用 virtual 行吗? 或只在 mobilegsm 中使用呢? 体会虚基类的用法。

比较以上两个例子可以看出: 在派生类中使用显式访问的方式会使派生类拥有同名成员的多个拷贝,可以存放不同的数据,进行不同的操作,而虚基类方式只会维护一份成员拷贝。

8.5 程序设计实例

8.5.1 从学生到本科生、硕士生、博士生

【例 8-7】 设计一个学生类 Student,由它依次派生出本科生 CollegeStudent、硕士生

GraduateStudent 和博士生 DoctorStudent 类，其中学生类包括学号 stdno、姓名 name、年龄 age、班级 classname 和校名 shoolname 等变量以及显示特征信息的 show()函数。本科生类新增辅导员 classteacher 变量以及显示特征信息的 show()函数。硕士生类新增导师 tutor 和课题 projectname 变量以及显示特征信息的 show()函数。博士生类新增研究项目 researchname 变量以及显示特征信息的 show()函数。在主函数中依次声明每个类的对象，通过构造函数初始化对象并显示各类对象的信息。

【问题分析】 本例练习的是派生类的定义和通过构造函数初始化基类的成员。派生类继承基类时在派生类定义的类名后加“:”、继承方式和基类名称。通过构造函数初始化基类成员需要在构造函数的头部进行。

【算法描述】 由 Student 类依次派生 CollegeStudent、GraduateStudent 以及 DoctorStudent。

① 定义 Student 类，包括 stdno、name、age、mynumbe、classnamer 和 shoolname 变量、构造函数以及 show()函数。

② 定义 CollegeStudent 类，从 Student 派生，新增 classteacher 变量、构造函数以及 show()函数。

③ 定义 GraduateStudent 类，从 CollegeStudent 派生，新增 tutor、projectname 变量，构造函数以及 show()函数。

④ 定义 DoctroStudent 类，从 GraduateStudent 派生，新增 researchname 变量，构造函数以及 show()函数。

⑤ 在主函数中创建 Student 类对象并初始化，调用 show()函数。

⑥ 在主函数中创建 CollegeStudent 类对象并初始化，调用 show()函数。

⑦ 在主函数中创建 GraduateStudent 类对象并初始化，调用 show()函数。

⑧ 在主函数中创建 DoctroStudent 类对象并初始化，调用 show()函数。

【源程序】

```
#include <iostream>
using namespace std;
//----------------Student---------------
class Student                                        //基类,学生类
{
private:
    int stdno;                                       //学号
    char name[20];                                   //姓名
    int age;                                         //年龄
    char classname[20];                              //班级
    char schoolname[20];                             //校名
public:
    //构造函数
    Student(int stdno,char name[],int age,char classname[],char schoolname[])
    {
        this->stdno=stdno;
        strcpy(this->name,name);
```

```
        this->age=age ;
        strcpy( this->classname,classname ) ;
        strcpy( this->schoolname,schoolname ) ;
    }
    void show()                                     //显示信息
    {
        cout <<stdno <<"\t" ;
        cout <<name <<"\t" ;
        cout <<age <<"\t" ;
        cout <<classname <<"\t" ;
        cout <<schoolname <<endl ;
    }
};
//-------------CollegeStudent-----------------
class CollegeStudent : public Student           //派生类,本科生,公有继承
{
private :
    char classteacher[20] ;                         //辅导员
public :
    //构造函数
    CollegeStudent ( int stdno, char name [ ], int age, char classname [ ], char
    schoolname [ ], char classteacher [ ] ): Student (stdno, name, age, classname,
    schoolname)
    {
        strcpy( this->classteacher , classteacher ) ;
    }
    void show()                                     //显示信息
    {
        Student::show() ;
        cout <<classteacher <<endl ;
    }
} ;
//-----------------GraduatedStudent--------------------
class GraduatedStudent : public CollegeStudent     //派生类,硕士生,公有继承
{
private :
    char tutor[20] ;                                //导师
    char projectname[50] ;                          //课题
public :
//构造函数
    GraduatedStudent (int stdno, char name [ ], int age , char classname [ ] , char
    schoolname[] ,char classteacher[] ,char tutor[],char projectname[]):
        CollegeStudent(stdno,name,age,classname,schoolname,classteacher)
    {
```

```
        strcpy( this->tutor , tutor ) ;
        strcpy( this->projectname , projectname ) ;
    }
    void show()                                          //显示信息
    {
        CollegeStudent::show() ;
        cout <<tutor <<"\t" ;
        cout <<projectname <<endl ;
    }
} ;
//--------------DoctorStudent----------------------
class DoctorStudent : public GraduatedStudent        //派生类,博士生,公有继承
{
private :
    char researchname[50] ;                              //研究项目
public :
//构造函数
    DoctorStudent(int stdno,char name[],int age,char classname[],
        char schoolname[],char classteacher[],char tutor[],char projectname[],
        char researchname[]):    GraduatedStudent(stdno,name,age, classname,
        schoolname, classteacher, tutor,projectname)
    {
        strcpy( this->researchname , researchname ) ;
    }
    void show()                                          //显示信息
    {
        GraduatedStudent::show() ;
        cout <<researchname <<endl ;
    }
} ;
//--------------------主函数------------------
int main()
{
    int stdno ;                                          //声明有关变量
    char name[20] ;
    int age ;
    char classname[20] ;
    char schoolname[20] ;
    //输入学生信息
    cout<<"input the information of student:"<<endl;
    cout<<"stdno name age classname schoolname:\n";
    cin>>stdno>>name>>age>>classname>>schoolname ;
    //定义学生类对象,初始化,显示信息
    Student student1( stdno , name , age ,classname , schoolname ) ;
```

```
    cout<<"the information of student is:"<<endl;
    student1.show();
    //输入大学生的班主任
    char classteacher[20] ;
    cout<<"input classteacher of collegestudent:"<<endl;
    cin>>classteacher;
    //定义大学生类对象,初始化,显示信息
    CollegeStudent student2( stdno , name , age ,classname ,schoolname ,classteacher );
    cout<<"the information of collegestudent is:"<<endl;
    student2.show();
    //输入导师的名字和课题名
    char tutor[20] ;
    char projectname[50] ;
    cout<<"input tutor and projectname of graduatestudent:"<<endl;
    cin>>tutor>>projectname;
    //定义硕士研究学生类对象,初始化,显示信息
    GraduatedStudent student3 (stdno, name, age, classname, schoolname, classteacher,
    tutor, projectname);
    cout<<"the information of graduatestudent is:"<<endl;
    student3.show();
    //输入研究项目名
    char researchname[50] ;
    cout<<"input researchname of doctorstudent:"<<endl;
    cin>>researchname;
    //定义博士生类对象,初始化,显示信息
    DoctorStudent student4(stdno,name,age,classname,
        schoolname,classteacher,tutor,projectname,researchname);
    cout<<"the information of doctorstudent is:"<<endl;
    student4.show();

    return 0 ;
}
```

【运行结果】

```
input the information of student:
stdno name age classname schoolname:
1 john 20 computer01 jiaotong
the information of student is:
1 john 20 computer01 jiaotong
input classteacher of collegestudent:
teacherwang
the information of collegestudent is:
1 john 20 computer01 jiaotong
teacherwang
```

```
input tutor and projectname of graduatestudent:
mrwang
NSF
the information of graduatestudent is:
1 john 20 computer01 jiaotong
teacherwang
mrwang NSF
input researchname of doctorstudent:
network
the information of doctorstudent is:
1 john 20 computer01 jiaotong
teacherwang
mrwang NSF
network
```

【程序分析】 本例中基类与派生类之间属于单继承关系。继承过程中不仅保存了基类成员，还添加了新成员，尤其是每个类中的 show()函数。由于与基类、甚至间接基类同名，存在同名覆盖的现象，因此通过派生类对象访问的是派生类的成员。

【思路扩展】

(1) 为各类加入析构函数，观察运行结果，分析析构函数的执行顺序。

(2) 在日常生活中，还有哪些通过单继承构成类族的例子?

8.5.2 从 U 盘到 MP3

【例 8-8】 设计一个 U 盘类 UDISK，由它派生出 MP3 类 MP3，其中 U 盘类只具有存储数据的功能，即包括按行存储信息的指针数组 crow、实际存储行数 nrow 以及构造函数、按行读信息函数 read、按行写信息函数 write；MP3 类新增播放音乐函数 play，要求模拟 U 盘的读写操作以及 MP3 的播放功能。

【问题分析】 U 盘具有存储功能，题目要求的属性有指针数组和实际存储的行数。指针数组的大小决定了 U 盘存储的行数。设指针数组的大小为常量，比如 100。写信息即让指针数组的一个元素指向一个字符串，读取信息即显示某行字符。MP3 是在存储功能基础上多了播放音乐的功能，play 的功能可以设计为“播放”指定 mp3 文件。

【算法描述】 由 U 盘类派生 MP3 类。

① 定义 UDISK 类，数据成员包括字符型指针数组 crow、实际行数变量 nrow，成员函数包括构造函数、读若干行的函数 read()和写一行的函数 write()。

② 定义 MP3 类，包括播放指定文件的函数 play()。

③ 创建 UDISK 对象，调用 write()和 read()函数。

④ 创建 MP3 对象，调用 play()函数。

【源程序】

```
#include <iostream>
#include <windows.h>
```

```
#include <mmsystem.h>                                    //媒体控制函数的头文件
#pragma comment(lib,"WINMM.LIB")                         //媒体控制库
using namespace std ;
//-------------U盘类-------------
class UDISK
{
private:
    char * crow[100];                                    //字符指针数组
    int nrow;                                            //实际行数
public:
    UDISK(void)                                          //构造函数
    {
        nrow=0;                                          //初始实际行数为 0
    }
    void read(int start,int end);                        //读指定范围的行
    void write(char * pstr);                             //写一行
};
void UDISK::read(int start,int end)                      //读信息
{
    int i=0;
    if(start<1)start=1;
    if(end>nrow) end=nrow;
    for(i=start-1;i<end;i++)
    {
        cout<<crow[i]<<endl;
    }
}
void UDISK::write(char * pstr)                           //写信息
{
    crow[nrow]=pstr;
    nrow++;
}
//---------------MP3类--------------------
class MP3:public UDISK
{
public:
    void play(char * pstr);                              //播放
};
//MP3的成员函数
void MP3::play(char * pstr)
{
    char str[100]="play ";                               //play后有空格
    strcat(str,pstr);
    cout<<str;
```

```
        mciSendString(str,NULL,0,NULL);
    }
    //--------主函数------------------
    int main()
    {
        UDISK U1;                                        //U 盘对象
        cout<<"--模拟 U 盘写--"<<endl;
        U1.write("劝学");                                //U 盘写数据
        U1.write("三更灯火五更鸡,");
        U1.write("正是男儿读书时。");
        U1.write("黑发不知勤学早,");
        U1.write("白首方悔读书迟。");

        cout<<"--模拟 U 盘读  "<<endl;
        U1.read(1,5);                                    //U 盘读数据

        MP3 M1;                                          //MP3 对象
        cout<<"--模拟 MP3 播放--"<<endl;
        M1.play("hello.mp3");                            //播放 MP3
        char a;
        cin>>a;                                          //输入任一字符,终止音乐播放
        return 0;
    }
```

【程序分析】 本例中利用指针数组模拟了 U 盘记录多行文字的功能。MP3 类通过继承 U 盘类,不仅能够当作 U 盘使用,还新增了音乐播放功能。函数 play 使用了 Windows 的一个 API 函数——mciSendString,能够在控制台环境中真正播放 MP3 音乐,该函数的第一个参数的后半部分为 MP3 文件的绝对路径和名称。本例将音乐文件 hello.mp3 与可执行文件放在了同一路径中,当然也可以改为其他路径或文件,如 f:\HappyNewYear 等。使用该函数时还需要在程序的头部加入以下几行:

```
#include <windows.h>
#include <mmsystem.h>
#pragma comment(lib,"winmm.lib")
```

【思路扩展】 还可以为 U 盘和 MP3 类添加什么功能?如何实现?

8.6 小结

(1) 继承是软件复用的一种形式,可从现有的类建立新类。

(2) 派生类继承基类的方式包括公有继承、私有继承和保护继承。

(3) 定义派生类对象时,先调用基类的构造函数再调用派生类自己的构造函数。析构函数的执行顺序与其相反。

(4) 派生类继承基类时，不但可以增加成员，还可以对基类进行函数覆盖和变量隐藏。

(5) 基类的构造函数和析构函数不能被继承。

(6) 从多条路径继承了同一个基类时，如果只需要保留基类的一个拷贝，则使用 virtual 将基类说明为虚基类。

习题 8

1. 设计一个点类 Point 和其派生类彩色点类 ColorPoint。

2. 设计一个 Person 类和其派生类教师 teacher，新增的属性有专业、职称和主讲课程，并为这些属性定义相应的方法。

3. 设计一个汽车类 vehicle，包含的数据成员有车轮个数 wheels 和车重 weight。小车类 car 是它的私有子类其中包含载人数 passenger_load。卡车类 truck 是 vehicle 的私有子类其中包含载人数 passenger_load 和载重量 payload，每个类都有相关数据的输出方法。

4. 研究生类既有学生类的特征，又有教师类的特征，试通过多重继承说明一个研究生类，包括设置学生和教师的相关属性以及显示学生和教师的相关属性等功能。

5. 日期时间类 DateTime 既有日期类 Date 的特征，又有时间类 Time 的特征。试通过多继承说明一个日期时间类，包括设置时间和日期，进行时间和日期的加减运算，按照各种可能格式输出时间和日期等功能。

6. 在几何图形类 Shape(自己设计属性和方法)的基础上，派生出椭圆类 Ellispe，其属性为圆心坐标及半长轴和半短轴的长度，并用通过构造函数对这些属性初始化，通过成员函数计算椭圆的面积。

7. 用继承的方法描述下列类：商品类、家电类、电视类。自己设计其属性和方法，编写主函数对各类事物的特征和功能进行模拟。

第9章 统一接口 不同实现——多态性

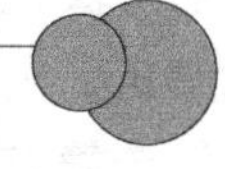

多态指事物的多种形态。老师布置了一个作文题目“我的母校”,不同的学生用不同的方式描写了自己的母校(大多数还是不同的学校)。对“以‘我的母校’为题写一篇作文”这条消息,不同的人写法是不同的,可以说“反应”不同,术语说“响应”不同。

C++ 中,对象在接收到同样的消息时,能够做出不同响应的特性称为多态。“接收到同样的消息”可以是调用同名的函数,“做出不同响应”指函数的实现方式或功能有所不同。

如果没有多态,意味着老师要为每个同学出不同的作文题目,你写学校 A,他写学校 B……

9.1 多态性概述

其实,在接触多态这个词之前,大家已经用过多态了。前面用过加运算,运算符是“+”。如果是两个整数,“+”表示数量上的加;如果是两个 string 类型的字符串,“+”表示前后两个字符串连接起来。还用过重载函数,其实不同量的“+”表示不同的意义也是重载,称为运算符的重载。重载就是多态的一种。

1. 多态的类型

在面向对象程序设计中,多态一般有四类:重载多态、强制多态、包含多态和参数多态。重载多态主要包括函数重载、运算符重载等;强制多态是指将一个变量的类型转换成符合函数或者操作的类型,如强制类型转换;包含多态主要研究类族中不同类中的同名成员函数的多态行为,可以通过虚函数实现;参数多态与类模板相关联,与类型有关。本章的多态主要介绍包含多态和重载多态。

2. 多态的实现方式

使用函数的重载,在编译阶段,系统就能根据调用函数的参数的不同确定具体调用哪个函数。这种实现多态的方式称为**编译时多态**。编译时多态性指同一类的不同对象或同一对象在不同环境下调用名称相同的成员函数,所完成的功能不同。函数重载和运算符的重载都属于这一类。确定操作具体对象的过程称为**绑定**(binding),即把一个标识符和一个存储地址联系在一起的过程。用面向对象的术语来讲，就是把一条消息和一个对象的方法（成员函数）相结合的过程。这种在编译连接阶段完成绑定工作的情况称为**静态绑定**。

静态绑定的优点是在访问这些函数时没有运行时间开销，函数的调用与函数定义的绑定在程序执行前进行。因此，一个成员函数的调用并不比普通函数的调用更费时。静态绑定存在几个严重的限制。其中最主要的限制是，不经过重新编译，程序将无法实现。

运行时多态性是指同属于一个基类的不同派生类的对象。通过指针或引用调用从基类继承的同一成员函数时，实际调用了各自派生类的同名函数成员。运行时的多态是通过继承和虚函数来实现的。在程序运行阶段完成绑定工作，称为**动态绑定**，又称为晚期绑定或后绑定。

动态绑定使绑定可以从一个调用改变为另一个调用，动态绑定无须重新编译程序就能够实现。动态绑定的主要不足是运行时的时间开销稍大于静态绑定。尽管如此，动态绑定几乎在所有的面向对象的语言和系统中都给予了实现。动态绑定提供的灵活性是一个面向对象的环境所期望的关键特征之一。

3. 派生类对象对基类对象的替换

基类描述的是一类稍大的事物，派生类描述的是大类中的一个小类。如果 mobile 描述的是手机类，mobilegsm 描述 GSM 手机，则 GSM 手机是手机的子类，可以从 mobile 派生出来。如果 m 是手机类 mobile 的对象，gsm 是 GSM 手机类 mobilegsm 的对象，那么让 m＝gsm（赋值）可不可以呢？然后通过 m 能访问 gsm 的成员吗？

【例 9-1】 设计一个手机类 mobile，数据成员为本机号码，成员函数 showstd()显示制式。由 mobile 派生出 GSM 制式手机类 mobilegsm 和 CDMA 制式手机类 mobilecdma，它们也由成员函数 showstd()显示制式。在主函数中，分别声明基类和派生类的对象，将派生类对象赋值给基类对象，将基类的指针指向派生类对象，用派生类对象初始化基类对象的引用，对上述的每次对象的操作，都访问一次 showstd()函数。先分析每个 showstd()的结果，然后再运行程序，观察结果，分析原因。

【问题分析】 由于基类 mobile 的对象并不知是什么制式，在 showstd()函数中显示“unclear”。在 mobilegsm 和 mobilecdma 的 showstd()中分别显示“GSM”和“CDMA”。

【源程序】

```
#include <iostream>
using namespace std;
//-------------mobile类-----------------
class mobile
{
public:
    char mynumber[11];                          //机主的电话号码
    void showstd()                              //显示制式
    {      cout<<"---Unclear---"<<endl;    }
};
```

```
//---------------mobilegsm----------------
class mobilegsm:public mobile
{
public:
    void showstd()                              //显示制式
    {       cout<<"-----GSM-----"<<endl;    }
};
//---------------mobilecdma类--------------
class mobilecdma:public mobile
{
public:
    void showstd()                              //显示制式
    {       cout<<"----CDMA-----"<<endl;    }
};
//-----------main function------------------
int main()
{
    mobile m, * p1;                             //基类对象指针 p1,基类对象 m
    mobilegsm gsm;                              //GSM 派生类对象
    mobilecdma cdma;                            //CDMA 派生类对象

    //-------通过各类对象访问 showstd()----
    m.showstd();
    gsm.showstd();
    cdma.showstd();

    //-------通过基类对象访问 showstd()----
    m=gsm;                                      //用 gsm 类对象给 mobile 类对象赋值
    m.showstd();                                //分析显示结果
    m=cdma;                                     //用 cdma 类对象给 mobile 类对象赋值
    m.showstd();                                //分析显示结果

    //-------通过基类指针访问 showstd()----
    p1=&gsm;                                    //用 gsm 类对象地址给 mobile 类对象赋值
    p1->showstd();                              //分析显示结果
    p1=&cdma;                                   //用 cdma 类对象地址给 mobile 类对象赋值
    p1->showstd();                              //分析显示结果

    //-------通过基类的引用访问 showstd()----
    mobile &p4=gsm;                             //以 gsm 类对象初始化 mobile 类引用
    p4.showstd();                               //分析显示结果
    mobile &p5=cdma;                            //以 cdma 类对象初始化 mobile 类引用
    p5.showstd();                               //分析显示结果
    return 0;
```

```
}
```

【运行结果】

```
---Unclear---
-----GSM-----
----CDMA-----
---Unclear---
---Unclear---
---Unclear---
---Unclear---
---Unclear---
---Unclear---
```

【程序分析】 该例针对两种不同发射制式的手机，建立了以 mobile 为基类的两个派生类 mobilegsm 和 mobilecdma。在主函数中定义了 mobile 类的对象 m、指针 p1、引用 p4、p5。无论对象 m 以及指针 p1 所指的是哪种制式的手机对象，调用的 showstd()函数都是基类的成员函数。这是由派生类替代基类对象的原则决定的。

派生类对象替代基类对象的常见形式有：

(1) 派生类对象可以给基类对象赋值，如 m＝gsm。

(2) 派生类对象可以初始化基类对象的引用，如 mobile &p4＝cdma。

(3) 基类对象的指针可以指向派生类对象，即将派生类对象的地址传递给基类指针，如 p1＝&gsm。

无论上述哪一种替换形式，不论派生类是否存在同名覆盖，派生类对象替代基类对象后，就只能当作基类对象使用，只能访问基类的成员。

9.2 虚函数

基类指针 p1 指向派生类对象 gsm 时，能不能访问派生类的成员呢？

1. 将成员函数声明为虚函数

例 9-1 的源程序中，在类 mobile 的成员函数 showstd()的 void 之前加上“virtual”，后留一个空格，即将 mobile 类写为：

```
class mobile
{
public:
    char mynumber[11];                              //机主的电话号码
    virtual  void showstd()                         //显示制式
    {       cout<<"---Unclear---"<<endl;     }
};
```

其他部分不做改动，观察这时的运行结果：

```
---Unclear---
-----GSM-----
----CDMA-----
---Unclear---
---Unclear---
-----GSM-----
----CDMA-----
-----GSM-----
----CDMA-----
```

注意到，前5行没有改变。它们是原各类的对象和派生类对象给基类对象赋值的成员函数访问结果。后面的4行是指向派生类对象(gsm、cdma)的基类指针和基类引用访问成员函数的结果。这使得p1指向派生类对象gsm时，访问的是gsm的showstd()而不再是基类的showstd()了，与例9 1相差一个词：virtual。标有前缀virtual的函数称为**虚函数**。

虚函数可以定义在基类和派生类中，定义格式如下：

```
virtual <返回类型> <成员函数名>(形参列表);
```

虚函数是基类的一种成员函数，它可以在派生类中被重新定义并被赋予另外一种处理功能。虚函数在基类和派生类中有相同的函数名、返回类型和参数，可以有不同的函数体，即可以有不同的实现方法和功能。从本质上讲，虚函数实现了“一个接口，多种方法”的理念，而这种理念是多态性的基础。基类的虚函数定义了该函数的接口形式，而在派生类中虚函数可以重新定义其功能。

2. 虚函数的使用限制

使用虚函数，可以声明基类的指针，运行过程中根据用户的输入使该指针指向不同的派生类的对象，使用相同的访问方法(如p1－＞showstd())，访问不同的派生类的成员。

虚函数的使用有以下规则：

(1) 通过指针或者引用调用虚函数，才能实现多态性。通过对象名调用不能实现多态，如m＝gsm；m. showstd()；访问的是基类成员。

(2) 在派生类中重定义的基类虚函数仍然为虚函数，同时可以省略virtual。虚函数在派生类中重定义时，函数的名称、返回类型、参数类型、个数及顺序与基类虚函数完全一致。

(3) 派生类对虚函数的重新定义与函数重载不同。重新定义的虚函数原型必须完全符合基类中指定的原型，重载函数时需要参数个数或者参数的类型不同，如果在重新定义虚函数时改变了原型，则该函数被认为是重载，其虚函数特性将丧失。虚函数是类的运行时多态的体现，而函数重载和运算符重载是类的编译时多态。

(4) 不能定义虚构造函数，可以定义虚析构函数。

9.3 抽象类

三角形、矩形、圆、椭圆,可以概括为几何图形。具体的几何图形一般都能计算其周长和面积。然而如果要描述"形状"(Shape)这样一个类别的事物,它的面积、周长的函数却无法定义,只有具体的形状才可以计算。但面积函数的名称取为area(),周长函数的名称取为circumference()是可以的,返回值都是double。这样由此派生出来的三角形、矩形等具体形状的类就可以继承并重新定义这些成员函数,当然不同的形状有不同的计算周长和面积的方法,但函数的形式都是一样的,又是"一个接口,多种方法"。描述几何形状的Shape类的定义如下:

```
class  Shape
{
public:
    double area(){};
    double circumference(){};
};
```

因为成员函数area()和circumference()无法真正定义,所以C++专门为这样的成员函数设计了一种格式,称为纯虚函数。

1. 纯虚函数

纯虚函数(pure virtual function)是在基类中没有定义的虚函数,其声明格式为:

```
virtual <返回类型><函数名>(<参数列表>)=0;
```

说明:

(1) 纯虚函数与虚函数定义格式上的区别就在于末尾的"=0"。

(2) 纯虚函数在基类中声明后,不能再定义其函数体,具体实现过程只能在派生类中完成。这样,类Shape可以定义为:

```
class  Shape                                    //表示几何形状的类 Shape
{
public:
    virtual double area()=0;                    //=0,纯虚函数
    virtual double circumference()=0;           //=0,纯虚函数
};
```

2. 抽象类

至少包含一个纯虚函数的类称为**抽象类**(abstract class)。它规定一些外部调用的接口格式,而不编写这些接口的具体代码。因为抽象类要作为基类被其他类继承,所以通常也将其称为**抽象基类**(abstract base class)。

对于抽象类：

(1) 抽象类不能实例化，即不能用抽象类声明对象。

(2) 抽象类只作为基类被继承，无派生类的抽象类是无意义的。

(3) 可以定义抽象类的指针或引用，这个指针或引用通过指向派生类对象，可以实现多态性。

在很多情况下，定义不实例化为任何对象的类也是很有用的。虽然它不能实例化，但它却为派生类的相应功能制订了统一的使用格式，通过基类的指针或引用实现多态性。

【例 9-2】 定义抽象类 Shape，将 area()和 circumference()声明为纯虚函数。再从 Shape 派生出矩形类 Rectangle 和圆类 Circle，定义相应的面积和周长函数。编写主函数，检验 Shape、Rectangle 和 Circle 的功能。

【问题分析】 定义抽象类，其中至少有一个纯虚函数，即声明时前面写“virtual”后面写“=0;”。功能的检验可以试着声明 Shape 的对象，观察编译结果。声明基类的指针和引用，指向派生类对象实现多态性。

【源程序】

```
#include<iostream>
#include<cmath>
using namespace std;
#define PI 3.1415926                            //定义常量(宏)
//------表示几何形状的 Shape 类------
class  Shape                                    //抽象类
{
public:
    virtual double area()=0;                    //=0,纯虚函数
    virtual double circumference()=0;           //=0,纯虚函数
};
//--------派生类 Rectangle---------
class Rectangle:public Shape//公有继承
{
private:
    int x,y;                                    //表示位置
    int  width,hight;                           //表示宽、高
public:
    Rectangle(int x,int y,int w,int h)          //构造函数
    {
        this->x=x;this->y=y;
        width=w;hight=h;
    }
    virtual double area()                       //面积
    {
        return width*hight;
    }
```

```
    virtual double circumference()                //周长
    {
        return 2.0 * (width+hight);
    }
};
//----------派生类  圆类----------
class Circle:public Shape//公有继承
{
private:
    int x,y;                                       //位置
    int  r;                                        //半径
public:
    Circle(int x,int y,int r)                      //构造函数
    {
        this->x=x;this->y=y;this->r=r;
    }
    virtual double area()                          //面积
    {
        return PI * r * r;
    }
    virtual double circumference()                 //周长
    {
        return 2.0 * PI * r;
    }
};
//------------主函数------------
void main()                                        //
{
    //Shape sp1;                                   //声明抽象类 Shape 的对象
    Rectangle r1(10,10,10,5);                      //声明矩形类对象,用构造函数初始化
    Circle    c1(1,2,1);                           //声明圆类对象,用构造函数初始化
    Shape * p1=&r1,&p2=c1;                         //声明基类的指针和引用,并分别指向
    //指向矩形 r1 的基类指针 p1
    cout<<p1->area()<<endl;                        //矩形面积
    cout<<p1->circumference()<<endl;               //矩形周长
    //基类的引用 p2 初始化为圆类的对象 c1
    cout<<p2.area()<<endl;                         //圆的面积
    cout<<p2.circumference()<<endl;                //圆的周长
}
```

【程序分析】 主函数中,如果写上 Shape sp1;,编译时产生下列错误:

```
cannot instantiate abstract class due to following members:
```

这就是由于纯虚函数的原因不能实例化抽象类。其他与虚函数的使用是一样的,通过基

类的指针实现运行时的多态性。

另外注意，不管是圆还是矩形，它们计算面积和周长的方法都是一样的，这就是“接口统一”。“接口统一”使得调用同类函数实现相似功能变得简单。

【思路扩展】 将例 9-1 的 mobile 类变成抽象类，编写派生类 mobilegsm 和 mobilecdma。再编写主函数验证各类的功能。

面向对象编程的核心内容之一是遵循“一个接口，多个方法”的原则，即定义一个一般的功能类，该类的接口是固定的，当涉及派生类所用的数据类型时，每个派生类可以执行各自特有的操作。实现“一个接口，多个方法”原则最有效、最灵活的方法之一就是利用虚函数、抽象类以及运行时的多态性。利用这些特性，可以创建一个从一般到特殊（从基类到派生类）的类层次结构。按照这种理念，可以在一个基类中定义所有的通用功能和接口。在一些操作只能通过派生类实现的情况下，应该使用虚函数。从本质上讲，可以在基类中创建和定义与一般情况有关的所有事物，派生类则填充具体的内容。

9.4 运算符重载

前面讲过，数组不能整体输入、输出，不能整体赋值，不支持数组的相加。这是由于 C++ 没有定义数组的这些运算。但是，C++ 提供了一种扩展运算的方法，即运算符的重载。也就是说，程序员可以自己重新规定＋、－、＊、/、＜＜、＜＜等运算符的功能，从而实现原来没有的运算，比如向量的整体加。运算符重载时，不会失去原来的意义；相反，它适用的对象类型得到了拓宽。与函数的重载和虚函数一样，运算符重载也从一个方面体现了多态性。

通过创建运算符函数，可以重载运算符。运算符函数使用关键字 operator 创建，其格式为：

```
<类型><类名>::operator <操作符>(<参数表>)
{     <函数体(运算的实现)>    }
```

对于该定义，需要作如下的说明：

(1) ＜类型＞是函数的返回值类型，即运算符的运算结果的类型；＜类名＞是该运算符重载所属类的类名；＜操作符＞即所重载的运算符，可以是 C++ 中除了“.”、“::”、“＊”（访问指针内容的运算符，与该运算符同形的指针说明运算符和乘法运算符允许重载）和“?:”以外的所有运算符。

(2) 不能改变运算符操作数的原有个数，不能改变运算符原有的优先级、结合性以及语法结构等。例如单目运算符和双目运算符的性质不可改变。

(3) 对于“＝”赋值运算符一般不需要进行重载。如果确有必要重载，一定要在重载函数体的尾部加入“return ＊this；”语句。

(4) 由于“＋＋"、“－－”运算符有前置和后置之分，因此对于“＋＋”和“－－”赋值运算符的重载，需要采用两种类似但不同的格式。

当“＋＋"、“－－”为前置运算时，运算符重载函数的格式为：

```
<类型> operator++();                              //括号中为空
<类型>operator--();                               //括号中为空
```

当"++"、"--"为后置运算时,运算符重载函数的格式为:

```
<类型>operator++(int);                            //括号中写"int",并不是形参
<类型>operator--(int);                            //括号中写"int"
```

其中,参数int仅作后置标志,并无其他意义,可以给一个变量名,也可以不给出变量名。

(5) 在C++中访问数组元素时,系统不对下标做越界检查,但C++允许用户通过重载下标运算符来实现这种检查或完成更广义的操作。对于数组的下标运算符的重载,需要采用如下类似的格式:

```
<类型>  & operator [](int i);
```

其中,参数i是指定的下标值。下标运算符重载函数有且仅有一个参数,称为下标。

(6) 运算符重载函数的定义中,由程序员给出的具体操作不要求与所重载的运算符的本身含义相同。

【例9-3】 模拟时钟。定义Time类表示时钟,重载单目运算符(++)模拟秒针走动。每做一次自增运算代表秒针走一秒,满60秒进一分钟,秒又从0开始计数。要求输出秒针每走一次后的分、秒值。

【问题分析】 为简化,时钟Time类只有表示分和秒的两个成员,重载前置++和后置++运算符,功能是秒加1。注意后置++的功能是先引用对象再加1,所以应先保存原对象,再加1,返回原来的对象。

【算法描述】 时钟模拟。

① 定义时钟类Time,成员有minute(分)和second(秒)以及构造函数、显示函数display和"++"运算符重载函数。

② 创建Time类的对象。

③ 通过两个循环分别调用前置++和后置++运算符模拟走时,每走一秒显示一次时间。

【源程序】

```
#include <iostream>
#include <iomanip>
using namespace std;
//----------时钟类------------
class Time
{
 int minute;                                       //分
 int second;                                       //秒
public:
 Time(int m,int s):minute(m),second(s){}           //构造函数
```

```
    Time operator++()                                    //重载前置++
    {
        ++second;                                        //秒加 1,这是整数的加 1
        if(second>=60)
        {
            ++minute;
            second-=60;
        }
        return *this;                                    //返回当前对象
    }
    Time operator++(int)                                 //重载后置++
    {
        Time t(0,0);                                     //创建临时对象
        t.minute=minute;                                 //保存原值
        t.second=second;
        second++;                                        //秒加 1,这是整数的加 1
        if(second>=60)
        {
            minute++;
            second-=60;
        }
        return t;                                        //返回原值
    }
    void display()                          //显示时间,其中 setw(2)表示显示的数据占 2 个字符位置
    {
        cout<<setfill('0')<<setw(2)<<minute<<":"<<setw(2)<<second<<endl;
    }
};
//-----------main--------------
int main()
{
    Time t1(30,58);                                      //30 分 58 秒
    for(int i=0;i<3;i++)                                 //模拟秒针
    {
        ++t1;
        t1.display();                                    //每走一秒显示一次
    }

    Time t2(30,58);
    ++t2;                                                //前置++单独使用
    t2.display();

    Time t3(30,58);
    t3++;                                                //后置++单独使用
    t3.display();
```

```
 Time t4(30,58);
 (++t4).display();                                    //前置++作为表达式使用

 Time t5(30,58);
 (t5++).display();                                    //后置++作为表达式使用
 return 0;
}
```

【运行结果】

```
30:59
31:00
31:01
30:59
30:59
30:59
30:58
```

【程序分析】 对“++”运算符，操作数就是当前对象本身。运行结果中，前三行是循环产生的结果，每使用一次“++t1”，秒数加 1。第 4、5 行是前后++和后置++作为单独的语句时的结果，都加了 1，结果一样。第 6、7 行是前置++和后置++作为表达式时，表达式的值的显示，后置++是先引用再加 1，所以是 30：58，而不是 30：59。

【思路扩展】 如果在 Time 类中再加入成员——时(hour)，该如何修改程序完成时、分、秒的计时关系？

【例 9-4】 复数运算：重载“＝”和“＋”运算符，实现复数赋值以及复数和复数、复数和实数的加运算。编写主函数，检验复数类的功能。

【问题分析】 本例需要考虑的问题包括：“＋”和“＝”运算符重载。

【算法描述】 实现两个复数或者复数与实数的相加运算。

① 定义复数类 Complex，包括构造函数、获取复数实部(Real)的函数、获取复数虚部的函数(Image)以及“＋”和“＝”运算符重载函数。

② 创建 Complex 类的两个对象。

③ 求两个对象的和并给出结果。

④ 求一个复数对象与一个实数相加的和并给出结果。

【源程序】

```
#include <iostream>
using namespace std;
class Complex                                    //-------------复数类--------------
{
private:
    double real, imag;
public:
    Complex(double r=0, double i=0): real(r), imag(i){}       // 构造函数
```

```
    double Real(){return real;}                      //获取实部
    double Imag(){return imag;}                      //获取虚部
    Complex operator+(Complex&);                     //重载"+"运算符,实现复数+复数
    Complex operator+(double);                       //重载"+"运算符,实现复数+实数
    Complex operator=(Complex);                      //重载赋值运算符
    void  Complex::show();
};
Complex Complex::operator+(Complex &c)               //重载运算符+,复数+复数
{
    Complex temp;
    temp.real=real+c.real;
    temp.imag=imag+c.imag;
    return temp;
}
Complex Complex::operator+(double d)                 //重载运算符+,复数+实数
{
    Complex temp;
    temp.real=real+d;
    temp.imag=imag;
    return temp;
}
Complex Complex::operator=(Complex c)                //重载运算符=
{
    real=c.real;
    imag=c.imag;
    return * this;
}
void  Complex::show()
{
    if(imag>0)
        cout<<real<<"+j"<<imag;
    else if(imag<0)
        cout<<real<<"-j"<<(-imag);
    else
    {
        cout<<real;
    }

}
//-------------------------测试主函数------------------
int main()
{
    Complex c1(3,-4),c2(5,6),c3;                     //声明并初始化对象
    cout <<"c1=";  c1.show();  cout<<endl;           //显示 c1
```

```
    cout <<"c2="; c2.show(); cout<<endl;      //显示 c2
    c3=c1+c2;
    cout <<"c3="; c3.show(); cout<<endl;      //显示 c3
    c3=c3+6.5;
    cout <<"c3+6.5="; c3.show(); cout<<endl;
    return 0;
}
```

【运行结果】

```
c1=3-j4
c2=5+j6
c3=8+j2
c3+6.5=14.5+j2
```

【程序分析】 在该例中,对运算符"+"进行了两次重载,分别用于两个复数的加法运算和一个复数与一个实数的加法运算。重载运算符时,对参数的个数有一定的限制。例如对于双目运算符的重载需要而且仅要一个参数,该参数是运算的右操作数,而左操作数则为该类对象本身。

【思路扩展】

(1) 如何重载"="、"-"、"*"实现复数的减和乘运算?

(2) 如何重载"<<"直接输出复数?

【例 9-5】 数组下标越界检查:英文单词类 Word 包含不定长度的单词 str、单词的实际长度 len 以及构造函数、析构函数、"[]"运算符重载函数和显示单词函数 display()。要求通过下标值输出单词中的一个字母时,系统能自动检查下标是否越界。

【问题分析】 重载运算符[],在函数中检查下标是否越界,不越界时返回单词的下标是 i 的字符串,越界时输出"下标越界",返回 0。

【算法描述】 实现数组下标的越界检查。

① 定义单词类 Word,包括 str、len 数据成员以及构造函数、析构函数、"[]"运算符重载函数和 display()函数。

② 创建并初始化 Word 类的对象 word。

③ 输出。

【源程序】

```
#include <iostream>
using namespace std;
class Word                                      //------Word类---------
{
    char * str;
    int len;
public:
    Word(char * Str)                            //构造函数
    {
```

```
        len=strlen(Str);
        str=new char[len+1];
        strcpy(str,Str);
}
    ~Word()    {    delete[]str;    }                  //析构
    char & operator[](int i)                           //重载运算符[]
    {
        if(i>=0&&i<len) return *(str+i);
        else                                           //下标越界检查
        {
            cout<<"下标越界,返回第 1 个元素!"<<endl;
            return   *(str+0);
        }
    }
    void display()    { cout<<str<<endl; }             //显示
};
int main()                                             //主函数
{
    Word word("Goodbye");                              //创建对象,并进行初始化
    word.display();                                    //显示完整的单词
    word[1]='a';          //注意,char & operator[](int i) 返回引用,使 word[1]能被赋值
    cout<<"输出位置 0,1:";
    cout<<word[0]<<word[1]<<endl;                      //显示第 0、1 个字母
    cout<<"输出位置 15:";
    cout<<word[15]<<endl;                              //显示越界
    return 0;
}
```

【运行结果】

```
Goodbye
输出位置 0,1:Ga
输出位置 15:下标越界,返回第 1 个元素!
G
```

【程序分析】 在该例中,对运算符"[]"进行了重载,重载运算符的操作数就是该类对象的下标值。在运算符重载定义中,可以检查该类对象的下标值是否越界,这对于完善该类对象的定义是非常有意义的。

【思路扩展】 如何实现对整型数组的越界检查?

9.5 程序设计实例

9.5.1 从几何形状到点、圆和矩形

【例 9-6】 设计一个几何形状抽象类 Shape,使其能派生出点 Point、圆 Circle,矩形 Rectangle 类。派生类对象能够依据各自的特征实现求面积、输出图形名称和输出图形关

键信息等功能，并实现运行时动态绑定。将类的定义、类的实现和类的使用存放在不同的文件中。

【问题分析】 由于抽象类中只有接口的说明，因此在定义抽象类 Shape 的基础上，还要在派生类中根据不同的特征完成接口的实现。通过基类对象指针以及引用访问派生类对象可以实现动态绑定。

【算法描述】 抽象类和具体类的接口和实现。

① 定义 Shape 类，包含求面积(Area())、输出图形名称(PrintName())和输出图形关键信息(Print())等纯虚函数。

② 定义 Point 类，包含构造函数、设置坐标(SetPoint())、取 x 坐标(GetX())、取 y 坐标(GetY())以及 PrintName()和 Print()函数。

③ 定义 Circle 类，包含构造函数，设置半径(SetRadius())、取半径(GetRadius())、Area()、PrintName()和 Print()函数。

④ 定义 Rectangle 类，包含构造函数、设置长度(SetLength())、设置宽度(SetWidth())、取长度(GetLength())、取宽度(Getwidth())、Area()、PrintName()和 Print()函数。

⑤ 在主函数中创建 Point、Circle 和 Rectangle 类的对象并输出对象信息。

⑥ 定义基类对象指针，通过基类对象指针访问派生类对象并访问虚函数实现动态绑定。

⑦ 定义基类对象引用，通过基类对象引用访问派生类对象并访问虚函数实现动态绑定。

【源程序】

① Shape.h 文件，定义抽象基类 Shape

```
#ifndef SHAPE_H                                        //条件编译
#define
#include <iostream>
#include <cmath>
#include <cstring>
using namespace std ;
class Shape                                            //形状类
{
public:
virtual double Area() const{return 0.0;}
virtual void PrintName() const=0;
virtual void Print() const=0;
};
#endif
```

② Point.h，点类的定义

```
#ifndef POINT_H
#define POINT_H
#include "Shape.h"
```

```
class Point: public Shape                                  //点类,由 Shape 类派生
{
 int x,y;                                                  //点的 x 和 y 坐标
 public:
 Point( int=0,int=0);                                      //构造函数
 void SetPoint(int,int);                                   //设置坐标
 int GetX(){return x;}                                     //取 X 坐标
 int GetY(){return y;}                                     //取 Y 坐标
 virtual void PrintName() const{cout<<"Point:";}
 virtual void Print() const;                               //输出点的坐标
};
#endif
```

③ Point.cpp，Point 类的实现

```
#include <iostream>
#include "Point.h"
using namespace std;
Point::Point(int a,int b){SetPoint(a,b);}                  //构造函数的定义
void Point::SetPoint(int a,int b){x=a;y=b;}                //设置点的坐标
void Point::Print() const{cout<<'['<<x<<","<<y<<']';}      //显示点的坐标
```

④ Circle.h，Circle 类的定义

```
#ifndef CIRCLE_H
#define CIRCLE_H
#include <iostream>
using namespace std;
#include "Point.h"
class Circle:public Point                                  //Circle 类
{
    double radius;
public:
    Circle(int x=0,int y=0,double r=0.0);
    void SetRadius(double);                                //设置半径
    double GetRadius() const;                              //取半径
    virtual double Area() const;                           //计算面积
    virtual void Print() const;                            //输出圆心坐标和半径
    virtual void PrintName() const{cout<<"Circle:";}
};
#endif
```

⑤ Circle.cpp，Circle 类的实现

```
#include "Circle.h"
Circle::Circle(int a,int b,double r):Point(a,b){SetRadius(r);}
void Circle::SetRadius(double r){radius=(r>=0?r:0);}
```

```
double Circle::GetRadius()const{return radius;}
double Circle::Area() const{return 3.14159 * radius * radius;}
void Circle::Print() const
{
    cout<<"Center=";
    Point::Print();
    cout<<";Radius="<<radius<<endl;
}
```

⑥ Rectang.h ,矩形类的定义

```
#ifndef RECTANGLE_H
#define RECTANGLE_H
#include <iostream>
#include "Point.h"
using namespace std;
class Rectangle:public Point
{
    double length,width;
public:
    Rectangle(int x=0,int y=0,double l=0.0,double w=0.0);
    void SetLength(double);                                  //设置长度
    void SetWidth(double);                                   //设置宽度
    double GetLength() const;                                //取长度
    double GetWidth() const;                                 //取宽度
    virtual double Area() const;                             //计算面积
    virtual void Print() const;                              //输出坐标和尺寸
    virtual void PrintName() const{cout<<"Rectangle:";}
};
#endif
```

⑦ Rectangle.cpp,矩形类的实现

```
#include "Rectangle.h"
Rectangle::Rectangle(int a,int b,double l,double w):Point(a,b)
{SetLength(l);SetWidth(w);}
void Rectangle::SetLength(double l){length=(l>=0?l:0);}
void Rectangle::SetWidth(double w){width=(w>=0?w:0);}
double Rectangle::GetLength() const{return length;}
double Rectangle::GetWidth() const{return width;}
double Rectangle::Area() const{return length * width;}
void Rectangle::Print() const
{
    cout<<"Left Top Vertex=";
    Point::Print();
    cout<<";Length="<<length<<",Width="<<width<<endl;
```

```
}
```

⑧ 主函数

```
#include <iostream>
#include "Shape.h"
#include "Point.h"
#include "Circle.h"
#include "Rectangle.h"
using namespace std;
void virtualViaPointer(const Shape * );          //通过指针访问虚函数,实现的动态绑定
void virtualViaReference(const Shape &);         //通过引用访问虚函数,实现的动态绑定
int main()
{
    //创建 point、circle、rectangle 对象
    Point point(30,50);
    Circle circle(120,80,10.0);
    Rectangle rectangle(10,10,8.0,5.0);
    //定义基类对象指针
    Shape * arrayOfShapes[3];
    arrayOfShapes[0]=&point;
    arrayOfShapes[1]=&circle;
    arrayOfShapes[2]=&rectangle;
    //通过基类对象指针访问派生类对象
    cout<<"Virtual function calls made off"<<"base-class pointers\n";
    for(int i=0;i<3;i++)
        virtualViaPointer(arrayOfShapes[i]);
    cout<<"Virtual function calls made off"<<"base-class reference\n";
    for(int j=0;j<3;j++)
        virtualViaReference(* arrayOfShapes[j]);
    return 0;
}
//通过基类对象指针访问虚函数实现动态绑定
void virtualViaPointer(const Shape * baseClassPtr)
{
    baseClassPtr->PrintName();
    baseClassPtr->Print();
    cout<<"Area="<<baseClassPtr->Area()<<endl;
}
//通过基类对象引用访问虚函数实现动态绑定
void virtualViaReference(const Shape &baseClassRef)
{
    baseClassRef.PrintName();
    baseClassRef.Print();
    cout<<"Area="<<baseClassRef.Area()<<endl;
```

```
}
```

【运行结果】

```
Virtual function calls made off base-class pointers
Point:[30,50]Area=0
Circle:Center=[120,80];Radius=10
Area=314.159
Rectangle:Left Top Vertex=[10,10];Length=8,width=5
Area=40;
Virtual function calls made off base-class references
Point:[30,50]Area=0
Circle:Center=[120,80];Radius=10
Area=314.159
Rectangle:Left Top Vertex=[10,10];Length=8,width=5
Area=40
```

【程序分析】

(1) 类 Shape 以三个虚函数的形式提供了一个可继承的接口,由于类 Shape 中有两个纯虚函数 PrintName()和 Print(),因此该类是一个抽象类。类 Shape 中的虚函数 Area 包含了成员函数的实现方法,即返回 0 值,由于点的面积为 0,因此类 Point 的继承该方法是合理的。类 Circle 和类 Rectangle 虽然从类 Point 继承了该方法,但都改写了该方法的实现。从这里可以看出,尽管类 Shape 是抽象类,但仍然可以包含某些成员函数的实现方法,并且这些实现方法是可继承的。

(2) 一些成员函数的声明后面写了 const 关键词,它表示这是一个常成员函数,这样的成员函数不能改变对象的成员变量的值,也不能调用类中任何非 const 成员函数。这样做可以避免程序员出错。**在程序中去掉所有这样的 const 不影响程序的功能。**

【思路扩展】 在该例的基础上,如何定义圆柱体、球体、立方体、长方体等类,并实现运行时的动态绑定?

9.5.2 向量的加减运算

【例 9-7】 向量运算。定义一个类表示向量,重载"+"、"−"、"="和"=="运算符实现向量的加、减、赋值和比较等运算。编程主函数,测试向量类的功能。

【问题分析】 本例需要考虑的问题包括:"+"、"−"、"="和"=="运算符重载。重载运算符的函数名写 operator <运算符>,其他与成员函数相同。向量的这些运算,都是对应分量的运算。

【算法描述】 判断两个向量是否相等并计算其和以及差。

① 定义向量类 Array,包括构造函数、析构函数、拷贝构造函数和获取向量大小(getSize)的函数,运算符"+"、"−"、"="和"=="的重载函数。

② 在主函数中创建 Array 类的两个对象。

③ 判断两个对象是否相等并给出提示信息。

④ 求两个对象的和并给出结果。

⑤ 求两个对象的差并给出结果。

【源程序】

```
#include <iostream>                              //包含基本输入输出库头文件
#include <cstdlib>
using namespace std;                             //使用名字空间
//----------------class Array--------------
class Array
{
private:
    int size, * ptr;                             //大小和指向数据的指针
public:
    Array(int arraySize=10);                     //构造函数
    Array(Array &init);                          //拷贝构造函数
    ~Array();                                    //析构函数
    int getsize();
    int operator== (Array &right);               //重载"=="
    Array &operator= (Array &right);             //重载"="
    Array &operator+ (Array &right);             //重载"+"
    Array &operator- (Array &right);             //重载"-"
    void input();
    void output();
};
Array::Array(int arraySize)                      //------构造函数----
{
    size=arraySize;                              //数组默认大小为 10
    ptr=new int[size];                           //为数组分配内存空间
    for(int i=0;i<size;i++){ptr[i]=0;}           //对数组初始化
}
Array::Array(Array &init)                        //----定义拷贝构造函数----
{
    size=init.size;                              //数组默认大小为 10
    ptr=new int[size];                           //为数组分配内存空间
    for(int i=0;i<size;i++){ptr[i]=init.ptr[i];}
}
Array::~Array()                                  //----析构函数----
{
    delete []ptr;                                //回收内存空间
}
int Array::getsize(){return size;}               //----获取向量的大小----
//判断两个向量是否相等,若相等,返回 1,否则返回 0
int Array::operator== (Array &right)             //-----重载"=="----
{
```

```
    if(size!=right.size){return 0;}                 //数组不相等
    for(int i=0;i<size;i++)
    {
        if(ptr[i]!=right.ptr[i]){return 0;}         //数组不相等
    }
    return 1;
}
Array &Array::operator=(Array &right)               //----重载"="----
{
    if(this!=&right)                                //检查是否自我复制
    {
        delete []ptr;                               //回收内存空间
        size=right.size;                            //指定对象的大小
        ptr=new int[size];                          //为数组复制分配空间
        for(int i=0;i<size;i++)                     //把数组复制到对象中
            ptr[i]=right.ptr[i];
    }
    return (*this);                                 //使其能连续执行 x=y=z
}
Array &Array::operator+(Array &right)               //----重载"+"----
{
    if(size!=right.size)
    {
        cout<<"数组维数不相等,不能相加!";
        exit(1);
    }
    else
    {
        for(int i=0;i<size;i++)
            ptr[i]=ptr[i]+right.ptr[i];
    }
    return (*this)    ;                             //使其能连续执行 x+y+z
}
Array &Array::operator-(Array &right)               //-----重载"-"-----
{
    if(size!=right.size)                            //数组维数不相等
    {
        cout<<"数组维数不相等,不能相减!";
        exit(1);
    }
    else
    {
        for(int i=0;i<size;i++)
            ptr[i]=ptr[i]-right.ptr[i];
```

```
    }
    return (* this);                                    //使其能连续执行 x-y-z
}
void Array::input()                                     //----输入----
{
    for(int i=0;i<getsize();i++)
    {
        cout<<"第"<<i<<"个";
        cin>>ptr[i];
    }
}
void Array::output()                                    //----输出----
{
    cout<<"内容为";
    for(int i=0;i<getsize();i++)
    {
        cout<<ptr[i]<<"  ";
    }
    cout<<endl;
}
ostream& operator<<(ostream & out,Array &array)         //重载运算符<<,不是成员函数
{
    array.output();                                     //调用 Array 的成员函数
    return  out;                                        //这样<<可以连用
}
int main()                                              //-----------主函数---------
-
{
    Array s1(3),s2(3);
    cout<<"请输入 s1 内容"<<endl;
    s1.input();
    cout<<"请输入 s2 内容"<<endl;
    s2.input();
    if(s1==s2)                                          //使用重载的运算符==(比较)
        cout<<"s1=s2"<<endl;
    else
        cout<<"s1!=s2"<<endl;
    Array s3(s1);                                       //用 s1 作为初始化值建立数组 s3
    s3-s2;                                              //使用重载的运算符-
    cout<<"s1-s2";
    s3.output();
    s1+s2;                                              //使用重载的运算符+
    cout<<"s1+s2";
    s1.output();
```

```
    cout<<"reload operator <<: \n"<<s1<<s2;    //重载的运算符<<
    return 0;
}
```

【运行结果】

```
请输入 s1 内容
第 0 个10
第 1 个20
第 2 个30
请输入 s2 内容
第 0 个9
第 1 个8
第 2 个7
s1!=s2
s1-s2 内容为 1   12   23
s1+s2 内容为 19   28   37
reload operator <<:
内容为 19   28   37
内容为 9   8   7
```

【程序分析】 本例将双目运算符重载为类的成员函数时，只说明了一个参数，即运算符的右操作数。如果 s1 和 s2 是两个维数相同的向量对象，则 s1＋s2 或者 s1－s2 的操作就是将 s2 的数据作用到 s1 上，在 s1 中存储运算结果。本例还重载了插入运算符“＜＜”，使得向量可以整体输出。此外，本例在构造函数中通过动态申请存储空间的方式可以适应向量维数的变化，在析构函数中释放动态申请的空间。

【思路扩展】 (1)如何重载“ * ”实现向量的内积运算？(2)重载提取运算符“＞＞”实现向量的整体输入。

9.5.3 高校员工管理系统

【例 9-8】 设计并实现一个高校员工管理系统。某高校主要涉及四类人员：学生(Student)、教师(Teacher)、研究生(Graduate)、职员(Employee)。根据各类人员的信息需求，按图 9-1 进行结构设计。

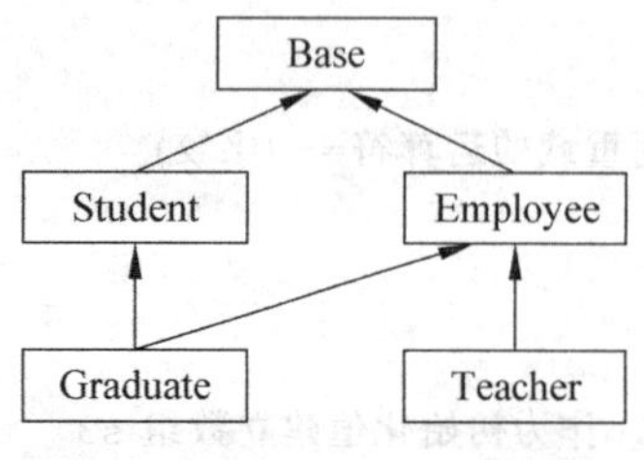

图 9-1 学生、教师、研究生、职员的类继承关系

基类 Base 包含了各子类的共性属性，如身份证号、姓名、性别、年龄，同时还包含了构造函数、析构函数、给属性赋值的函数 SetBase()以及显示输出的函数 display()。Student 类在此基础上新增了专业、学号以及年级等属性；Employee 类在此基础上新增了工作部门和工资等属性。Teacher 类在 Employee 基础上又新增了职称属性。Graduate 类是一个多继承的派生类，具有 Student 类和 Employee 类的双重属性。

简单起见，本系统仅实现录入和输出两个功能，主要运行界面如下(见图 9-2、图 9-3

和图 9-4)：

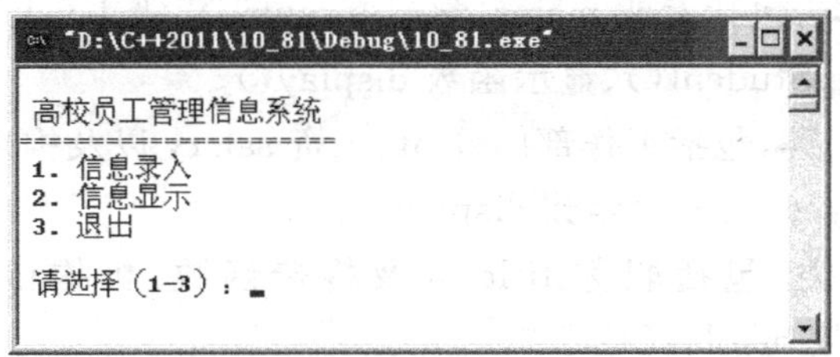

图 9-2　员工管理系统主菜单

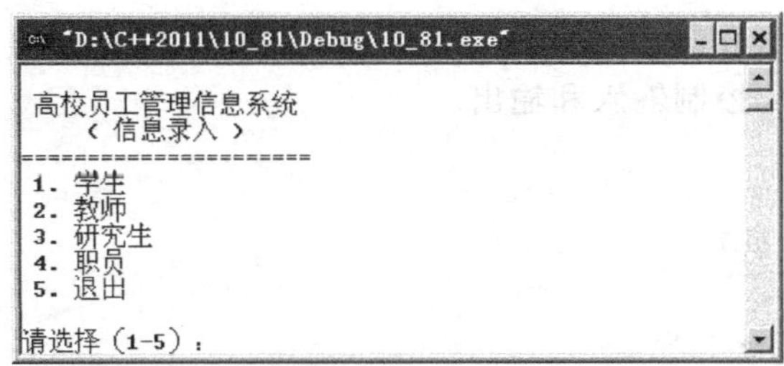

图 9-3　员工管理信息系统“录入”菜单

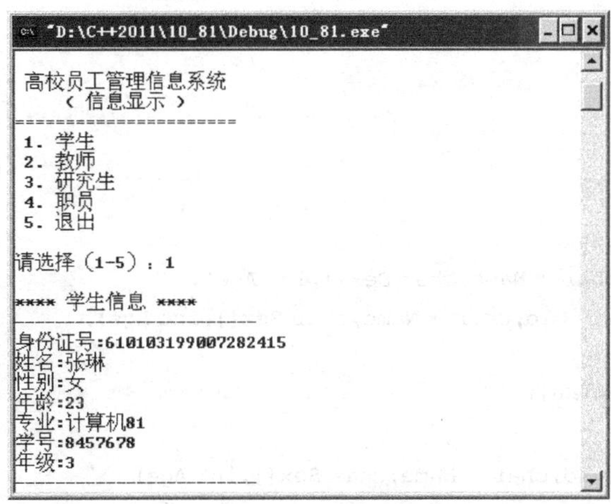

图 9-4　员工管理信息系统信息显示功能

【问题分析】 Base 是基类，Student、Teacher、Employee 是 Base 的派生类，Graduate 是 Student 和 Teacher 的派生类。为防止对 Base 类成员的访问产生二义性，继承时说明 Base 为虚基类。主函数中，为方便用户使用各项功能，设用户输入 1 表示输入，输入 2 表示显示，输入 3 表示退出，提示信息用 cout 显示；然后用一个 switch 语句根据用户的输入执行不同的功能函数，将这些写在一个 while(1)的循环体中。当程序完成一项功能后，会重新显示菜单，等待用户输入，直到用户输入 3(结束)。

【算法描述】

① 定义 Base 类，包括身份证号 id、姓名 name、性别 sex、年龄 age 变量以及构造函

数、析构函数、给属性赋值函数 SetBase()、显示函数 display()。

② 定义 Student 类，包括专业 major、学号 s_num、年级 level 以及构造函数、析构函数、给属性赋值函数 SetStudent()、显示函数 display()。

③ 定义 Employee 类，包括工作部门 dept、工资 salary 以及构造函数、析构函数、给属性赋值函数 SetEmployee()、显示函数 display()。

④ 定义 Teacher 类，包括职称 title 以及构造函数、析构函数、给属性赋值函数 SetTeacher()、显示函数 display()。

⑤ 定义 Graduate 类，包括构造函数、析构函数、给属性赋值函数 SetGraduate()、显示函数 display()。

⑥ 设计系统的显示界面。

⑦ 设计主程序循环控制输入和输出。

【源程序】

```
//高校员工管理信息系统
#include <iostream>
using namespace std;
class Base                          //------------------基类----------------
{
protected:
 char * id;                                             //身份证号
 char * name;                                           //姓名
 char sex[3];                                           //性别
 int age;                                               //年龄
public:
 Base(){ };                                             //默认构造函数
 Base(char * Id,char * Name,char Sex[],int Age);        //带参数构造函数
 void SetBase(char * Id,char * Name,char Sex[],int Age); //设置数据成员
 virtual ~Base();                                       //析构
 virtual void display();                                //显示
};
Base::Base(char * Id,char * Name,char Sex[],int Age)
{
 id=new char[strlen(Id)+1];
 id=strcpy(id,Id);
 name=new char[strlen(Name)+1];
 name=strcpy(name,Name);
 strcpy(sex,Sex);
 age=Age;
}
void Base::SetBase(char * Id,char * Name,char Sex[],int Age)
{
 id=new char[strlen(Id)+1];
 id=strcpy(id,Id);
```

```
 name=new char[strlen(Name)+1];
 name=strcpy(name,Name);
 strcpy(sex,Sex);
 age=Age;
}
Base::~Base()
{
 delete []id;    delete []name;   }
void Base::display()
{
 cout<<"身份证号:"<<id<<endl;
 cout<<"姓名:"<<name<<endl;
 cout<<"性别:"<<sex<<endl;
 cout<<"年龄:"<<age<<endl;
}
class Student:virtual public Base                //---------派生类 Student-------
{
protected:
 char *major;                                        //专业
 int s_num;                                          //学号
 int level;                                          //年级
public:
 Student(){}
 Student(char *Id,char *Name,char Sex[],int Age,char *Major,
    int S_Num,int Level):Base(Id,Name,Sex,Age)
 {
    major=new char[strlen(Major)+1];
    major=strcpy(major,Major);
    s_num=S_Num;
    level=Level;
 }
 void SetStudent(char *Id,char *Name,char Sex[],int Age,char *Major,int S_Num,
 int Level)
 {
    SetBase(Id,Name,Sex,Age);
    major=new char[strlen(Major)+1];
    major=strcpy(major,Major);
    s_num=S_Num;
    level=Level;
 }
 virtual ~Student()
 {
    delete []major;
 }
```

```
 virtual void display();
};
void Student::display()
{
 Base::display();
 cout<<"专业:"<<major<<endl;
 cout<<"学号:"<<s_num<<endl;
 cout<<"年级:"<<level<<endl;
}
class Employee: virtual public Base                          //------派生类 employee----
{
protected:
 char * dept;                                                  //工作部门
 double salary;                                                //工资
public:
 Employee(){}
 Employee(char * Id,char * Name,char Sex[],int Age,char * Dept,
    double Salary):Base(Id,Name,Sex,Age)
 {
    dept=new char[strlen(Dept)+1];
    dept=strcpy(dept,Dept);
    salary=Salary;
 }
 void SetEmployee (char * Id, char * Name, char Sex [], int Age, char * Dept, double
 Salary)
 {
    SetBase(Id,Name,Sex,Age);
    dept=new char[strlen(Dept)+1];
    dept=strcpy(dept,Dept);
    salary=Salary;
 }
 virtual ~Employee()
 {
    delete []dept;
 }
 virtual void display();
};
void Employee::display()
{
 Base::display();
 cout<<"工作部门:"<<dept<<endl;
 cout<<"工资:"<<salary<<endl;
}
class Teacher:public Employee                         //---------派生类 Teacher-------
```

```
{
protected:
 char * title;                                          //职称
public:
 Teacher(){}
 Teacher(char * Id,char * Name,char Sex[],int Age,char * Dept,double Salary,
    char * Title):Base(Id,Name,Sex,Age),Employee(Id,Name,Sex,Age,Dept,Salary)
 {
    title=new char[strlen(Title)+1];
    title=strcpy(title,Title);
 }
 void SetTeacher(char * Id,char * Name,char Sex[],int Age,char * Dept,
    double Salary,char * Title)                         //注意和上一行是一行程序
 {
    SetBase(Id,Name,Sex,Age);
    SetEmployee(Id,Name,Sex,Age,Dept,Salary);
    title=new char[strlen(Title)+1];
    title=strcpy(title,Title);
 }
 virtual ~Teacher()
 {    delete []title;    }
 virtual void display();
};
void Teacher::display()
{
 Employee::display();
 cout<<"职称:"<<title<<endl;
}
class Graduate:public Employee,public Student     //---------派生类 Graduate------
{
public:
 Graduate(){}
 Graduate(char * Id,char * Name,char Sex[],int Age,char * Dept,double Salary,char
  * Major,long S_Num,int Level):
 Base(Id, Name, Sex, Age),Employee (Id, Name, Sex, Age, Dept, Salary),Student (Id,Name,
 Sex,Age,Major,S_Num,Level){}
 void SetGraduate (char * Id, char * Name, char Sex [], int Age, char * Dept, double
 Salary, char * Major,long S_Num,int Level)
 {
    SetBase(Id,Name,Sex,Age);
    SetEmployee(Id,Name,Sex,Age,Dept,Salary);
    SetStudent(Id,Name,Sex,Age,Major,S_Num,Level);
 }
 virtual void display();
```

```
};
void Graduate::display()
{
 Student::display();
 cout<<"工作部门:"<<dept<<endl;
 cout<<"工资:"<<salary<<endl;
}
void info1()                                                    //信息录入的函数
{//请参照图 9-3 完成菜单设计
}
void info2()                                                    //信息输入的函数
{//请参照图 9-4 的上半部分完成菜单设计
}
void input1(Student s1[])                                       //输入学生信息
{
 char id[15],name[21],sex[3],major[11];
 int age,s_num,level;
 cout<<"学生信息录入"<<endl;
 for(int i=0;i<2;i++)
 {
    cout<<"身份证号:";cin>>id;
    cout<<"姓名:";cin>>name;
    cout<<"性别:";cin>>sex;
    cout<<"年龄:";cin>>age;
    cout<<"专业:";cin>>major;
    cout<<"学号:";cin>>s_num;
    cout<<"年级:";cin>>level;
    s1[i].SetStudent(id,name,sex,age,major,s_num,level);
    s1[i].display();
 }
}
void input2(Teacher s1[])                                       //教师信息录入
{//请完成教师信息录入
}
void input3(Graduate s1[])                                      //研究生信息录入
{//请完成研究生信息录入
}
void input4(Employee s1[])                                      //员工信息录入
{//请完成员工信息录入
}
int main()
{
 char info[4][41]={"学生","教师","研究生","职员"};
 Student s[2]={Student("610103199007282415","张琳","女",23,"计算机 81",8457678,3),
```

```
Student("610103199678282415","张娜","女",22,"计算机 82",8457638,3)};
Teacher t[2]={Teacher("620101197505223114","关键","男",26,"电信学院",3000, "讲
师"),Teacher("610101197505223223","郑璐","女",36,"电信学院",5000,"教授")};
Graduate g[2]={Graduate("600205198601018128","邓男","男",27,"电信学院",1500,
"计算机(硕)12",106687,2), Graduate("600205198601018228","黄华","男",25,"电信学院",
1500,"计算机(硕)12",106687,2)};
Employee e[2]={Employee("620302198004122324","王海涛","男",31,"电信学院",3500),
Employee("610302198004122324","陈亮","男",30,"电信学院",3500)};
int i,k,n;
while(1)                                                    //主控菜单
{
   cout<<endl;
   cout<<" 高校员工管理信息系统"<<endl;
   cout<<"======================"<<endl;
   cout<<" 1. 信息录入"<<endl;
   cout<<" 2. 信息显示"<<endl;
   cout<<" 3. 退出"<<endl;
   cout<<endl;
   cout<<" 请选择(1~3):";
   cin>>k;
   cout<<endl;
   if(k==3)break;
   switch(k)
   {
   case 1:                                                  //信息录入
       while(1)
       {
           info1();                                         //信息录入的提示信息
           cin>>n;
           switch(n)
           {
           case 1:input1(s);break;                          //不同信息的录入
           case 2:input2(t);break;
           case 3:input3(g);break;
           case 4:input4(e);break;
           default:;
           }
           if(n==5)break;
       }
       break;
   case 2:                                                  //信息显示
       while(1)
       {
           info2();                                         //信息显示的提示信息
```

```
        cin>>n;
        cout<<endl;
        switch(n)                           //不同信息的显示
        {
        case 1:   cout<<"****"<<info[0]<<"信息 ****"<<endl;
            cout<<"-------------------------"<<endl;
            for(i=0;i<2;i++)
            {
                Base * s1=&s[i];
                s1->display();
                cout<<"-------------------------"<<endl;
            }
            break;
        case 2:   cout<<"****"<<info[1]<<"信息 ****"<<endl;
            cout<<"-------------------------"<<endl;
            for(i=0;i<2;i++)
            {
                Base * s1=&t[i];
                s1->display();
                cout<<"-------------------------"<<endl;
            }
            break;
        case 3:   cout<<"****"<<info[2]<<"信息 ****"<<endl;
            cout<<"-------------------------"<<endl;
            for(i=0;i<2;i++)
            {
                Base * s1=&g[i];
                s1->display();
                cout<<"-------------------------"<<endl;
            }
            break;
        case 4:   cout<<"****"<<info[3]<<"信息 ****"<<endl;
            cout<<"-------------------------"<<endl;
            for(i=0;i<2;i++)
            {
                Base * s1=&e[i];
                s1->display();
                cout<<"-------------------------"<<endl;
            }
            break;
        default:;
        }
        if(n==5)break;
    }
```

```
            break;
        }
    }
    cout<<"----系统已正常退出----"<<endl;
    return 0;
}
```

【程序分析】 本例题是一个综合性较强的应用题目，涉及许多面向对象程序设计方法中的知识概念。分析和理解问题功能如何划分、应用系统过程如何控制，对于更好地理解和掌握面向对象程序设计语言以及今后从事软件开发工作会有很好的促进作用。事实上对于大多数实用程序来说，使用与上述程序类似的结构，将要实现的主要功能分散到各个函数中，这样便于编写和调试程序。例题中使用传统的菜单控制方式，与用户交互方便，功能扩充更容易。程序中多处使用了虚函数，有关内容请查阅本章的介绍。

【思路扩展】

(1) 若去掉函数前的 virtual，会发生什么情况？

(2) 完善该管理系统的其他功能，如下列菜单所示：

高校员工管理信息系统

（学生管理）

----

1. 信息录入
2. 信息显示
3. 信息插入
4. 信息删除
5. 信息查询
6. 信息修改
7. 退出系统

请选择(1～7)。

9.6 小结

(1) 多态性是指某类对象在接收同样的消息时，所做出的响应不同。

(2) 绑定是指一个程序自身彼此关联的过程，即一个函数调用与函数定义之间的关联过程。C++ 中多态性的实现方法分为静态绑定和动态绑定两种。静态绑定是指在编译阶段确定的关联，而动态绑定指在运行阶段确定的关联。

(3) 凡基类对象出现的位置都能用其公有派生类对象替换，派生类对象替代基类对象后只能当作基类对象来使用。

(4) 虚函数允许函数调用与函数定义间的关联在运行时动态进行。

(5) 只有通过基类指针或引用调用虚函数，才能满足虚函数的动态绑定。

(6) 把类的某个成员函数被说明为虚函数，便意味着该成员函数在派生类中可以定义不同的实现版本。即,具有“统一接口,多种实现”的特点。

(7) 纯虚函数是在基类中声明的虚函数。它在基类中并不需要定义具体操作(即无函数体),但要求派生类根据需要定义各自的操作功能。

(8) 抽象类是一种特殊的类,该类中至少有一个纯虚函数。抽象类为其派生类对象提供统一的使用接口,并将纯虚函数的功能实现交给由各个派生类自行完成。

(9) 运算符重载是对原有运算符处理数据能力的再扩大,系统采用静态联编进行多态性处理。

习题9

1. 定义一个哺乳动物 Mammal 类,再由此派生出狗 Dog 类。二者都定义 Speak()成员函数,基类中定义为虚函数,定义一个 Dog 类的对象,调用 Speak 函数,观察运行结果。

2. 编写一个存储艺术作品的程序。艺术作品分为三类:Painting、Music 和 Chamber,Chamber 是 Music 中的一类。要求如下所述:

(1) 每件作品都要标明著者、作品标题、作品诞生年份及其所属分类。

(2) Painting 类要求显示画的宽和高等尺寸信息。

(3) Music 类要求显示能够代表其中内容的关键信息,例如,“D Major”。

(4) Chamber 类要求显示其中包括的演奏人员的数目。

3. 设计一个汽车类 Motor,该类具有可载人数、轮胎数、马力数、生产厂家和车主五个数据成员,根据 Motor 类派生出 Car 类、Bus 类和 Truck 类。其中 Bus 类除继承基类的数据成员之外,还具有表示车厢节数的数据成员 Number;Truck 类除继承基类的数据成员之外,还具有表示载重量的数据成员 Weight。每个类都有成员函数 Display,用于输出各类对象的相关信息。在主函数中分别创建各类对象,并输出各类对象的信息。

4. 定义一个 Shape 抽象类,在此基础上派生出 Square 类、Rectangle 类、Circle 类和 Trapezoid 类,四个派生类都有成员函数 CaculateArea 计算几何图形的面积,CaculatePerim 计算几何图形的周长。要求用基类指针数组,使它每一个元素指向一个派生类对象,计算并输出各自图形的面积和周长。

5. 定义矩阵类,重载运算符“+”和“-”,实现两个矩阵的相加和相减。编写主函数验证类的功能,要求第一个矩阵的值由构造函数设置,第二个矩阵的值由键盘输入。

6. 定义字符串类 String,重载赋值运算符=(赋值)和关系运算符==(等于)、<(小于)和>(大于),用于字符串的赋值运算和两个字符串的等于、小于和大于的比较运算。利用 String 类实现 10 个字符串从小到大排序。

7. 重载“=”、“++”(前置和后置)和“--”(前置和后置)运算实现实数的加 1 以及减 1 运算。

第10章 标准输入输出与文件操作

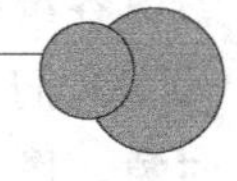

输入输出通常指数据在内部存储器和外部存储器或其他周边设备之间的信息输入和输出。文件在外存中,其信息的写入、读取自然也是一种信息的输入和输出。一个程序可以没有输入,但必须有输出。熟练掌握输入输出的相关操作在高级语言中的实现方式意义重大。

10.1 数据的输入输出

10.1.1 输入输出流及流库

程序的输入指的是从输入设备或磁盘文件中将数据传送给程序,程序的输出指的是从程序将数据传送给输出设备或文件。C++ 的输入与输出包括以下三方面的内容:

(1) 从系统的标准设备进行输入和输出。从键盘输入数据,并在显示器上输出结果。这种输入输出称为标准输入输出。

(2) 以磁盘文件为对象进行输入和输出。从磁盘文件输入数据,数据输出到磁盘文件。这种输入输出称为文件的输入输出。

(3) 对内存中指定的空间(通常是一个字符数组)进行输入和输出。这种输入和输出称为字符串输入输出。

C++ 采取不同的方法来实现以上三种输入输出。本章着重讲解标准输入输出、文件输入输出及相关操作。

C++ 中把数据从一个对象到另一个对象的传输称作**流**(stream)。流既可以表示数据从内存传送到某个载体或设备中,即**输出流**;也可以表示数据从某个载体或设备传送到内存缓冲区变量中,即**输入流**。所谓输入输出流实质上是由若干字节组成的字节序列,这些字节中的数据按顺序从一个对象传送到另一对象。数据流的内容可以是字符串、整数、浮点数,甚至图像、音频、视频、动画等各种形式的信息。

由于 CPU、内存和外围设备如显示器、磁盘的工作效率差别巨大。因此在输入输出过程中,会在内存中为每一个数据流开辟一个内存缓冲区,用来存放流中的数据。该缓冲区可用来匹配不同工作效率的对象。当程序向显示器输出数据时,先将这些数据送到程序中的输出缓冲区保存,直到缓冲区满了或遇到回车,就将缓冲区中的内容送到显示器显示出来。从键盘输入数据并按 Enter 键后,数据就进入程序中的输入缓冲区中,这时可利用 cin(标准输入)从输入缓冲区中提取数据并送给程序中的有关变量。如果输入缓冲区的内容没有全部提取完,剩余的数据就将留在缓冲区等待被提取。

人们在 C++ 中定义了功能强大的**流类**来处理输入输出流,用流类定义的对象称为**流对象**。图 10-1 显示了流类库中最常见的几个类的继承关系。白色方框代表类,黑色方框代表预定义的对象。灰色方框代表一个头文件,实质上是包含了若干类或对象的一个程序包。图 10-1 中 ios 是抽象基类,由它派生出 istream 类和 ostream 类。istream 类支持输入操作,ostream 类支持输出操作,iostream 类支持输入输出操作。iostream 类是从 istream 类和 ostream 类通过多重继承而派生的类。事实上,上面这些类很少直接使用,所以头文件<ios>、<istream>、<ostream>很少直接包含在 C++ 程序中。一般 C++ 程序经常使用的头文件是<iostream>和<fstream>。<iostream>包含了对(标准)输入输出流进行操作所需的基本信息。<fstream>用于文件的输入输出操作。

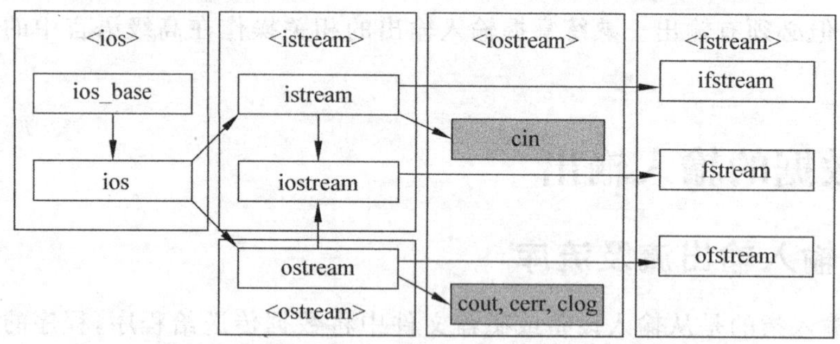

图 10-1　C++ 流类库中常用的类之间的关系图

另外在流类库中,有 4 个预先定义的输出和输入流对象:

- cout 标准输出(一般是屏幕);
- cerr 标准错误输出,没有缓冲,发送给它的内容立即被输出;
- clog 类似于 cerr,但是有缓冲,缓冲区满时被输出;
- cin 标准输入(一般是键盘)。

10.1.2　标准输入流

在 C++ 语言中,用于标准输入的 cin 不是函数而是预先定义的 istream 类的对象,它处理从标准输入设备(键盘)输入到内存的数据流。在 istream 类中分别有一组成员函数对位移运算符“>>”进行重载,以便能用它输入各种标准数据类型的数据。注意,对于用户定义的数据类型,如果不对“>>”的重载进行相应扩充,则无法用这个符号进行输入。

只有在输入完数据再按 Enter 键后,该行数据才被送入键盘缓存区,并形成输入流,这时提取运算符“>>”才能从中提取数据。“>>”从流中提取数据时会跳过输入流中的空格、tab 键、换行符等空白字符。要注意保证程序从流中读取正确的数据,否则可能无法正常运行。例如:

```
int a,b;
cin>>a>>b;
```

若从键盘中输入：11　xyz

变量 a 从输入流中提取整数 11，提取操作成功。但在变量 b 准备提取一个整数时，遇到了字母 x，这时 b 会变成一个完全不相干的整数，提取操作失败了。显然后面的计算过程也就没有任何意义了。

cin 是 istream 类的对象，除了提取运算符“＞＞”符号外，其常用成员函数如表 10-1 所示。

表 10-1　类 istream 中常用成员函数

函　数	功　　能	函　数	功　　能
read	无格式输入指定字节数	peek	返回流中下一个字符，但不从流中删除
get	从流中提取字符，包括空格	gcount	统计最后输入的字符个数
getline	从流中提取一行字符	seekg	移动输入流指针
ignore	提取并丢弃流中指定字符	tellg	返回输入流中指定位置的指针值

这里着重中讲解 get 函数和 getline 函数。

1. get 函数

它的作用是从流中提取字符，有以下 3 种形式：

```
int  get();
istream&  get( char& rch );
istream&  get( char* pch, int nCount, char delim='\n' );
```

(1) 不带参数的 get 函数

调用形式为：

```
cin.get()
```

用来从指定的输入流中提取一个字符(包括空白字符)，函数的返回值就是提取的字符。

【例 10-1】 利用无参数的 get 函数读入一句话。

【问题分析】 无参数的 get()成员函数每次提取一个字符，要提取一句话，需要使用循环，直到遇到结束符为止。

【源程序】

```
#include<iostream>
using namespace std;
int main()
{
    char c;
    cout<<"enter a sentence:"<<endl;
    c=cin.get();
    while(1)
```

```
    {
        cout<<c;
        c=cin.get();
        if(c=='\n') break;
    }
    return 0;
}
```

【运行结果】

```
enter a sentence:
I am a student!    (输入)
I am a student!    (输出)
```

【程序分析】 在执行本程序时,首先输入"I am a student!",回车之后,这句话才转变成输入流。这时 cin 开始依次提取字符,并依次用 cout 输出,遇到回车时程序结束。

(2) 带一个参数的 get 函数

调用形式为:

```
cin.get(ch)
```

其作用是从输入流中读取一个字符,并赋给字符变量 ch。这种调用形式与第一种调用形式可以互换。例如在例 10-1 中,将语句 c=cin.get()换为 cin.get(c)之后效果完全相同。

(3) 有 3 个参数的 get 函数

其调用形式为:

```
cin.get(字符指针,字符个数 n,终止字符)
```

其作用是从输入流中读取 n-1 个字符,赋给指定的字符指针指向的数组。如果在读取 n-1 个字符之前遇到指定的终止字符,则提前结束读取。函数中第 3 个参数可以省略,此时默认为'\n'。

【例 10-2】 利用多个参数的 get 函数读取两个字符串,其中两个字符串的结束符分别为'|'和'\n'。

【问题分析】 一次提取多个字符,可以使用带多个参数的 get()成员函数。第一个字符串的结束符为'|',所以在调用 get 时需要指定结束符;而第二个字符串的结束符为'\n',get 中的结束符可以缺省。

【源程序】

```
#include<iostream>
using namespace std;
int main()
{
    char ch[80];
    cout<<"enter a sentence:"<<endl;
```

```
    cin.get(ch,70,'|');               //调用 get 成员函数,最长 69 个字符,结束符为'|'
    cout<<ch<<endl;                   //显示提取的字符串
    cin.ignore(1);                    //忽略一个字符,实际被忽略的是前面的结束符'|'
    cin.get(ch,70);                   //调用 get 成员函数,最长 69 个字符,结束符'\n'缺省
    cout<<ch<<endl;                   //显示提取的字符串
    return 0;
}
```

【运行结果】

```
enter a sentence:
Xi'an Jiaotong University|Shanghai Jiaotong University   (输入)
Xi'an Jiaotong University                                 (输出)
Shanghai Jiaotong University                              (输出)
```

【程序分析】 在上面程序的执行过程中,第一个 get 语句提取字符串“Xi'an Jiaotong University”,当遇到'|'时停止。这时'|'仍然留在输入流内,语句 cin. ignore(1)的作用是跳过这个符号。第二个 get 语句无终止字符这个参数,因此当读到回车时提取结束,第二次提取的内容为“Shanghai Jiaotong University”。

2. getline 函数

成员函数 getline 用于读入一行字符,它的原型为:

```
istream& getline(char * pch, int nCount, char delim='\n')
```

使用方式如下:

```
cin.getline(字符数组(或字符指针),字符个数 n,终止标志字符);
```

【例 10-3】 利用 getline 函数读取两个字符串,其中两个字符串的结束符分别为'|'和'\n'。

【问题分析】 本例与例 10-2 相同,只是要求用 getline 成员函数实现。

【源程序】

```
#include<iostream>
using namespace std;
int main()
{
    char ch[80];
    cout<<"enter a sentence:"<<endl;
    cin.getline(ch,70,'|');                    //读 69 个字符或遇'|'结束
    cout<<ch<<endl;
    cin.getline(ch,70);                        //读 69 个字符或遇'\n'结束
    cout<<ch<<endl;
    return 0;
}
```

【程序分析】 本程序运行情况和例 10-2 完全相同。

用 getline 函数从输入流读字符时，遇到终止标志字符时结束，指针移到该终止标志字符之后，下一个 getline 函数将从该终止标志的下一个字符开始接着读入，如本程序运行结果所示那样。如果用 cin.get 函数从输入流读字符时，遇终止标志字符时停止读取，指针不向后移动，仍然停留在原位置。下一次读取时仍从该终止标志字符开始。因此使用 get 函数时要特别注意，必要时用 ignore 函数跳过该终止标志字符。但一般来说还是用 getline 函数更方便。

3. peek 函数

调用形式为：

```
c=cin.peek();
```

peek 函数的作用是观测下一个字符。

4. ignore 函数

调用形式为：

```
cin.ignore(n,终止字符);
```

函数作用是跳过输入流中 n 个字符，或遇到指定的终止字符时提前结束本操作。

10.1.3 标准输出流

在 C++ 语言中，用于标准输出的 cout 是 ostream 类的对象，它处理从内存输出到标准输出设备(屏幕)的数据流。在 ostream 类中同样有一组成员函数对位移运算符"<<"进行重载，以便能用它输出各种标准数据类型的数据。除了"<<"之外，cout 还可使用一些在类 ostream 中定义的成员函数，如表 10-2 所示。其中 put 函数的作用是输出一个字符。

表 10-2 类 ostream 中常用成员函数

函 数	功 能
put	ostream& put(char ch)；无格式插入一个字节
write	ostream& write(const char * pch, int nCount)；无格式插入一字节序列
flush	ostream& flush()；刷新输出流
seekp	ostream& seekp(streamoff off, ios::seek_dir dir)；移动输出流指针
tellp	streampos tellp()；返回输出流中指定位置的指针值

另外两个预定义对象 cerr 和 clog 的作用相似，均为向输出设备输出出错信息。由于使用较少，这里不再赘述。

对于标准输出而言，输出的格式控制显得比较重要。下面着重讲一下这方面的问题。

1. 用流对象的成员函数控制输出格式

流成员函数主要是指ios类(流基类)中的成员函数,分别介绍如下。

(1) 设置状态标志流成员函数setf

调用格式:

```
cout.setf(ios::状态标志)
```

设置以后以某种格式输出,其中“状态标志”是格式控制符号,常见取值见表10-3,在引用这些值之前要加上ios::,如果有多项标志,中间则用“|”分隔。

表10-3 ios类的常用状态标志

状态标志	功　能
left	输出数据在本域宽范围内左对齐
right	输出数据在本域宽范围内右对齐
dec	设置整数的基数为10
oct	设置整数的基数为8
hex	设置整数的基数为16
showbase	指定在数值前面输出进制(0表示八进制,0x或0X表示十六进制)
showpoint	浮点数输出时带有小数点
uppercase	在以科学表示法格式E和以十六进制输出字母时用大写表示
showpos	设置显示正号
scientific	以科学记数法和十六进制格式输出时字母用大写
fixed	用定点格式(固定小数位数)显示浮点数

(2) 清除状态标志流成员函数unsetf

调用格式:

```
cout.unsetf(ios::状态标志);
```

(3) 设置域宽流成员函数width

调用格式:

```
cout.width(n);
```

该函数只对下一次流输出有效,输出完成后该函数的作用就消失了。

(4) 设置实数的精度流成员函数precision

调用格式:

```
cout.precision(n);
```

参数n在十进制小数形式输出时代表有效数字(n=整数位数+小数位数)。在以

fixed 形式和 scientific 形式输出时代表小数位数。

(5) 填充字符流成员函数 fill

调用格式：

```
cout.fill(ch);
```

输出值不满宽域时用填充符来填充，默认填充符为空格。它常与 width 函数搭配。

【例 10-4】 用流对象的成员函数控制输出。

【源程序】

```
#include<iostream>
using namespace std;
int main()
{
    cout.setf(ios::left|ios::showpoint);        //设置左对齐,以一般实数方式显示
    cout.precision(5);                          //设置除小数点外有效数字为 5
    cout<<123.456789<<endl;
    cout.width(10);                             //设置显示区域宽 10
    cout.fill('*');                             //在显示区域空白处用*填充
    cout.unsetf(ios::left);                     //清除状态左对齐
    cout.setf(ios::right);                      //设置右对齐
    cout<<123.456789<<endl;
    cout.setf(ios::left|ios::fixed);            //设置左对齐,以固定小数位数的方式显示
    cout.precision(3);                          //设置实数显示 3 位小数
    cout<<999.123456<<endl;
     cout<<99.123456<<endl;
    cout.unsetf(ios::left|ios::fixed);          //清除状态左对齐和定点格式

    cout.setf(ios::left|ios::scientific);       //设置左对齐,以科学计数法显示
    cout.precision(3);                          //设置保留 3 位小数
    cout<<123.45678<<endl;
    cout.unsetf(ios::left|ios::scientific);     //清除状态设置
     return 0;
}
```

【运行结果】

```
123.46
****123.46
999.123
99.123
1.235e+002
```

2. 使用 C++ 流操纵符控制输出格式

C++ 提供了一种用控制符来控制 IO 的格式。控制符分为带参数和不带参数的两

种。带参数的定义在头文件<iomanip>中,不带参数的定义在<iostream>中。这些控制符一般可以嵌套在"<<"符中间,以"数据"形式出现(作为输出数据的一部分),控制后面的显示方式。常用的格式是:

```
cout<<  流操纵符<<其他数据;
```

其中常用的"流操纵符"见表 10-4。

表 10-4 常用流操纵符

流 操 纵 符	功　　能
dec	设置整数的基数为 10,十进制形式输入或输出
oct	设置整数的基数为 8,八进制形式输入或输出
hex	设置整数的基数为 16,十六进制形式输入或输出
left	输出数据在本域宽范围内左对齐
right	输出数据在本域宽范围内右对齐
scientific	用科学表示法格式显示浮点数
fixed	用定点格式(固定小数位数)显示浮点数
showbase	指定在数值前面输出进制(0 表示八进制,0x 或 0X 表示十六进制)
showpoint	浮点数输出时带有小数点
showpos	设置显示正号
uppercase	以科学记数法和十六进制格式输出时字母用大写
setw(n)	设置域宽 n,n 为整数
setfill(c)	设置填充符(默认为空格),c 为字符(或一个整数)
setprecision(n)	设置实数精度 n,n 为整数,原理和成员函数 precision 一样
setiosflags(flags)	设置指定状态标志,flags 使用表 10-3 中的标志,多个用"|"分隔
resetiosflags(flags)	清除指定状态标志,flags 使用表 10-3 中的标志,多个用"|"分隔

表 10-4 中的后五个是带参数的操纵符,相当于它们的返回值是控制命令,作为输出数据的一部分。例如:

```
cout<<setw(10)<<"abcdef";
```

【例 10-5】 使用 C++ 控制符控制输出格式。

【源程序】

```
#include <iostream>
#include <iomanip>
using namespace std;
int main()
{
```

```
    int a=128;
    cout<<"dec:"<<dec<<a<<endl;                    //以十进制形式输出整数
    cout<<"hex:"<<hex<<a<<endl;                    //以十六进制形式输出整数
    cout<<"oct:"<<oct<<a<<endl;                    //以八进制形式输出整数
    char pt[]="xi'an";
    cout<<setw(10)<<pt<<endl;                      //指定域宽为 10,输出字符串
    //指定域宽 10,输出字符串,空白处以"*"填充
    cout<<setfill('*')<<setw(10)<<pt<<endl;
    double B=27.123456789;
    //按指数形式输出,8 位小数
    cout<<setiosflags(ios::scientific)<<setprecision(8);
    cout<<"B="<<B<<endl;                           //输出 B 值
    cout<<"B="<<setprecision(4)<<B<<endl;          //改为 4 位小数
    cout<<resetiosflags(ios::scientific);          //清除格式设定
    //改为小数形式输出,小数点后 6 位
    cout<<"B="<<setiosflags(ios::fixed)<<setprecision(6)<<B<<endl;
    return 0;
}
```

【运行结果】

```
dec:128
hex:80
oct:200
     xi'an
*****xi'an
B=2.71234568e+001           (输出 8 位小数)
B=2.7123e+001               (输出 4 位小数)
B=27.123457                 (输出 6 位小数)
```

关于输出格式的控制,在使用中还会遇到一些细节问题,不可能在这里全部涉及。在遇到问题时,请上机试验、使用联机帮助或查阅 C++ 参考手册。

10.2 文件操作

根据文件中数据的组织形式,文件可分为两类:文本文件和二进制文件。文本文件是一种由若干行字符构成的计算机文件。除了能用 ASCII 码表示的字符外,文本文件不能存储其他任何信息,因此文本文件也称为 ASCII 文件。二进制文件则是把内存中的数据,按照其在内存中的存储形式原样写在磁盘上存放。计算机上的声音、动画、图像、视频等信息都是二进制形式的文件。本节介绍关于 C++ 中的文件 IO 操作流类,并会着重讲解 C++ 是如何对文件进行操作的。

10.2.1 文件输入输出流类

由于文件的内容千变万化,大小各不相同,因此统一处理。在 C++ 中用文件流的形

式来处理。文件流是以外存文件为输入输出对象的数据流。输出文件流表示从内存流向外存文件的数据，输入文件流则相反。若要对磁盘文件输入输出，就必须通过文件流来实现。

在 C++ 的输入输出类库中定义了几个文件流类，专门用于对磁盘文件的输入输出操作。在图 10-1 中可以看到有三个用于文件操作的文件流类：

- ifstream 类，它是从 istream 类派生的，用来支持从磁盘文件的输入。
- ofstream 类，它是从 ostream 类派生的，用来支持向磁盘文件的输出。
- fstream 类，它是从 iostream 类派生的，用来支持对磁盘文件的输入输出。

这三个类都包含在头文件＜fstream＞中，所以程序中要对文件进行操作必须包含该头文件。在 C++ 中对文件进行操作分为以下几个步骤：

① 包含头文件 fstream；
② 建立文件流对象；
③ 打开或建立文件；
④ 进行读写操作；
⑤ 关闭文件。

10.2.2 文件的打开与关闭

为了进行文件操作，首先就是建立流对象，然后使用文件流类的成员函数 open 打开文件，即把文件流对象和指定的磁盘文件建立关联。不论是用于输入的 ifstream 类，还是用来输出的 ofstream 类，都有同样的用于打开和关闭文件的函数。

文件流类的成员函数 open 形式如下：

```
void open (const char * filename, openmode);
```

这里 filename 是一个字符串，代表要打开的文件名（如：e:\c++\file.txt）。若文件名参数 filename 缺省路径，则默认为当前目录。openmode 指文件将被如何打开，是表 10-5 标志符的组合，即如果文件需要用两种或多种方式打开，则用“|”将它们组合在一起。

表 10-5 文件打开方式

方　　式	功　　能
ios::in	为输入（读）而打开文件
ios::out	为输出（写）而打开文件
ios::ate	打开文件，初始位置在文件尾部
ios::app	所有输出附加在文件末尾
ios::trunc	如果文件已存在，则先删除该文件的全部数据
ios::binary	二进制方式打开文件

此外，打开方式有几个注意点：

- 每一个打开的文件都有一个文件指针。指针的开始位置由打开方式指定，每次读写都从文件指针的当前位置开始。每读一个字节，指针就后移一个字节。当文件指针移到最后，会遇到文件结束符 EOF，此时流对象的成员函数 eof 的值为非 0 值，表示文件结束。
- 用 in 方式打开文件只能用于输入数据，而且该文件必须已经存在。
- 用 out 方式打开文件只能用于输出数据。若文件不存在，则建立新文件。
- 用 trunc 方式打开文件时，若文件不存在，则建立新文件。
- 用 app 方式打开文件，此时文件必须存在，打开时文件指针处于末尾，且该方式只能用于输出。
- 用 ate 方式打开一个已存在的文件，文件指针自动移到文件末尾，数据写入在末尾。

除了用 open 成员函数打开文件，还可以用文件流类的构造函数来打开文件，其参数和默认值与 open 函数完全相同。无论用哪一种方式打开文件，都需要在程序中测试文件是否成功打开。

下面给出一些打开文件的例子。

(1) 在工程默认目录打开文本文件 grade.txt，只用于输入

```
ifstream file1;                               //声明输入流对象
file1.open("grade.txt", ios::in);             //打开文件 grade.txt
```

(2) 打开文本文件 c:\msg.txt，只用于输出

```
ofstream file2;                               //声明输出流对象
file2.open("c:\\msg.txt");                    //第二个参数省略
```

(3) 以二进制输入方式打开文件 c:\abc.bmp

```
fstream file3;
file3.open("c:\\abc.bmp",ios::binary|ios::in);
```

(4) 用构造函数来打开二进制文件，用于输出

```
ofstream file ("example.bin", ios::out|ios::app|ios::binary);
```

若打开文件时没有声明打开方式，即第二个参数没有出现，这时默认打开方式就会被采用。默认打开方式如下：

```
ofstream     对象的默认打开方式是 ios::out|ios::trunc
ifstream     对象的默认打开方式是 ios::in
fstream      对象的默认打开方式是 ios::in|ios::out
```

当文件读写操作完成之后，必须将文件关闭以使文件重新变为可访问的。关闭文件需要调用成员函数 close()，它负责将缓存中的数据释放并关闭文件。它的格式为：

```
void close ();
```

这个函数一旦被调用，原先的流对象就可以被用来打开其他的文件了，这个文件也就

可以重新被其他程序访问了。

为防止流对象被销毁时还联系着打开的文件，析构函数将会自动调用关闭函数close。

10.2.3 文本文件和二进制文件的读写

读写文件分为文本文件和二进制文件的读写。文本文件的读写比较简单，很多在cin和cout对象中使用的输入输出方法在这里都可以使用；二进制文件的读写就要复杂些。下要详细介绍这两种方式。

1. 文本文件的读写

流类库中的IO操作>>、get、getline常用于文本文件的输入，而操作<<、put常用于输出。read和write也可以用于文本文件的输入输出，但较少使用。

文件的默认打开方式是按照文本文件打开的，文本文件是顺序存取文件。

【例10-6】 分别用符号<<和put函数将两个字符串写入文本文件file.txt。

【问题分析】 插入运算符<<可以整体输出字符串，put成员函数可以输出一个字符，要输出字符串，需要使用循环，直到遇到字符串的结束符。

【源程序】

```
#include <iostream>
#include <fstream>                          //包含头文件 fstream
using namespace std;
int main()
{
    //打开文件
    ofstream  out("file.txt");
    if(!out)                                //判断文件是否成功打开
    {
        cout<<"打开文件失败!"<<endl;
        return 1;
    }
    //写文件
    out<<"Welcome to ";                     //输出流对新 out 代替了 cout
    char ch[]="Xi'an Jiaotong University.";
    int i=0;
    while(ch[i]!=0)
    {
        out.put(ch[i]);
        i++;
    }
    out.close();                            //关闭文件
    return 0;
}
```

【运行结果】

运行结束后，在工程目录下产生文件 file.txt，其内容如下：

```
Welcome to Xi'an Jiaotong University.
```

在例 10-6 中为了说明 put 函数的用法，将学校名用循环配合 put 函数输出。真正编程时只要用一条语句 out<<ch 即可。

【例 10-7】 file.txt 是一个文本文件，用符号>>和 get 函数读取该文本文件并将内容显示在屏幕上。

【问题分析】 提取运算符可以提取一个字符或一串不带空格的字符；get 可以提取以指定符号分隔的一串字符。要注意的是 file.txt 中的内容是未知的，行数、内容多少是不定的，所以需要多次提取(用>>或 get)，直到文件结束。当文件结束时，输入流对象的逻辑值为 false，eof()成员函数的调用结果为 true。

【源程序】

```
//本例可以将例 10-6 建立的文件内容读出并显示在屏幕上。
#include <iostream>
#include <fstream>
using namespace std;
int main()
{
    //打开文件
    ifstream  in("file.txt");
    if(!in)
    {
        cout<<"不可以打开文件"<<endl;
        return 1;
    }
    //读文件
    char ch[80];
    in>>ch;                                          //读取第一个单词 Welcome
    cout<<ch;
    in>>ch;                                          //读取第二个单词 to
    cout<<ch;
    while(in)                                        //文件未结束时执行循环体
    {                                                //剩余部分用 get 函数读出并显示
        char c=in.get();                             //提取一个字符
        if(in)                                       //判断文件是否结束
            cout<<c;                                 //未结束时能提取到新的字符，才显示
    }
    //关闭文件
    in.close();
    return 0;
}
```

【运行结果】 运行后,屏幕上将显示:

```
Welcome to Xi'an Jiaotong University.
```

在例 10-7 中为了说明 get 函数的用法,将学校名用循环配合 get 函数读取。真正编程时只要用 getline 函数读取整行即可。

注意观察在例 10-7 的语句 while 中对于判断读到达文件尾部的方法。没有读到文件尾部时,ifstream 对象 in 相当于一个 true 值,甚至直到读取完所有有效数据后,in 仍然相当于 true。这时再读取一次文件后,in 才变成了相当于 false 值的对象。因此,程序的 while 循环中的语句:

```
if(in) cout<<c;
```

之所以要有 if 判断,是为了不输出最后一次读取的非正文数据。

【例 10-8】 统计平均成绩。假设一个文件 file.txt 中的内容为学生成绩,每一行的形式为:姓名、数学成绩、英语成绩、物理成绩。数据中间用空格隔开。编写程序读取每一行的内容,计算出每人的平均成绩后,写入输出文件。输出文件名由用户输入,输出文件每一行的形式为:姓名、数学成绩、英语成绩、物理成绩、平均成绩。

【问题分析】 输入文件的每行有四个数据项,所以每次需要提取四项数据:一个字符串(可以设名字中间无空格)、三个整数(设分数为整数)。每读取一行,就可计算平均成绩并写入文件。文件的行数是未知的,需要循环读取,直到文件结束,方法可参考上例。由于计算并写入文件后,变量的值就不再有别的用处,所以可以用这些变量读取下一行的数据。

【源程序】

```
#include <iostream>
#include <fstream>
#include <iomanip>
using namespace std;
int main()
{
    char ch[20];                          //定义字符串开始表示文件名,后来表示姓名
    int math,eng,phy;                     //定义整型变量,表示各科成绩
    //打开文件
    ifstream  fin("file.txt");            //定义输入流对象并打开文件
    ofstream  fout;                       //定义输出流对象
    cout<<"输入结果文件名:";               //显示提示信息
    cin>>ch;                              //输入结果文件名
    fout.open(ch,ios::app|ios::out);      //打开结果文件
    if( !fin || !fout )
    {
        cout<<"不可以打开文件"<<endl;
        return 1;
    }
```

```
    //读文件
    while(fin)                                      //输入文件未结束时循环
    {
        fin>>ch>>math>>eng>>phy;                    //读取一行数据
        if(fin) {                                   //如果文件未结束
            float avg=1.0*(math+eng+phy)/3;         //读入成功,计算平均
            fout<<ch<<'\t'<<math<<'\t'<<eng<<'\t'<<phy<<'\t'<<
            setiosflags(ios::fixed)<<setprecision(2)<<avg<<endl;    //写文件
        }
    }
    //关闭文件
    fin.close();
    fout.close();
    cout<<"已经保存,请查阅";
    return 0;
}
```

【运行结果】

```
输入结果文件名:out.txt
已经保存,请查阅
```

假定执行前文件 file.txt 的内容如图 10-2 所示,则执行后产生的文件 out.txt 的内容如图 10-3 所示。为了在输出文件中显示两位小数的平均分,例 10-8 使用了输出格式控制符 setiosflags 和 setprecision。本题目判断是否读到文件尾部的方法与前一个例题一样。

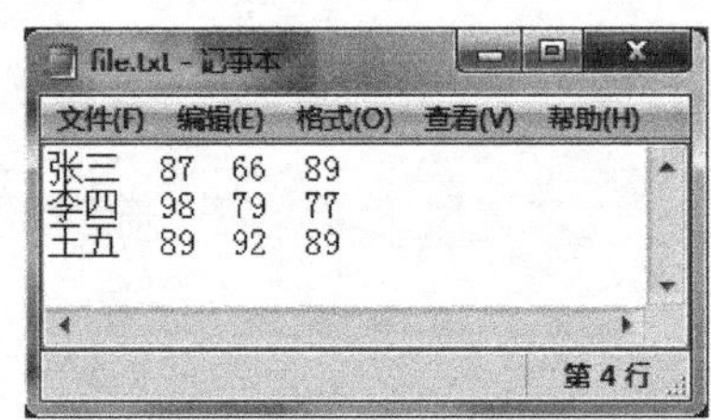

图 10-2 file.txt 文件内容

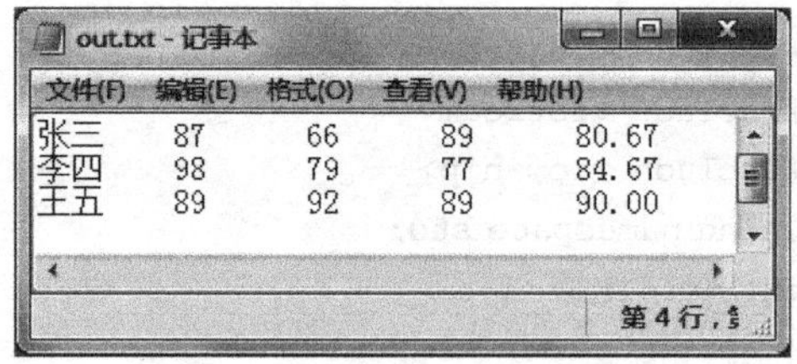

图 10-3 输出文件 out.txt 的内容

一般在建立 ifstream 类和 ofstream 类的对象时,打开方式可以省略。因为 ifstream 类默认为 ios::in,ofstream 类默认为 ios::out。

2. 二进制文件的读写

传统文本文件由 ASCII 字符构成,每 8 位二进制数据就代表一个有意义的字符。而一般的二进制文件就不一定是由字符构成的了,在二进制文件中到底多少个二进制位代表一个有意义的值,由文件的定义方式决定。比如大家比较熟悉的 BMP 位图文件,其头部是格式较为固定的文件头信息,其中前 2 字节用来记录文件为 BMP 格式,接下来的 8 个字节用来记录文件长度,再接下来的 4 字节用来记录 BMP 文件头的长度;等等。因

此,BMP 文件的读取方法是依次读取 2 字节、8 字节、4 字节的数据,再转化为字符或整数。BMP 文件是典型的二进制文件。如果用记事本之类的程序打开二进制文件,就只能看到乱码。

在 C++ 中,文本方式读写与二进制方式读写的差别仅仅体现在回车换行符的处理上。按文本方式写文件时,每遇到一个'\n'(换行符),就将其换成 '\r\n'(回车换行),然后再写入文件;当按文本方式读取时,每遇到一个'\r\n'就将其反变化为'\n',然后送到读缓冲区。按二进制方式读写时,则不存在任何转换。

在对二进制文件进行输入输出操作时,打开文件时要指定方式 ios::binary,即以二进制形式传送和存储。

从二进制文件输入数据可调用 istream 流类提供的成员函数 read,函数原型为:

```
istream&  read(char *  buffer, int len);
```

向二进制文件输出数据可调用 ostream 流类提供的成员函数 write,函数原型为:

```
ostream&  write(const char *   buffer,int len);
```

两个函数格式上差不多。第一个参数是一个字符指针,用于指向输入输出数据所放的内存空间的地址。第二个参数是一个整数,表示要输入输出的数据的字节数。以下是二进制文件的读写的示例。

【例 10-9】 将学生信息存入二进制文件再读取出来。学生信息包括姓名、班级、性别、年龄等 4 个属性。建立学生信息类,数据成员为私有的,编写构造函数及显示自身信息的函数。在主函数中创建 3 个对象,而后按二进制形式存入文件,然后再读出该文件信息并显示。

【问题分析】 每个对象的存储空间只存储对象的数据成员,所以知道其地址和大小就可以二进制方式进行对象的读写。对象的地址可以用 &<对象名> 获得,数据的大小可以用 sizeof(<对象名>)获得。

【源程序】

```
#include<iostream>
#include<fstream>
using namespace std;
class Student                                          //定义 Student 类表示学生信息
{
    char Name[10];                                     //姓名
    char Class[10];                                    //班级
    char Sex;                                          //性别
    int Age;                                           //年龄
public:
    Student()     {    }                               //无参数的构造函数
    Student(char * Name,char * Class, char sex, int age)   //有参数构造函数
    {
        strcpy(this->Name,Name);
```

```
        strcpy(this->Class,Class);
        Sex=sex;
        Age=age;
    }
    void Showme()                                          //显示信息的成员函数
    {
        cout<<Name<<'\t'<<Class<<'\t'<<Sex<<'\t'<<Age<<endl;
    }
};
int main()                                                 //主函数
{
    //建立对象数组
    Student    stu[3]={                                    //对象数组的初始化
        Student("王二小","电气 11",'m',27),
        Student("刘大明","机械 01",'f',24),
        Student("李文化","生物 12",'m',39)
    };
    //打开文件,二进制方式
    ofstream file1("file.dat",ios::binary);
    if(!file1)
    {
        cout<<"文件打开失败!";
        return 1;
    }
    //写文件
    for(int i=0;i<3;i++)
        file1.write((char*)&stu[i],sizeof(stu[i]));       //写一个学生的信息
    //关闭文件
    file1.close();

    ///////以下为读文件并显示出来//////////
    //建立对象
    Student    stu2;
    //打开文件
    ifstream file2("file.dat",ios::binary);
    if(!file2)
    {
        cout<<"文件打开失败!";
        return 1;
    }
    //读文件
    while(file2)                                           //文件未结束时循环
    {
        file2.read((char*)&stu2,sizeof(stu2));             //读一个学生的信息
```

```
        if(file2) stu2.Showme();                    //文件未结束,正确读取数据才显示
    }
    //关闭文件
    file2.close();
    return 0;
}
```

【运行结果】 程序运行后,先创建文件并写入信息,而后从文件读出信息并显示如下:

```
王二小  电气 11  m      27
刘大明  机械 01  f      24
李文化  生物 12  m      39
```

不论在 read 函数还是 write 函数里都要把数据转化为 char * 类型,代码中 sizeof 函数用于确定要读写的字节数。

3. 二进制文件的随机读取

前面所介绍的文件都是按顺序来读取的。C++ 中还提供了针对文件读写指针的相关成员函数,使得我们可以在输入输出流中随意移动文件指针,从而对文件进行随机读写。

类 istream 针对读指针提供 3 个成员函数,这里不严格地给出函数的形式:

```
tellg()                                  //返回输入文件读指针的当前位置;
seekg(<文件中的位置>)                    //将输入文件中的读指针移动到指定位置
seekg(<位移量>,<参照位置>)               //以参照位置为基准移动若干字节
```

其中参照位置是枚举值:

```
ios::beg     从文件开头计算要移动的字节数
ios::cur     从文件指针的当前位置计算要移动的字节数
ios::end     从文件的末尾计算要移动的字节数
```

如果参照位置省略,则默认为 ios::beg。

类 ostream 针对写指针也提供了 3 个成员函数,这里不严格地给出函数的形式:

```
tellp()                                  //返回输出文件写指针的当前位置
seekp(<文件中的位置>)                    //将输出文件中的写指针移动到指定位置
seekp(<位移量>、<参照位置>)              //以参照位置为基准移动若干字节
```

【例 10-10】 从二进制文件中倒序读取信息。读取例 10-9 所生成的学生信息文件,并且从最后一个记录倒序读取并输出。

【问题分析】 顺序读取时,每读一个字节,指针向后移动一个位置。从后向前读,先要将指针定位到最后一个学生信息的开头,再定位到倒数第二个学生的信息的开头……每次都需要定位。当然可以以文件头为参照位置。第 k 次位移量为(n−k) * 信息长度,k=1,2,…,n,n 为学生数。如果以文件末尾为参照位置,则第 k 次位移量为−k * 信息长度。也可以以 cur 为参照位置。

【源程序】

```
#include<iostream>
#include<fstream>
using namespace std;
class Student                                           //学生信息类
{
    char Name[10];
    char Class[10];
    char Sex;
    int Age;
public:
    Student()                                           //无参数的构造函数
    { }
    Student(char * Name,char * Class, char sex, int age)        //有参数的构造函数
    {
        strcpy(this->Name,Name);
    strcpy(this->Class,Class);
        Sex=sex;
        Age=age;
    }
    void Showme()                                            //显示信息的成员函数
    {
        cout<<Name<<'\t'<<Class<<'\t'<<Sex<<'\t'<<Age<<endl;
    }
};

int main()                                                   //主函数
{
    //建立对象
    Student    stu;
    //打开文件
    ifstream file("file.dat",ios::binary);
    if(!file)
    {
        cout<<"文件打开失败!";
        return 1;
    }
    file.seekg(0,ios::end);                                  //定位文件指针到文件末尾
    int len=file.tellg();                                    //得到文件指针位置,就是文件大小
    //读文件
    for(int k=len/sizeof(stu)-1;k>=0;k--)                   // len/sizeof(stu)为人数
    {
        file.seekg(k * sizeof(stu));                         //文件头为参照位置
        file.read((char * )&stu,sizeof(stu));                //读一个学生的信息
        stu.Showme();                                        //显示
```

```
    }
    //关闭文件
    file.close();
    return 0;
}
```

【运行结果】

```
李文化　生物 12　m　　　39
刘大明　机械 01　f　　　24
王二小　电气 11　m　　　27
```

【程序分析】 本例题首先用 seekg 函数将文件指针定位到文件末尾，而后用 tellg 得到文件指针位置，也就是文件大小。用文件大小除以每个类对象大小 sizeof(stu)就可得到文件中共有多少记录。以 stu 类对象大小为单位从后向前移动文件指针，就可以将记录倒序输出。事实上，对于任意第 i 个有效记录，可直接用(i-1) * sizeof(stu)得到其位置，并直接读取该记录。因此这种读取方式也称为随机读取。

【思路扩展】 本例从文件头定位每一个学生的信息，需要预先计算有多少个学生。试用文件末尾 ios::end 和当前指针 ios::cur 为参照位置，实现题目的功能，不预先计算有多少人。

10.2.4　文件操作典型例题

在某些与文件相关的程序设计中，常常需要统计一些特定单词的使用次数。如何解决这一类问题呢？下面的例子给出了一般性思路。

【例 10-11】 文件中特定单词的统计。

要求读取位于同一工程目录下的文件 sample.cpp(内容如图 10-4 所示)，统计其中关键字 if 的个数，然后将结果输出(如图 10-5 所示)。

sample.cpp - 记事本

文件(F)　编辑(E)　格式(O)　查看(V)　帮助(H)

```
#include <iostream.h>
#include <fstream.h>
int main()
{
        char ch;
        int num=0;
        ifstream in;
        in.open("text.txt");
        if(!in) {
                cout << "Cannot open file.";
                return 1;
        }
        while(in)
        {
                in>>ch;
                if(in && ch>='0' && ch<='9') num++;
        }
        in.close();
        return 0;
}
```

图 10-4　text.txt 的内容

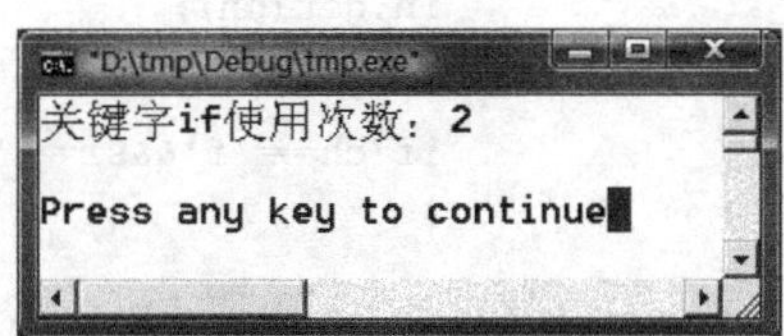

图 10-5　程序运行结果

【问题分析】 解决问题的关键是文件打开、读取、关闭的方法，利用数组存储文件中字符片段的方法，以及逐字符比较两个字符串的方法。

首先，创建 ifstream 类的对象，使用其 open 方法打开文件后，就可以按字节流方式逐字节读取文件内容。同时，应增加判断语句判断文件打开成功与否。

其次，根据本案例的需要，不应将文件内容全部读出后再作统计处理，而要边读边作统计处理。根据 C/C++ 源程序关键字 if 的特点，统计特定单词 if 的算法如下：

```
读取 1 个字符到 ch;
如果:ch 为字符'i'
{
    连续读取后两个字符到 ch、sr ;
    如果:ch 为字符'f'并且 sr 为右括号或空格
    {    统计数字加 1;   }
}
```

最后，文件处理完成后，除了输出结果之外，不要忘记关闭文件。

【程序实现】

```
// 文件中特定单词的统计
#include <iostream>
#include <fstream>                                            //包含头文件 fstream
using namespace std;
int main()
{
    char ch,sr;
    int ifnum=0,elnum=0;
    ifstream in;                                              //创建输入流对象
    in.open("sample.cpp");                                    //打开文件
    if(!in) {
        cout <<"Cannot open file.";
        return 1;
    }
    while(in)                                                 //文件未结束,循环
    {
        in.get(ch);                                           //读一个字符
        if(ch=='i')                                           //读到"i"
        {
            in.get(ch);
            in.get(sr);
            if(ch=='f'&&sr==' '||ch=='f'&&sr=='(')            //后面是"f  "或"fc"
            {
                ifnum++;                                      //单词数+ 1
            }
        }
```

```
    }
    cout<<"关键字 if 使用次数:"<<ifnum<<'\n';
    cout<<endl;
    in.close();                                          //关闭文件
    return 0;
}
```

【思考题】

(1) 若想统计文件中多个字符串的出现次数,如何实现?

(2) 有没有其他方法实现字符串比较?

在某些情况下,程序需要对文件进行加密。如何解决这一类问题呢?下例给出了一种文本文件的加密方法。

【例 10-12】 文本文件加密。

本例读取了一个文本文件 text.text 的内容(如图 10-6 所示),将其中每个字符按一定规律转换为其他字符,从而实现文件加密。转换方法如下:

(1) 将 A 转换为 z,B 转换为 y……Z 转换为 a。

(2) 将 a 转换为 Z,b 转换为 Y……z 转换为 A。

(3) 其他字符不转换。

程序运行结果如图 10-7 所示。

图 10-6 text.txt 的内容

图 10-7 程序运行结果

【问题分析】 本例涉及的知识主要包括流式文件的基本操作和字符处理相关的技术。解决问题的关键是文件打开、读取、关闭的方法以及利用 ASCII 码实现字符转换。

首先,创建 ifstream 类的对象,使用其 open 方法打开文件后,就可以按字节流方式逐字节读取文件内容。另外,应增加判断语句判断文件打开成功与否。

其次,本案例不需要将文件内容全部读出后再作加密处理,可以逐字符边读边作加密处理。这是因为本案例的加密方法只是将字符换掉,并未打乱文件的字节顺序。如果读出了一个大写字母并存到 ch 中,可按下列方法进行字符变换:

```
ch='M'+'N'-ch;            //将 ch 变成序列 A 到 Z 中与其自身处于中心对称位置的字符
ch=ch-'A'+'a';            //再将 ch 变成小写字母
```

如果读出了一个小写字母并存到 ch 中,可按类似方法进行字符变换。请读者自己思考。

最后,文件处理完成后,除了输出结果之外,不要忘记关闭文件。

【程序实现】

```
// 文本文件加密
#include<iostream>
#include <fstream>                                  //包含头文件 fstream
using namespace std;
int main()
{
    char ch;
    ifstream in;                                    //创建输入流对象
    in.open("text.txt");                            //打开文件
    if(!in) {
        cout <<"Cannot open file.";
        return 1;
    }
    while(in)                                       //文件未结束,循环
    {
        in.get(ch);                                 //读一个字符
        if(ch>='A'&&ch<='Z') {                      //大写
            ch='M'+'N'-ch;                          //加密
            ch=ch-'A'+'a';
        }else if(ch>='a'&&ch<='z') {                //小写
            ch='m'+'n'-ch;                          //加密
            ch=ch-'a'+'A';
        }
        if(in) cout<<ch;                            //文件未结束,输出
    }
    cout<<endl;
    in.close();                                     //关闭文件
    return 0;
}
```

【思考题】

(1) 请设计一种其他的文本文件加密方法并加以实现。

(2) 能否将文本文件加密后转化为不可读的二进制文件?

在某些情况下,程序需要对一般的二进制文件进行加密。如何解决这一类问题呢?下例给出了一种图像文件的加密方法。

【例 10-13】 二进制文件加密。

本例读取图像文件 old. bmp 的内容,逐字符将其每个字符数据按一定规律进行转换,从而实现文件加密。程序运行后生成一个新的加密文件 new. tmp。该文件不是一个图像文件,无法用绘图软件显示。再次执行本案例程序,读取新生成的文件 new. tmp,对其进行二次加密后将生成一个与原始图形文件 old. bmp 相同的文件。

【问题分析】 本例涉及的知识主要包括流式文件的基本操作和字符处理相关的技

术。解决问题的关键是文件打开、读取、关闭的方法以及利用位运算进行数据变换。

首先,创建 ifstream 类的对象,使用其 open 方法按二进制方式打开文件后,就可以按字节流方式逐字节读取文件内容。同时使用 ofstream 类的对象建立一个新文件,准备写入变换后的字节流。另外,应增加判断语句判断文件打开成功与否。

另外,本案例之所以能对加密图像进行恢复,是因为使用了下面的方法:读取每个字符后,将该字符与字符 char(0xFF)进行异或操作,因此每个字符变成了原字符的反码字符。再次对加密文件进行同样操作后,加密文件将恢复。

例如,如果字符的二进制码为 01100000,它与 11111111 作异或操作后变为 10011111。当结果 10011111 再次与 11111111 作异或操作后,就恢复为字符 01100000。

本例可以逐字节边读边作异或处理,将变换后的字节写入新文件。注意,这里读取和写入的字节是二进制文件的一部分,虽然某个字节可能恰好是某个可见字符的 ASCII 码,但字节流并不是可见字符组成的流。

最后,文件处理完成后,除了输出结果之外,不要忘记关闭文件。

【程序实现】

```
//二进制文件加密
#include<iostream>
#include <fstream>                                  //包含头文件 fstream
using namespace std;
int main()
{
    char ch;
    ifstream in;                                    //创建输入流对象
    in.open( "old.bmp", ios::binary );              //打开文件
    if(!in) {
        cout <<"Cannot open file.";
        return 1;
    }
    ofstream out;                                   //创建输出流对象
    out.open( "new.bmp", ios::binary );             //打开文件
    if(!out) {
        cout <<"Cannot open file.";
        return 1;
    }
    while(in)                                       //输入文件未结束,循环
    {
        in.get(ch);                                 //读一个字节
        ch=ch^char(0xFF);                           //加密
        if(in) out.put( ch);                        //输文件未结束,输出
    }
    in.close();                                     //关闭文件
    out.close();
    return 0;
```

```
}
```

【思考题】

本例题的加密方法和解密方法一致，这样可能安全性较差。能否设计一套加密和解密方法不同的算法？并尝试实现。

习题 10

1. 按下列格式输出圆周率的值。

```
3
3.1
3.14
3.141
3.1415
3.14159
3.141592
3.1415926
```

2. 读取一个 C++ 源程序文件(少于 1000 行)，在每一行前面添加行号后在屏幕上输出。要求行号占 4 个字符位置，源程序文件除了右移 4 个字符外格式不变。

3. 一个文本文件有多行信息，编写程序读取其内容，统计最长的一行信息和最短的一行信息各有多少字符。

4. 已知一个文件内容是某公司雇员的信息。每一行的内容依次是编号、姓名、籍贯、年龄，样例如下：

```
001011    刘强    上海    19
001012    王刚    陕西    28
001013    李红    四川    25
……
```

编写程序，首先将文件中小于 22 岁的人依次显示在屏幕上，并计算这些人的平均年龄后输出(四舍五入到整数)。然后再将文件中籍贯为“上海”的人依次显示在屏幕上，并统计他们的人数后输出。

5. 编写程序，实现文件复制(文本或二进制文件)。源文件和目标文件的名称由用户输入。

6. 已知一个 C++ 源程序文件，该文件包含很多注释，这些注释都由“//”引导。例如：

```
…
Student    stu2;
//打开文件
ifstream file2("file.dat",ios::binary);
if(!file2)                                    //处理文件打开失败的情况
```

```
{
    cout<<"文件打开失败!";
    return 1;                                              //结束
}
...
```

编程读取该文件，去掉注释后写入新文件 out.cpp，同时将新文件内容在屏幕上输出。

7. 一个文本文件由英文字母构成，读取该文件，将文件中的字符串“abc”换为“xyz”后写入新文件 out.txt，同时将新文件内容在屏幕上输出。

8. 一个文本文件中有一些正整数，这些整数用逗号分开，个数不超过 20 个。编程读取该文件，想办法得到这些整数，计算所有数字的平均值并在屏幕上输出。

第11章

数据结构、算法与应用

要开发解决实际问题的软件，首先必须将现实问题进行抽象，转化为适合编程处理的模型。什么是适合编程的模型呢？它不是纯粹的数学模型，而是一种对应于现实问题的数据组织形式，基于这些数据形式就可以设计解决问题的算法。人们经过大量的研究，最终归纳总结出了少数常见的数据组织形式，并对它们的逻辑形式、存储方式和有关算法进行了深入研究。这些研究所形成的一门新的计算机科学分支称为数据结构。

标准模板库(STL)将很多数据结构中的常见结构、算法抽象为一种通用的形式。它的出现使得代码的可重用性、健壮性得到大幅提高。作为C++标准函数库中最新加入的子集，庞大的标准模板库占据了整个C++标准库大约80%的内容。它深刻影响了多种编程语言，进而在一定程度上改变了人们的编程方式。

在长期的软件开发过程中，人们发现不仅很多问题的数据形式有着相似的逻辑结构，很多解决问题的方法也有很大相似之处。这些方法被总结成一些算法策略，常用的有枚举法、分治法、回溯法、递推法、贪心法等。这些策略是人类对现实世界逻辑思考的精彩总结，了解这些算法策略将对日常的软件开发活动提供十分有益的帮助。

11.1 数据结构概览

数据结构是软件开发领域的核心课程之一。由于它高度的抽象性，并且不依赖于任何编程语言，使得数据结构在软件开发方面具有普适意义。不论未来编程模式，甚至编程语言如何变换，只要有软件开发的活动存在，数据结构就仍然具有无可替代的作用。

11.1.1 数据结构的基本概念

1. 数据结构的类型

在不同问题中数据处理的基本单位是不同的。例如，在一张员工信息表中进行人员的插入、删除操作时，可以认为每一个员工的一组信息为一个基本数据单位。这些数据处理的基本单位就称为**数据元素**。数据结构研究的各种数据组织形式就是由数据元素构成，并且这门学科关注的是数据元素间的关系及算法，至于数据元素到底是怎样构成的并不是关注的内容。

现实问题千姿百态，抽象出来的数据组织形式各不相同，其中线性结构、树形结构和图状结构是最常见的几种数据结构。

图 11-1(a)是扑克牌的例子。虽然每张牌都包含花色、大小等信息,但玩牌时每一张牌都被看作一个元素,那么若干张牌就组成了一个有限序列。这种结构称为**线性数据结构**。

图 11-1(b)是计算机中的文件目录。如果将各个文件夹看作数据元素,则目录结构就是一种树状的逻辑形式。这种数据结构称为**树形结构**。相似的例子还有家谱结构图等。

图 11-1(c)是计算机网络结构图。如果将每个计算机看作数据元素,那么这种形式就是**图状数据结构**。相似的例子还有交通图等。

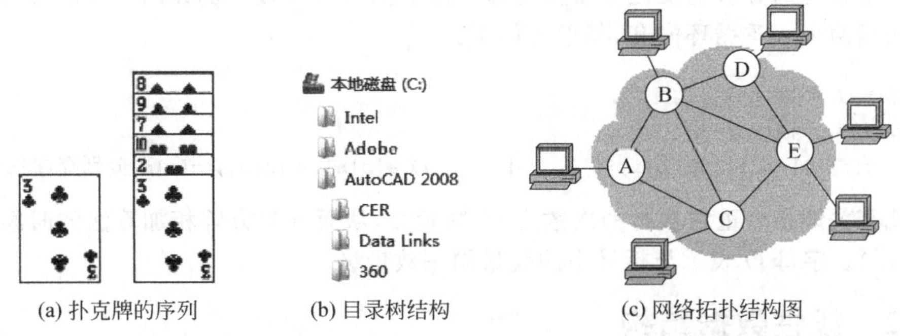

(a) 扑克牌的序列　(b) 目录树结构　(c) 网络拓扑结构图

图 11-1　生活中常见的结构

以上三种结构对应的逻辑结构图如图 11-2 所示。树形和图状结构又统称为**非线性数据结构**。

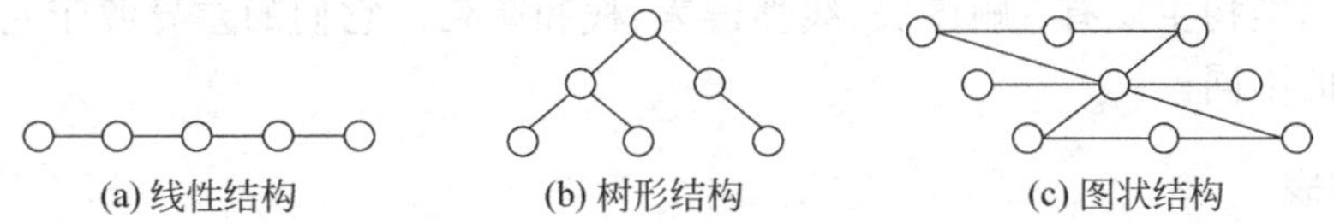

(a) 线性结构　(b) 树形结构　(c) 图状结构

图 11-2　三种基本数据结构示意图

逻辑结构描述的是元素之间的逻辑关系,为了在计算机中实现并操作某种数据结构,还要考虑数据如何在计算机中存储,即数据的**存储结构**。存储结构的形式有多种,最主要的两种的形式是顺序存储结构和链式存储结构。

在顺序存储结构中,数据元素存储在一组连续的存储单元中。元素存储位置间的关系反映了元素间的逻辑关系。

而在链式存储结构中,数据元素存储在若干不一定连续的存储单元中。它通过在元素中附加一个或多个与其逻辑上相连的其他元素的物理地址来建立元素间的逻辑关系。

2. 算法和算法效率

算法是解决特定问题的步骤,通常被描述为一个程序语言能够实现的指令序列。算法具有 5 个主要特征。

(1) 有穷性:算法由有限条指令构成。

(2) 确定性:算法的每条指令含义确切。即对任何初始条件该指令执行结果确定,且对于相同的输入必然产生相同的输出。

(3) 可行性：算法的每条指令都可以由程序语言在有限步内实现。

(4) 输入：算法可以有零个或一组输入数据。

(5) 输出：算法有一组输出数据，它和输入数据有内在联系。

算法的描述可以利用自然语言、框图(程序流程图)、伪语言或高级程序语言实现。本章的算法是通过 C++ 语言描述的。

衡量算法的效率应从时间和空间两个方面来考量，对应的两个指标是时间复杂度和空间复杂度。分别表示一个算法对时间和空间的消耗情况。

时间复杂度的分析主要是考察关键指令重复执行的次数。例如两个 n 阶方阵相加的主要语句是两个 n 重循环嵌套，其形式如下：

```
for(i=1; i<n; i++)
  for(j=1; j<n; j++)
  {  c[i][j]=a[i][j]+b[i][j];    }        // a[n]n], b[n]n], c[n]n]分别存储三个矩阵
```

因此其关键指令重复执行的次数为 n^2 数量级，从而 n 阶方阵相加算法的时间复杂度记作 $O(n^2)$。字母 O 表示与括号中的变量同一数量级。

11.1.2 线性数据结构

线性数据结构就像是一串珠子，每个珠子就是一个数据元素。显然，这串珠子有一个开始结点和一个终端结点，其他内部结点都有且仅有一个前驱(前面的元素)和一个后继(后面的元素)。

线性数据结构主要有：顺序表、线性链表、栈和队列。它们的差异源于它们对数据元素操作方式的不同。

1. 顺序表

顺序表的数据元素按照逻辑顺序依次存放在一组连续的存储单元中。逻辑上相邻的数据元素，其存储位置也彼此相邻。顺序表的存储结构如图 11-3 所示。

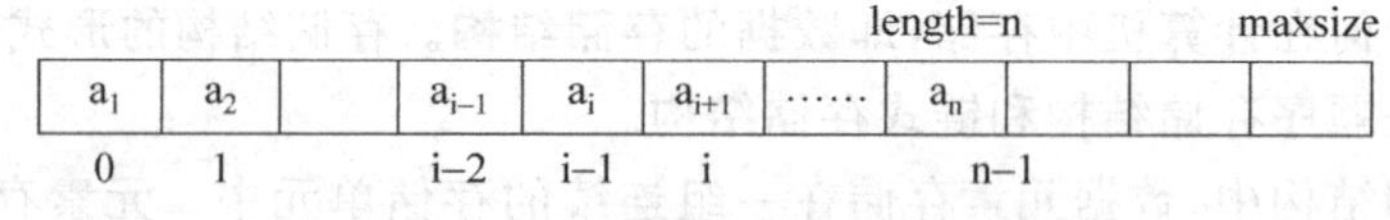

图 11-3 顺序表的存储结构示意图

顺序表的主要算法是插入元素、删除元素以及查找元素。顺序表有以下特点：

(1) 可在顺序表任何位置插入元素、删除元素。

(2) 顺序表的元素是连续的。这意味着插入、删除元素时，为保持元素连续性可能要大量移动元素。而一般的数组并不一定要这么做。

(3) 顺序表总空间长度是固定的。插入元素太多会超界，这一点和数组一致。

2. 线性链表

采用链式存储结构的线性表有单链表、双向链表、单循环链表以及双向循环链表等多

种形式。其中单链表是最简单的形式。

单链表用一组地址任意的存储单元存放线性表中的数据元素。由于逻辑上相邻的元素其物理位置不一定相邻，为了建立元素间的逻辑关系，需要在线性表的每个元素中附加其后继元素的地址信息。这种地址信息称为指针。

附加了其他元素指针的数据元素称为**结点**，如图 11-4 所示。这样每个结点都包含另一个同类型结点的地址。单链表就是由这样定义的结点依次连接而成的单向链式结构，如图 11-5 所示。由于最后一个元素无后继，因而其指针域为空(NULL)。

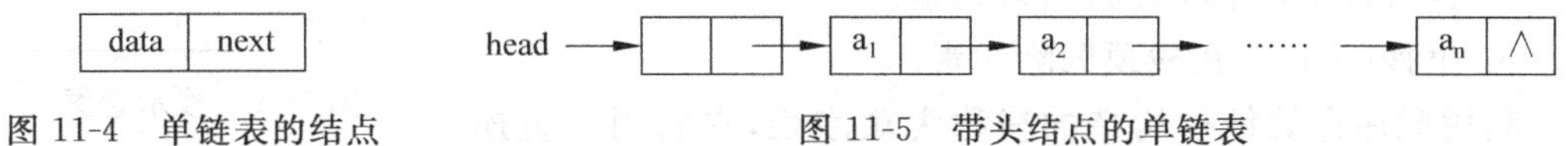

图 11-4 单链表的结点　　图 11-5 带头结点的单链表

单链表的主要算法也是插入元素、删除元素以及查找元素。它有以下特点：

(1) 可在单链表任何位置插入元素、删除元素。

(2) 在单链表中插入、删除元素时，只要修改相关指针即可。图 11-6 显示了删除结点前后链表中指针的变化，插入操作也只是修改指针而已。不需要大量移动元素。

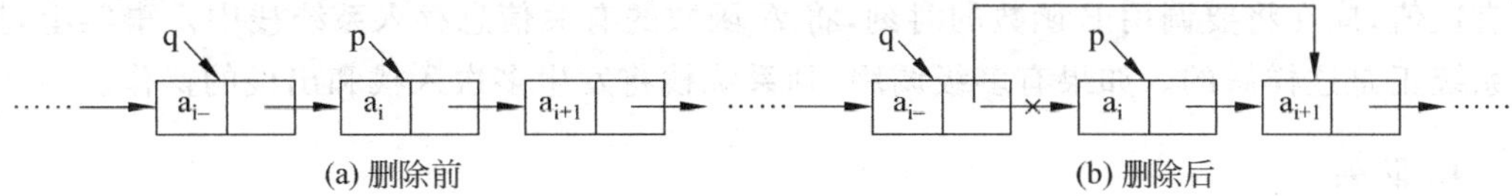

图 11-6 在单链表中删除结点 a_i

(3) 单链表元素的空间是动态分配的。每插入一个新结点就申请一个结点的空间，每删除一个结点就释放一个结点的空间。

(4) 单链表不方便的地方是查找元素比较麻烦，只能从前向后一个一个找。其原因是相邻元素间的物理位置不一定相邻。

线性结构的链表种类比较多，图 11-7 是循环链表。通过把单链表最后一个结点的指针改为指向第一个结点，就可以把一个单链表改造成单循环链表。

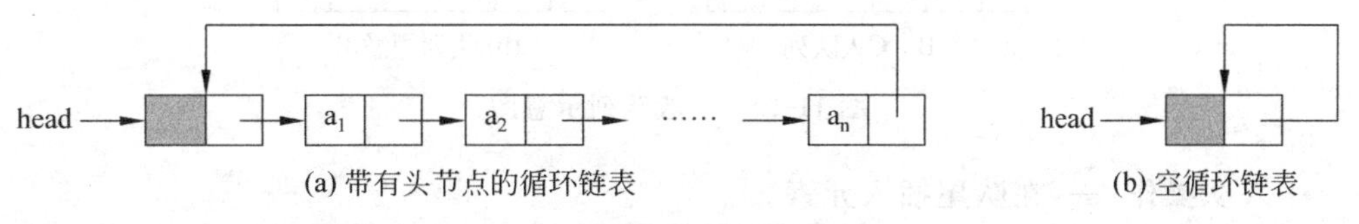

图 11-7 单循环链表

图 11-8 是双向链表。它的每个结点既有指向下一个元素的指针，又有指向前一个元素的指针。

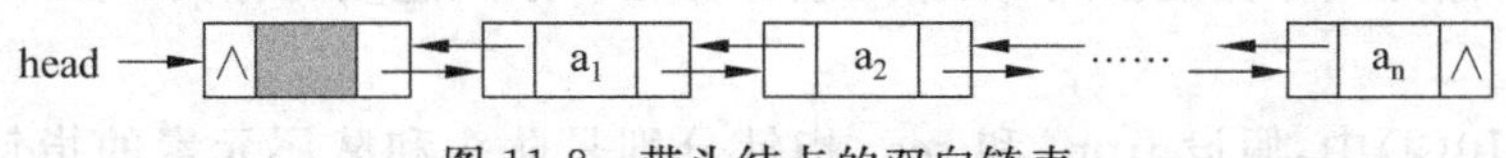

图 11-8 带头结点的双向链表

3. 栈

栈是只能在表的一端进行插入和删除操作的特殊线性表。允许进行插入和删除操作的一端称为栈顶,另一端称为栈底。栈的示意图如图 11-9 所示。如果多个元素依次进栈,则后进栈的元素必然先出栈,所以栈又称为**后进先出(LIFO)表**。栈设有一个栈顶指针标志栈顶位置。栈的最主要操作有:

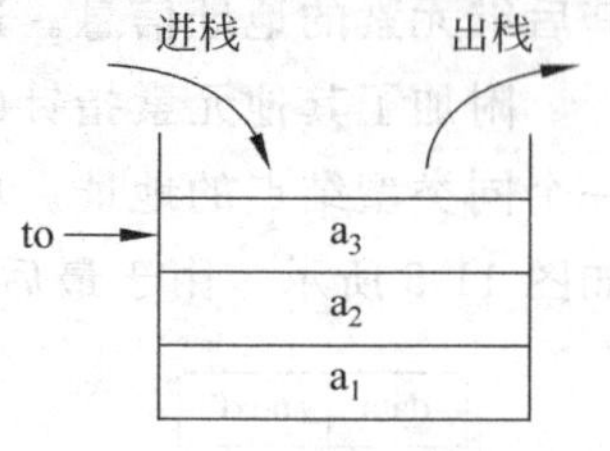

图 11-9 栈示意图

- 进栈(push):在栈顶插入元素。
- 出栈(pop):在栈顶删除元素。

利用顺序存储结构构造的栈称为**顺序栈**,它利用一组连续的存储单元存放栈中的数据元素,这和顺序表类似。

利用链式结构创建的栈称为**链式栈**,链式栈实质上就是只能在头部插入删除元素的单链表。

栈在现实中有广泛的应用。比如在 C++ 程序发生函数调用时,假定 A 函数调用了 B 函数,为了在 B 函数运行结束后能返回到 A 函数的正确位置,并恢复 A 函数局部变量的原有数值,应在将要调用 B 函数的时刻,将 A 函数的有关信息存入系统栈中。事实上,操作系统正是这样做的。如果有多级调用,则系统栈将发生多次入栈和出栈的操作。

4. 队列

队列是只能在表的一端进行插入、在另一端进行删除操作的线性表。允许删除元素的一端称为**队头**,允许插入元素的一端称为**队尾**。队列的示意图如图 11-10 所示。显然不论元素按何种顺序进入队列,也必然按这种顺序出队列,所以队列又称为**先进先出(FIFO)表**。由于队列有两个活动端,所以设置了对头和队尾两个位置指针。队列的主要操作有:

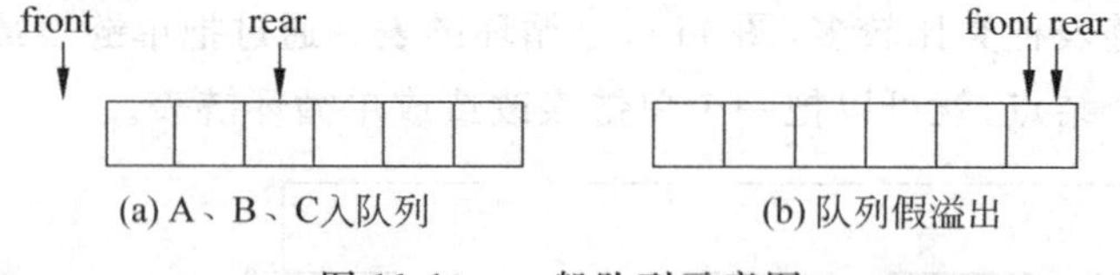

图 11-10 一般队列示意图

- 入队操作——在队尾插入元素。
- 出队操作——在队头删除元素。

队列也有顺序存储方式和链式存储方式。

(1) 循环队列——队列的顺序存储

按顺序存储方式存储的队列,数据元素存储在一系列连续的存储单元中,其结构与顺序表相同。

在图 11-10(a)中,假设 front 和 rear 指针分别是队头和队尾元素的指针。每次入队列或出队列后,front 和 rear 指针就会向右移动。由于顺序存储结构的空间是固定的,所以可能会发生 11-10(b)的情况，即 front 和 rear 指针都指向最后一个位置，无法入队但实际上前面还有很多空闲的空间。这种情况是**假溢出**。

为解决假溢出的问题，人们将队列的空间用数学方法改造成首尾相连的形式，如图 11-11 所示。这样队头和队尾指针就可以循环地在存储空间移动，这种结构称为**循环队列**。

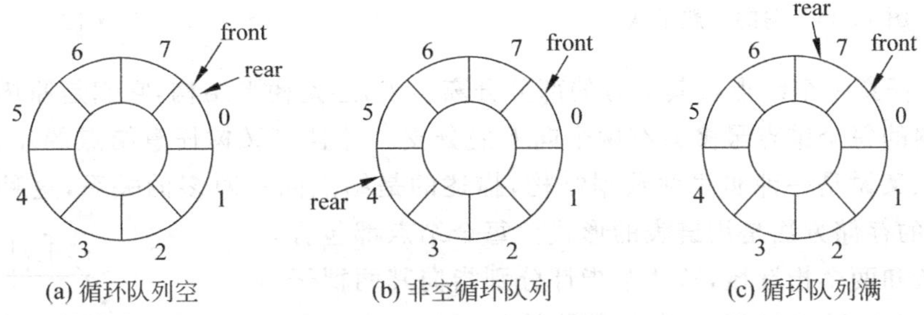

图 11-11 循环队列示意图

(2) 链队列——队列的链式存储

链队列实质上就是只能在头部删除元素、只能在尾部插入元素的单链表。链队列含有两个指针。队头指针 front 就是单链表头部的指针，队尾指针 rear 则是指向单链表最后一个结点的指针。出队列操作在链表头部进行，入队列操作在链表尾部进行。为了操作上的方便，可以在头部增加一个空结点。链队列示意图如图 11-12 和图 11-13 所示。

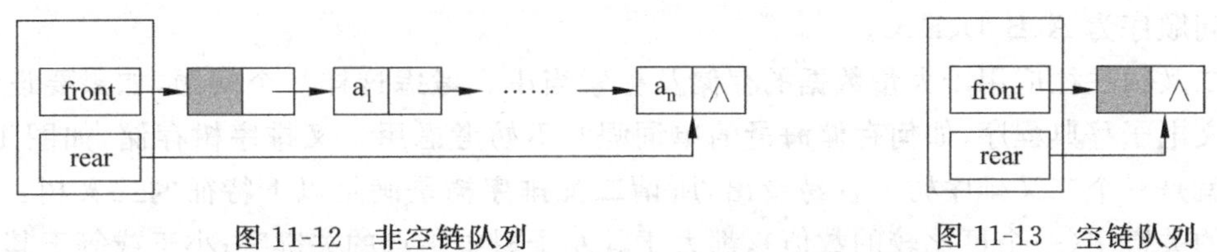

图 11-12 非空链队列　　图 11-13 空链队列

队列常用来模拟生活中的各种排队现象。比如，有多个人都在使用一台网络打印机，这时必须利用队列机制来协调多个打印请求。并行策略在这种情况下不能使用。

11.1.3 非线性数据结构

本节主要介绍树形结构中使用最广的二叉树以及图结构的相关概念。

1. 二叉树的基本概念

图 11-14 是树的一般形式，而图 11-15 是二叉树的一般形式。二叉树是树的特殊形式。在树的逻辑结构中，其中有一个特定的元素称为**根**，比如在图 11-14 中 A 结点就是根。树结构从根开始向下扩展，无向下分支的结点就是**叶子**，比如在图 11-14 中 E、C、F、G 就是叶子。

树结构有以下特点：

(1) 除了根每个结点都和唯一的一个上层结点相连。它们彼此称为**父结点**与**孩子结点**。根结点无父结点。

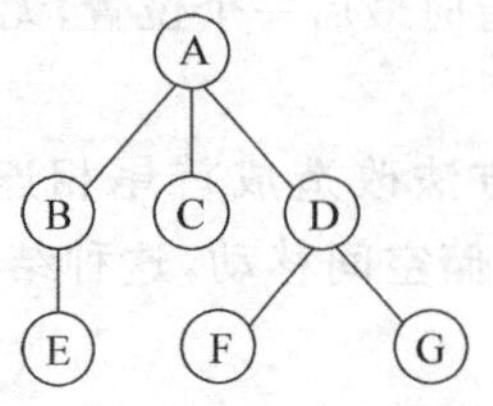

图 11-14　树的一般形式

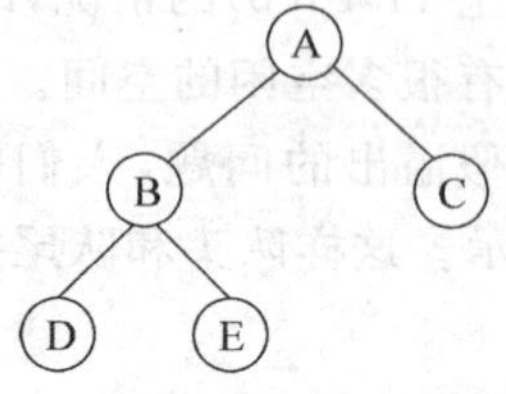

图 11-15　二叉树

(2) 把任意一个结点及其下方的部分分离出来，还是树形结构，它们是原树的**子树**。

二叉树的每个结点最多只有两个向下的分支。并且二叉树任意结点的左、右子树不可交换。二叉树是一种非线性数据结构，描述的是结点间一对多的关系，这种结构最常用、最适合的存储方法是用链表的形式。每个结点都包含一个数据域和两个指针域，这两个指针分别指向其两棵子树。图 11-15 所示二叉树的链表存储结构如图 11-16 所示。对于叶子结点而言，其两个指针都应为空值。利用这种结点形式存储的二叉树一般称为**二叉链表**。

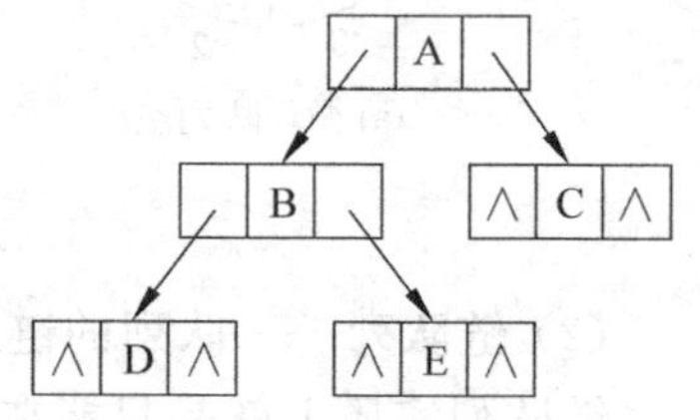

图 11-16　二叉树的链式存储

在二叉树中插入结点、删除结点、插入子树、删除子树等算法与插入或删除的位置等许多因素有关，难以写出一个统一的算法。能够写出统一算法的是二叉树的遍历，即走遍每个结点的方法。比如图 11-16 所示的二叉树，可以按照先访问根，再访问左子树，最后访问右子树的方法遍历，其访问顺序为 A、B、D、E、C。

二叉树往往应用于大量数据的存储及检索当中。考虑这样一个问题，如果要设计一个英文电子辞典程序，如何存储海量的单词呢？不妨考虑用二叉排序树存储，如图 11-17 所示就是一个二叉排序树。容易看出，所谓**二叉排序树**是满足以下特征的二叉树：每个结点的关键字(一个可比较的数值)，都大于其左子树中结点的关键字；小于或等于其右子树中结点的关键字。在图 11-17 中，每个结点的关键字就是单词本身。

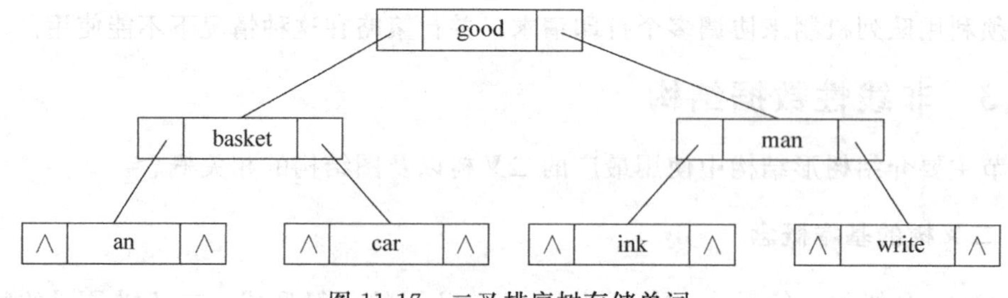

图 11-17　二叉排序树存储单词

在这样的二叉树中，要找某个单词就是搜索一条从根到叶子的路线。比如要找 car，按照字符串比较大小的方法，查找过程如下：

第一步，比较 car 和 good，由于 car ＜ good，继续向左下方寻找；

第二步，比较 car 和 basket，由于 car ＞ basket，继续向右下方寻找；

第三步，比较 car 和 car，查找成功。

显然任何其他路径都没有单词 car。

如果二叉排序树安排的比较合理，可以让它成为一棵左右基本平衡的二叉排序树，即接近于图 11-17 的样子。那么在类似于图 11-17 的树结构中，可以存多少单词呢？容易看出，图 11-17 中起第一层有 1 个结点（即 2^1-1），前两层有 3 个结点（即 2^2-1），前三层有 7 个结点（即 2^3-1）。依次类推，如果有 20 层，则共有 $2^{20}-1$ 个结点。也就是说，只要 20 层，就可存放超过一百万个单词，而查找一个单词最多仅需比较 20 次左右。树结构的威力一览无余。

2. 图的基本概念

图(graph)是一种较线性表和树更为复杂的数据结构。在线性表中，数据元素之间仅有线性关系，每个数据元素最多只有一个直接前驱和一个直接后继；在树形结构中，数据元素之间有着明显的层次关系，并且每一层上的数据元素可能和下一层中多个元素（即其孩子结点）相关，但只能和上一层中一个元素（即其父结点）相关；而在图形结构中，结点之间的关系可以是任意的，图中任意两个数据元素之间都可能相关。图结构来源于现实生活中诸如通信网、交通网之类的事物。

在图结构中，数据元素一般称为**顶点**。两个顶点之间的关系有两种，有方向的关系称为**弧**，无方向的关系称为**边**，对应的图称分别称为**有向图**和**无向图**。如果边或弧是有权值的，则称为**网络**，这些权可以表示从一个顶点到另一个顶点的距离或耗费。图 11-18 中分别给出了三种图的典型结构样例。它们对应的现实生活中的问题显而易见，不再举例。

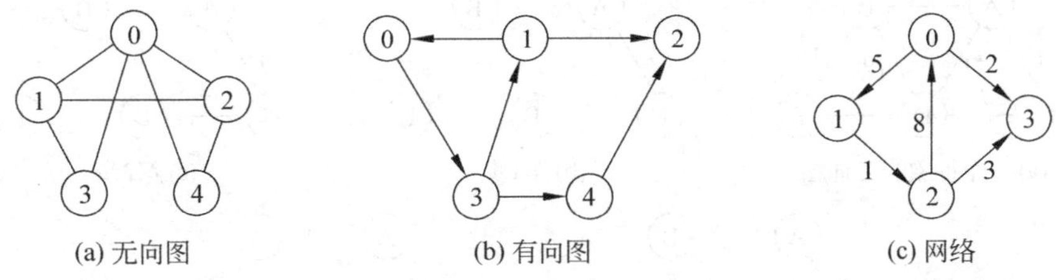

(a) 无向图　(b) 有向图　(c) 网络

图 11-18　三个典型的图结构

在无向图中，如果任意两个顶点之间都有一条路径连通，则称其为**连通图**。而在有向图中，如果任意两点间存在路径，则称为**强连通图**。例如图 11-18(a)就是连通图，而图 11-18(b)和 11-18(c)都不是强连通的。有时候也可以说无向图或有向图的一部分是连通或强连通的，比如 11-18(c)中的顶点{0, 1, 2}及弧＜0,1＞、＜1,2＞、＜2,0＞构成了一个**强连通子图**。很多图结构中的算法实质就是寻找一个连通子图，比如在图中寻找两点间的最短路径等。

图的存储形式比较复杂，这里不作介绍。在图的算法中，比较容易写出统一的处理方法的是遍历，即走遍每个顶点的方法。主要遍历方法有两种：深度优先搜索和广度优先搜索。

所谓深度优先搜索，简单讲就是从起点出发，尽可能向前走。当无路可走时回退，再看有没有别的岔路可走，直到访问完全部顶点。比如图 11-19(a)，其深度优先搜索顺序可以是 A－＞B－＞E－＞F－＞G－＞D－＞C，如图 11-19(b)所示。

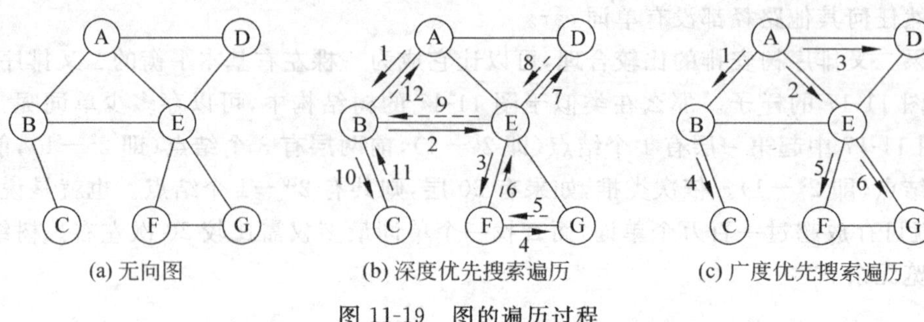

图 11-19　图的遍历过程

所谓广度优先搜索，就是从某顶点 v 出发，在访问 v 之后依次访问 v 的各个未曾访问过的邻接点(即与 v 有边或弧直接相连的点)，然后分别从这些邻接点出发依次访问它们的邻接点，并使“先被访问的顶点的邻接点”先于“后被访问的顶点的邻接点”被访问。比如图 11-19(a)，其广度优先搜索顺序可以是 A－>B－>E－>D－>C－>F－>G，如图 11-19(c)所示。

图在现实中应用广泛，下面考虑一个交通网的建设问题。假定要在多个城市间建立交通网络，将城市作为顶点，将所有可能的道路作为边，再以道路的造价作为边的权重就构成一个无向网络。如图 11-20 最左侧的图就是一个连通网络。现在的问题是，在保证交通功能的前提下，为了使总造价最小，需要寻找网络中权重之和最小的连通子图。这种在无向网络中权值总和最小的连通子图就是最小生成树。

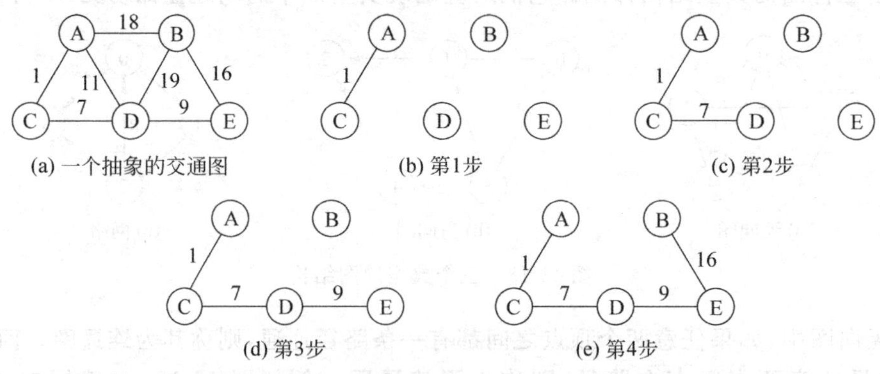

图 11-20　一个连通网络及其最小生成树的构造

在图 11-20 中，最小生成树的构造过程如下：

第一步，将顶点分成两个集合，集合 U＝{A}为最小生成树集合中的顶点，集合 V＝{B,C,D,E}为尚未连接到最小生成树的顶点。考察连接 U 与 V 的边，它们的权值为 1、11、18，并取权值最小的边作为最小生成树的边。于是 U＝{A,C}、V＝{B,D,E}。

第二步，继续考察连接 U 与 V 的边，它们的权值为 7、11、18，并取权值最小的边作为最小生成树的边。于是集合 U＝{A,C,D}、V＝{B,E}。

依次类推，共四步就可得到最小生成树，过程如图 11-20 所示。

11.2 模板与标准模板库

标准模板库(Standard Template Library,STL),是一个具有工业强度的、高效的 C++ 程序库。它被容纳于 C++ 标准程序库中,是 ANSI/ISO C++ 标准中最新的也是极具革命性的一部分。该库包含了诸多在软件领域里常用的基本数据结构和基本算法,为广大 C++ 程序员们提供了一个可扩展的应用框架,高度体现了软件的可复用性。

11.2.1 函数模板和类模板

学习了 11.1 节有关数据结构的知识,读者一定对数据结构的作用印象深刻。既然数据结构在很多问题中都有应用,那么能不能编写一段统一的代码,它代表某一种结构,并且这段代码能用到各种问题中去呢?

考虑下面两种情形,一是要用队列存储银行柜台前办业务的储户信息,二是要用队列存储打印服务器上等待打印的任务信息。这两种情形都用到了队列的结构、存储方式及有关算法,不同的是它们管理的数据不同。前者的队列中存储的是储户信息,后者存储的是打印任务的信息。如果用本书前面章节的知识处理这两种情况,就只能定义两个队列。

其实不仅在数据结构这种复杂的问题上,即使在函数这个层次上,也有很多程序逻辑上相似而数据不同的情况。比如函数重载就是定义了多个函数,它们的程序处理逻辑一样,只是处理的数据不同。

在软件领域,数十年来很多人都在为提高代码的可复用性而奋斗。为了能够编写统一的代码处理那些程序逻辑一致,而处理的数据不同的情形,人们发明了模板。

模板主要有两种,分别是函数模板和类模板。

1. 函数模板

函数模板(function template)是用类型作为参数设计出的通用的函数。

其定义形式为:

```
template <class T1,class T2,…>
函数返回类型 函数名(函数参数表)
{
    //函数模板定义
}
```

其中 template 是关键字,表示定义的是模板;< >里是模板的类型参数,可以是一个或多个。class 是关键字,T1、T2 是程序员命名的标识符。函数模板的返回值类型和函数参数表给出的类型可以是普通类型,也可以是模板参数表中指定的类型。在模板参数表中指明的类型参数不必都用于函数参数表中。例如:

```
template <class T>
T  Max(T a,T b)
{
```

```
    return a>b?a:b;
}
```

在这个 max 函数里，返回值和参数都是类型 T。使用时直接采用下面的语句即可。

```
int iRet=Max(i1,i2);      //调用 Max(int , int),模板函数的参数 a,b 的类型变为 int
char cRet=Max(c1,c2);     //调用 Max(char,char),模板函数的参数 a,b 的类型变为 char
```

注意，在＜＞里的 class 是指某种类型，与面向对象的类的定义表示没有关系。函数模板采用参数泛化的思想，使得函数通用性更强。

2. 类模板

类模板利用类型参数创建通用的类。它常用于实现包含一系列数据的类，如通用链表类、栈类等。类模板的定义形式为：

```
template <class T1,class T2,…, class Tn>
class 类模板名
{
    //类模板定义
}
```

其中 template 表示是对模板进行定义。tempalte 后的＜＞里是模板的类型参数，参数可以有一个或多个，每个参数用 class 关键字修饰，并用逗号格开。class 关键字也可以用基本数据类型代替。在类模板实例化时，Ti 可以是任意类型。接下来的关键字 class 说明模板是类模板，后面紧接的是类模板名。例如，下面的代码定义了一个简化的顺序表。

```
template <class T>
class LinearList                                    //LinearList 是类模版的名称
{
    T data[100];                       //最大元素为 100 个,类型为 T,使用时被具体类型替代
    public:
        bool IsEmpty();                             //判断表是否为空
        int Length();                               //求表长度
        int Search(T x);                            //查找
        bool Insert(int i, T x);                    //插入
        bool Delete(int i);                         //删除
    protected:
        int n;                                      //线性表的长度
};
```

此时 LinearList 类就具有了通用性，因为它有了模板参数 T。当需要“实例化”这个类时，必须明确指定 T 的类型(比如 T 为 int)：

```
LinearList <int> aList;                             //模板中的 T 成为 int
```

编译器就会使用 int 替换掉 T，而后在使用中 aList 就是一个以整数作为元素的顺序表。

11.2.2　标准模板库

标准模板库(STL)的代码从广义上讲分为三类：容器(container)、算法(algorithm)和迭代器(iterator)，几乎所有的代码都采用了类模板和函数模板的方式，这相对于传统的由函数和类组成的库来说提供了更好的代码重用机会。

1. 容器

容器是用于存储数据的，数据可以是整型、实型等基本类型的数据，也可以是结构体、类等复杂类型的数据。所有容器都是一个模板类。标准模板库的容器可分为三类：序列型容器、关联型容器和容器适配器。

(1) 序列型容器

该类容器中的元素不会自动排序，如果不进行人工干预，元素将始终保持在插入时的位置。这类容器主要有 vector(向量)、deque(双向队列)、list(线性表)。

vector 容器类似于长度可以按需要自动变化的数组，支持随机访问任意元素(即通过下标[]存取)。

deque 容器允许在序列的两端插入和删除元素，并可随机访问任意元素。

list 容器允许在任何位置进行插入和删除操作，但不支持随机访问任意元素。

处理字符串的 string 也可以看作是一个容器。

(2) 关联型容器

关联型容器中的元素一定是按照某种特征有序排列的。这类容器主要有四个：map(映射)、set(集合)、multimap(多重映射)、multiset(多重集合)。

map 的元素结构包含一个 key(关键字)和一个 value(数值)，这有点类似于字典。其中 key 值是用于排序的。

set 的每个元素只有一个值，并且这个元素是按照升序排列的。

map 和 set 容器要求所有元素用于排序的关键字是不能重复的，如果有多个元素含有相同的排序关键字，需要使用 multimap 或 multiset 容器。

(3) 容器适配器

适配器实际上是对前面提到的某些容器(如 vector)进行再次包装，使其变为另一种容器。典型的容器适配器有栈(stack)、队列(queue)等。

2. 算法

算法(algorithm)是标准模板库的重要组成部分，它由一大堆模板函数组成，实现了大量通用算法，可用于操控各种容器。可以认为每个函数在很大程度上都是独立的，其中常用到的功能涉及比较、交换、查找、遍历、复制、修改、移除、反转、排序、合并等。比如，find 用于在容器中查找等于某个特定值的元素，for_each 用于将某个函数应用到容器中的各个元素上，sort 用于对容器中的元素排序。所有这些操作都是在保证执行效率的前提下进行的。

STL 中的算法可以分成 4 组。

(1) Group 1：不改变顺序的操作(non-mutating sequence operations)；

(2) Group 2：改变顺序的操作(mutating sequence operations)；

(3) Group 3：排序及相关操作(sorting and related operations)；

(4) Group 4：常用的数值操作(generalized numeric operations)。

Group1 中的操作不改变容器中元素的顺序，而 Group2 中的要改变。当然 Group3 排序操作也会改变元素的顺序，但把排序相关的操作独立于 Group1 列出来了。Group4 中是常用的数字操作。

Group1 中的常用算法有：对每个(for_each)、寻找(Find)、计数(Count)、相等(Equal)、搜索(Search)等。

Group2 中的常用算法有：拷贝(Copy)、交换(Swap)、变换(Transform)、替换(Replace)、填充(Fill)、移除(Remove)、翻转(Reverse)、旋转(Rotate)、任意洗牌(Random shuffle)、分区(Partitions)等。

Group3 中的常用算法有：排序(sort)、第 N 个元素(Nth element)、二分搜索(Binary Search)、合并(Merge)、堆操作(Heap Operations)、最小最大(Minimum and Maximum)、词典比较(Lexicographical comparison)等。

Group4 中包含些常用的数值算法，比如求和(Accumulate)、内积(Inner product)、局部和(Partial sum)、邻近不同(Adjacent difference)等。

3. 迭代器

迭代器就像是容器中指向对象的指针。事实上，C++ 的指针也是一种迭代器。但是，迭代器不仅是指针，因此不能认为它们一定具有地址值。例如，一个数组索引也可以认为是一种迭代器。

标准模板库的算法使用迭代器在容器上进行操作。迭代器设置了算法的边界、容器的长度和其他一些事情。有些迭代器仅让算法读元素，有一些让算法写元素，有一些则两者都行。迭代器也决定在容器中处理的方向(正序或倒序)。如果没有迭代器的撮合，容器和算法便无法结合得如此完美。事实上，每个容器都有自己的迭代器，只有容器自己才知道如何访问自己的元素。

类似于指针，* 操作符作用于迭代器可以获取数据。而++操作用来递增迭代器，以访问容器中的下一个对象。类似地，--操作用来递减迭代器。一般可以通过调用容器的成员函数 begin()来得到一个指向容器起始位置的迭代器，可以调用一个容器的 end()函数来得到指向最后一个元素的下一个位置的迭代器(注意：不是最后一个元素)。

迭代器有 5 种类型。

- Input iterators：提供对数据的只读访问，只能向前移动。
- Output iterators：提供对数据的只写访问，只能向前移动。
- Forward iterators：提供读写操作，并只能向前移动。
- Bidirectional iterators：提供读写操作，并能向前和向后移动。
- Random access iterators：提供读写操作，并能在数据中随机移动。

11.2.3 简单应用举例

1. vector(向量)

vector 容器可以自动管理所需内存,在插入删除元素时可以动态调整所占空间。如果要创建元素为 int 类型的 vector 对象,常用下面三种方式。

(1) 不指定元素个数

```
vector <int>  v;
```

(2) 指定容器大小

```
vector <int>  v(10);                              //元素下标 0~9,初始值 0
```

(3) 指定容器大小及初始值

```
vector <int>v(10, 3.1);                           //10 个元素初始值都是 3.1
```

为了使用 vector 容器,应在程序头部包含下列语句:

```
#include<vector>
```

【例 11-1】 用向量容器装入整数 1～10,然后用 accumulate 算法统计它们的和。

```
#include<iostream>
#include<vector>                                  //使用 vector 需要
#include<numeric>                                 //使用算法 accumulate 需要
using namespace std;
int main()
{
    vector<int>v;                                 //定义向量 v
    int i;
    for(i=0;i<10;i++)        v.push_back(i);      //在尾部加入一个数据
    vector<int>::iterator it;            //定义迭代器,vector<int>::指明容器和类型
    for(it=v.begin(); it!=v.end(); it++)
        cout<< * it<<" ";                         //利用迭代器输出数据
    cout<<endl;
    cout<<accumulate(v.begin(),v.end(),0)<<endl;  //调用 accumulate 算法
    return 0;
}
```

【运行结果】

```
0 1 2 3 4 5 6 7 8 9
45
```

【程序分析】 vector 容器有很多方法,本程序用到了以下几个方法:

- push_back(elem):在尾部加入一个数据。

- begin()：返回首元素位置的迭代器。
- end()：返回最后一个元素的下一元素位置的迭代器。

要使用迭代器，一般要先定义迭代器变量。本程序使用了下列语句：

```
vector<int>::iterator  it;
```

本程序通过 begin()函数得到指向第一个元素的迭代器，通过 end()函数得到指向最后一个元素的下一元素位置的迭代器。它被称为 past-the-end 迭代器，该迭代器不指向任何元素，就好像空指针一样。

算法 accumulate 是数值算法，包含在库＜numeric＞里面。它有三个参数，依次是：起点迭代器、终点迭代器、累加和的初值。累加范围是从起点迭代器所指的元素开始，直到终点迭代器的前一个元素。所以，当起点迭代器是 v. begin()，终点迭代器是 v. end()时，表示 v 中所有元素相加。

【例 11-2】 向 vector 中插入元素。

```
#include<iostream>
#include<vector>                                  //使用 vector 需要
using namespace std;
int main()
{
    vector<int>v(3);                              //定义向量 v
    v[0]=1;                                       //像数组一样使用 vector
    v[1]=3;
    v[2]=4;
    v.insert(v.begin(),0);                        //将 0 插入到最前面
    v.insert(v.begin()+2,2);                      //在第二个元素前插入
    v.insert(v.end(),5);                          //在末尾插入
    vector<int>::iterator it;                     //定义迭代器变量
    for(it=v.begin();it!=v.end();it++)
        cout<<*it<<"  ";
    return 0;
}
```

【运行结果】

```
0 1 2 3 4 5
```

【程序分析】 vector 支持对元素随机访问，也就是可以像数组一样，使用 v[2]＝4 这样的语句。

vector 可使用其 insert 方法在指定位置插入元素。insert 有三种形式：

- insert(pos,elem)：在 pos 位置插入一个 elem 拷贝。
- insert(pos,n,elem)：在 pos 位置插入 n 个 elem 数据。
- insert(pos,beg,end)：在 pos 位置插入[beg,end)区间的数据。

注意，上面第三个 insert 函数中的 beg 和 end 分别是起点和终点迭代器。

本程序中,v 的初始状态是{1,3,4},执行 v. insert(v. begin(),0)后,将整数 0 插入到最前面,v 变为{0,1,3,4}。再执行 v. insert(v. begin()+2,2)后,将整数 2 插入到 3 前面,v 变为{0,1,2,3,4}。最后执行 v. insert(v. end(),5),在末尾插入整数 5。

【例 11-3】 从 vector 中删除元素。

```
#include<iostream>
#include<vector>                                   //使用 vector 需要
using namespace std;
int main()
{
    vector<int>v(10);                              //定义向量 v
    int i;
    for(i=0;i<10;i++) v[i]=i;                      //赋值为 0,1,2,…,9
    vector<int>::iterator it;
    for(it=v.begin();it!=v.end();it++)
        cout<< * it<<"  ";
    v.erase(v.begin()+2);                          //删除元素 2
    cout<<endl;
    for(it=v.begin();it!=v.end();it++)
        cout<< * it<<"  ";                         //输出 0 1 3 4 5 6 7 8 9
    v.erase(v.begin()+1,v.begin()+5);              //删除区间内的元素
    cout<<endl;
    for(it=v.begin();it!=v.end();it++)
        cout<< * it<<"  ";                         //输出 0 6 7 8 9
    return 0;
}
```

【运行结果】

```
0  1  2  3  4  5  6  7  8  9
0  1  3  4  5  6  7  8  9
0  6  7  8  9
```

【程序分析】 本程序使用 erase()函数删除 vector 中的元素。erase()函数有两种格式。

- erase(where):删除 where 迭代器所指向的元素。
- erase(First, Last):删除[First,Last)之间的元素,First 和 Last 分别是起点迭代器和终点迭代器。

本程序中,v 的初始状态是 0~9,这也正是第一行输出的内容。注意赋值过程没有用迭代器。在执行语句 v. erase(v. begin()+2)之后,整数 2 被删除,因此第二行输出内容没有 2。最后执行 v. erase(v. begin()+1,v. begin()+5),将元素 1、3、4、5 删除,故最终输出 0、6、7、8、9。如果要一次性删除 vector 中所有元素,可使用 clear()函数。

【例 11-4】 测试 vector 中的 reverse(反序)和 sort(排序)算法。

```
#include<iostream>
#include<vector>                                    //使用 vector 需要
#include<algorithm>                                 //使用 sort, reverse 算法需要
using namespace std;
int main()
{
    vector<int>v(10);                               //定义向量 v
    int i;
    for(i=0;i<10;i++) v[i]=i;                       //赋值为 0,1,2,…,9
    for(i=0;i<10;i++) cout<<v[i]<<"  ";
    cout<<endl;
    reverse(v.begin()+2,v.end());
    vector<int>::iterator it;
    for(it=v.begin();it!=v.end();it++)
        cout<< * it<<"  ";
    cout<<endl;
    sort(v.begin(),v.end());
    for(it=v.begin();it!=v.end();it++)
        cout<< * it<<"  ";
    return 0;
}
```

【运行结果】

```
0 1 2 3 4 5 6 7 8 9
0 1 9 8 7 6 5 4 3 2
0 1 2 3 4 5 6 7 8 9
```

【程序分析】 算法 reverse()和 sort()的形式如下：

- reverse(First, Last)　　将[First,Last)之间的元素反序。
- sort(First, Last)　　将[First,Last)之间的元素排序。

First 和 Last 分别是起点迭代器和终点迭代器。

本程序中,v 首先被赋值为 0～9,这也正是第一行输出的内容。而后执行语句 reverse(v. begin()+2,v. end()),将元素 2～9 反序,这就是第二行输出的内容。最后执行语句 sort(v. begin(),v. end()),v 中元素又被重新排序,这就是第三行输出的内容。

2. stack(栈)

为了使用栈,应在程序头部加入下列语句：

```
#include<stack>
```

栈的常用算法如下。

- push(elem)：将元素 elem 入栈。
- pop()：栈顶元素出栈。

• top()：求栈顶元素。
• empty()：判断栈是否空。
• size()：求栈内元素个数。

【例 11-5】 测试 stack 容器中的各种算法。

```
#include<iostream>
#include<stack>
using namespace std;
int main()
{
    stack<int>s;                                            //定义栈 s
    s.push(1);  s.push(2);  s.push(3);  s.push(9);          //入栈过程
    cout<<"栈顶元素:"<<s.top()<<endl;                        //读栈顶元素
    cout<<"元素数量:"<<s.size()<<endl;                       //返回元素个数
    cout<<"出栈过程:";
    while(s.empty()!=true)                                  //栈非空
    {
        cout<<s.top()<<" ";                                 //读栈顶元素
        s.pop();                                            //出栈,删除栈顶元素
    }
    return 0;
}
```

【运行结果】

```
栈顶元素:9
元素数量:4
出栈过程:9 3 2 1
```

3. queue(队列)

为了使用队列,应在程序头部加入下列语句:

```
#include<deque>
```

队列的常用算法如下:

• push()：入队。
• pop()：出队。
• front()：读取队首元素。
• back()：读取队尾元素。
• empty()：判断队列是否空。
• size()：求队列长度。

【例 11-6】 测试 queue 容器的算法。

```
#include<iostream>
```

```
#include<queue>
using namespace std;
int main()
{
    queue<int>q;                                          //定义队列 q
    q.push(1);  q.push(2);  q.push(3);   q.push(4);       // 入队
    cout<<"队头元素:"<<q.front()<<endl;                    //读队首元素
    cout<<"队尾元素:"<<q.back()<<endl;                     //读队尾元素
    cout<<"出队过程:";
    while(q.empty()!=true)                                //栈非空
    {
        cout<<q.front()<<" ";                             // 输出队头元素
        q.pop();                                          //队首元素出队
    }
    return 0;
}
```

【运行结果】

```
队头元素:1
队尾元素:4
出队过程:1 2 3 4
```

11.3 常见算法策略

所谓算法策略是指人们在长期生产实践中摸索出来的解决问题的思想方法。

11.3.1 枚举法

1. 枚举法的基本思想

很多问题根据其特定的要求和限制,能为该问题确定一个解空间范围,这个范围可能是一系列整数、空间的一系列点、一个树状组织形式的数据等。枚举法就是对这个解空间范围内的候选解按某种顺序进行逐一枚举和检验,直到找到一个或全部符合条件的解为止。

枚举法通常有以下几个步骤:

(1) 建立问题的数学模型,确定问题的可能解的集合(可能解的空间)。

(2) 确定合理的筛选条件,用来选出问题的解。

(3) 确定搜索策略,逐一枚举可能解集合中的元素,验证是否是问题的解。

枚举法的关键首先是确定一个合理的解空间范围,范围太大则枚举法可能失效;其次是确定合理的搜索顺序,保证搜索过程不重复、不遗漏。

枚举法一般使用循环结构来实现,其总体框架如下:

```
设解的个数 n 初始为 0;
循环(枚举每一可能解):
    若(该解法满足约束):
        输出这个解;
        解的数量 n 加 1;
```

2. 枚举法应用举例

【例 11-7】 八皇后问题。

在 8×8 的国际象棋棋盘上放置八个皇后，求出满足下列条件的摆放方法数量：使得任意两个皇后都不在同一行，或同一列或同一对角线上。如图 11-21 所示就是八皇后问题的一个正确摆法(即一个解)。

图 11-21 八皇后问题的一个解

注意：八皇后问题解的数目为 92 个。

【问题分析】 事实上，若 8 个棋子位于 8 行 8 列的棋盘中，要求任意两个不同行、不同列，则任一解必然是各行只包含一个棋子。于是可定义一维数组 y，令 y[1]至 y[8]存放第 1 行至第 8 行的棋子的位置。再做个 8 重循环嵌套，每重循环都设定某个棋子的列号(即设定数组 y 某个单元的值)。如果将 8 个棋子在其所在行的各个位置的情况都试一遍，这样需要枚举的情况为 8^8(包含同列的情形)。

若一种摆法是该问题的解，则任意第 i 行和第 j 行，必须满足：

$$y[i] \neq y[j] \quad 且 \quad |i-j| \neq |y[i]-y[j]| \quad (1 \leqslant i, j, y[i], y[j] \leqslant 8)$$

其中：|·|是绝对值运算。

【算法描述】

```
r←0;                                              //存放解的数目
 循环(令 y[1]从 1 到 8):                          //放置第 1 行棋子
   循环(令 y[2]从 1 到 8):                        //放置第 2 行棋子
     循环(令 y[3]从 1 到 8):                      //放置第 3 行棋子
       循环(令 y[4]从 1 到 8):                    //放置第 4 行棋子
         循环(令 y[5]从 1 到 8):                  //放置第 5 行棋子
           循环(令 y[6]从 1 到 8):                //放置第 6 行棋子
             循环(令 y[7]从 1 到 8):              //放置第 7 行棋子
               循环(令 y[8]从 1 到 8):            //放置第 8 行棋子
                 //下面判断有没有两个棋子在同一列或同一条对角线上
                 flag←1;                          //先假设本方案是解
                  循环(令 i 从 1 到 8):
                     循环(令 j 从 i+1 到 8):
                        若(y[i]=y[j] 或 |i-j|=|y[i]-y[j]|)则:
                           flag←0;
```

```
                    break;                                    //跳出循环
               若(flag=1) 则:
                    r++;                                      //解的数量加 1
输出解的数量 r ;
```

【源程序】

```
#include <iostream>
using namespace std;
int main()
{
    int y[9],r=0;
    for(y[1]=1;y[1]<=8;y[1]++) {                              //放置第 1 行棋子
      for(y[2]=1;y[2]<=8;y[2]++) {
        for(y[3]=1;y[3]<=8;y[3]++) {
          for(y[4]=1;y[4]<=8;y[4]++) {
            for(y[5]=1;y[5]<=8;y[5]++) {
              for(y[6]=1;y[6]<=8;y[6]++) {
                for(y[7]=1;y[7]<=8;y[7]++) {
                  for(y[8]=1;y[8]<=8;y[8]++) {                //放置第 8 行棋子
                    int flag=1;                               //先假设本方案是解
                    for(int i=1;i<=8;i++)
                    {
                      for(int j=i+1;j<=8;j++)
                      {
                        if(y[i]==y[j] || abs(i-j)==abs(y[i]-y[j]))          //不是解
                        {  flag=0;break;}
                      }
                    }
                    if(flag==1) r++;                          //是解,解的数量加 1
                  }
                }
              }
            }
          }
        }
      }
    }
    cout<<r<<endl;                                            //显示解的数量
    return 0;
}
```

【问题分析】 上面的解法简单易懂,但执行速度较慢。事实上上述程序试探了 16777216=8^8 组可能的解。其实,上面的算法还可以改进。容易看出,在尝试放置第 i 行的棋子时,如果其列位置与前 i−1 行中某一行的棋子重复,则不必继续执行内层的循环。

如果排除了列重复的情况，则一共需测试 8! 个方案，对于每个方案，测试条件是判断有没有两个棋子在同一对角线上。

11.3.2　分治法

1. 分治法的基本思想

用计算机求解的问题所需的计算时间都与其规模有关。问题的规模越小，越容易直接求解，解题所需的计算时间也越少；而当问题规模较大时，问题就不那么容易处理了。要想直接解决一个规模较大的问题，有时是相当困难的。

分治算法的基本思想是将一个规模较大的问题分解为若干个规模较小的子问题，这些子问题相互独立且与原问题性质相同。求出子问题的解，就可得到原问题的解。

分治法解题的一般步骤如下。

(1) 分解：将要解决的问题划分成若干规模较小、彼此独立的同类问题。

(2) 求解：当子问题划分得足够小时，用较简单的方法解决。

(3) 合并：按原问题的要求，将子问题的解逐步合并构成原问题的解。

根据分治法的分割原则，原问题应该分为多少个子问题才较适宜呢？各个子问题的规模应该怎样才为适当呢？这些问题很难予以确定的回答。但人们从大量实践中发现，在用分治法设计算法时，最好使子问题的规模大致相同。换句话说，将一个问题分成大小相等的若干个子问题的处理方法是行之有效的(在实践中，将问题一分为二是常用策略)。这种使子问题规模大致相等的做法是出自一种平衡子问题的思想，它几乎总是比子问题规模不等的做法要好。

分治法的合并步骤是算法的关键所在。有些问题的合并方法比较简单，有些问题合并方法比较复杂，或者是有多种合并方案，或者是合并方案不明显。究竟应该怎样合并，没有统一的模式，需要具体问题具体分析。

一般分治算法设计模式如下：

```
Divide-and-Conquer(P):
    若(问题 P 的规模≤M):
        解问题 P,并返回计算结果;
    将 P 分解为较小的子问题 P1, P2,…, Pk;
    循环(i 从 1 到 k):
        yi←Divide-and-Conquer(Pi);              //递归解决 Pi,结果放到 yi
    T←MERGE(y1,y2,…,yk);                       //合并子问题
    return(T);
```

其中，M 为一阈值，表示当问题 P 的规模不超过 M 时，问题已容易直接解出，不必再继续分解。算法 MERGE($y_1,y_2,\cdots,y_k$) 是该分治法中的合并算法，用于将 P 的子问题 P_1，$P_2,\cdots,P_k$ 的相应的解 $y_1,y_2,\cdots,y_k$ 合并为 P 的解。

2. 分治法应用举例

顺序查找表的查找算法简单，但平均查找长度较大。有没有更快的查找方法呢？

【例 11-8】 二分查找。

如果数组 L 的元素按照关键字的值递增存放，那么如何进行查找？

【问题分析】 对于排好序的数组 L 有以下特点：比较 key 和 L 中任意一个元素 L[i]。若 key＝L[i]，则 key 在 L 中的位置就是 i；如果 key＜L[i]，由于 L 是递增排序的，因此假如 key 在 L 中的话，必然排在 L[i]的前面，所以只要在 L[i]的前面查找即可；如果 key＞L[i]，同理只要在 L[i]的后面查找即可。无论是在 L[i]的前面还是后面查找，其方法都和在 L 中查找时一样，只不过是数组的规模缩小了。不断重复这一过程直到查找成功，或者直到查找区间缩小为一个元素时仍未找到目标，则查找失败。这一过程称为**二分查找**。

如果对给定有序数列{ 5,6,11,17,21,23,28,30,32,40}进行二分查找，查找关键字值为 30 的数据元素。则查找过程如下：

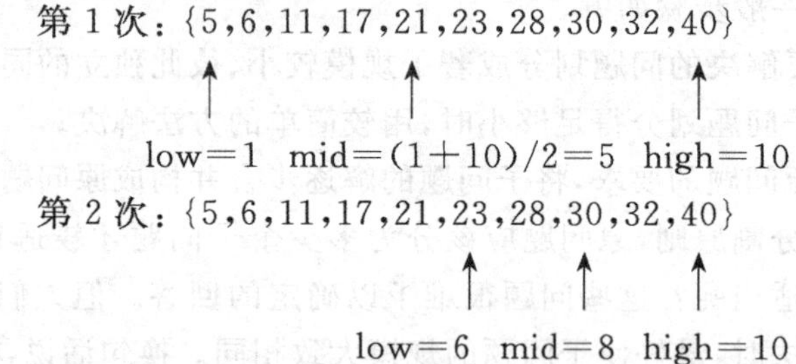

其中 low 为下界位置，high 为上界位置。mid 的结果按舍去尾数法得到整数值。在搜索过程中对上界或下界进行调整。

【算法描述】

二分查找算法的步骤可描述如下：

步骤 1：设置查找区间初值，设下界 low=1，设上界 high=length。

步骤 2：若 low⩽high 则计算中间位置 mid=(low+high)/2。

步骤 3：若 key<L[mid]，则设 high=mid-1 并继续执行步骤 2；

若 key>L[mid]，则设 low=mid+1 并继续执行步骤 2；

若 key=L[mid]则查找成功，返回目标元素位置 mid。

步骤 4：当 low>high 时，查找失败，返回 0。

【源程序】

```
//二分查找,L列表,length表的长度,key待查找的数
int BinSearch( int * L, int length, int key )
{
    int low, high, mid;                         //起始位置,终止位置,中间位置
    low=0;                                      //初始化,起始位置为开头
    high=length-1;                              //设置查找区间初值
    while (low <=high) {                        //区间中有元素
        mid=(low+high)/2;                       //计算中间位置
        if(key==L[mid])
            return mid+1;                       //查找成功
```

```
        else if( key<L[mid] )
            high=mid-1;                          //继续在前半区间进行查找
        else
            low=mid+1;                           //继续在后半区间进行查找
    }
    return 0;                                    //不存在待查元素
}
```

【问题分析】 二分查找也是分治法的应用。它将大问题一分为二。对于二分查找而言，只要解决其中一个子问题即可。且子问题中求得的答案正是整个问题的答案，这里子问题解的合并过程已经不需要了。

如果数组 L={1,2,3,4,5,6,7,8,9,10,11,12,13,14,15,16,17,18,19}，则二分查找过程相当于在图 11-22 所示的二叉排序树中搜索了一条由树根到树叶的路线。若元素数目为 n，则对应的这种树的深度大约是 $O(\log_2^n)$，所以在最坏情况下二分查找法的复杂度为 $O(\log_2^n)$。

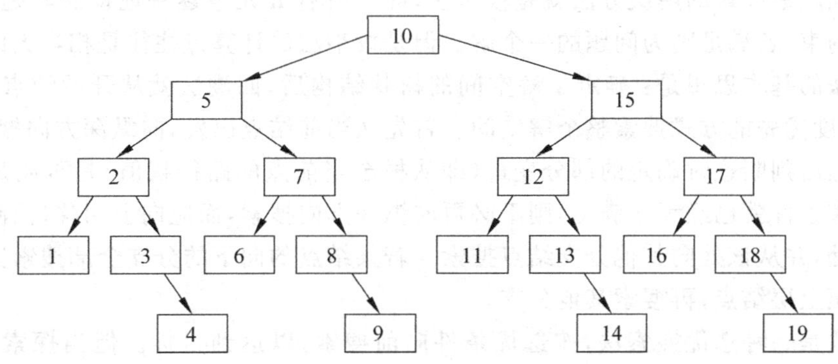

图 11-22 二分查找的搜索树

11.3.3 回溯法

1. 回溯法的基本思想

一般而言，可用回溯法求解的问题，它的解应能表达为 n 次决策。这 n 次决策决定变量 $x_1, x_2, \cdots, x_n$ 的值，每个 x_i 取自有限个值的集合。当这 n 个值满足特定的约束条件时，它们就组为原问题的一个解。这类问题的解空间见图 11-23。

若 x_1 有 k1 种可能的值，分别是 $x_1^{(1)}$、$x_1^{(2)}$、…、$x_1^{(k1)}$，就从树的根结点向下扩展 k1 条边代表 x_1 的所有可能选择，每条边都赋予 x_1 的一种可能值，称为**权重**。这 k1 条边就是第 1 次决策的所有情形。

若 x_2 有 k2 种可能的值，分别是 $x_2^{(1)}$、$x_2^{(2)}$、…、$x_2^{(k2)}$，就从刚才新产生的 k1 个结点的每一个向下扩展 k2 条边代表 x_2 的所有可能选择，每条边都赋予 x_2 的一种可能值。这一层的 k1×k2 条边就是第 2 次决策的所有情形。

如此下去，扩展 n 次就可得到如图 11-23 所示的树结构。这棵树称为**解空间树**。可以将 n 元组的确定过程表述为，在解空间树中沿一条由根到树叶的路线行进过程中经过

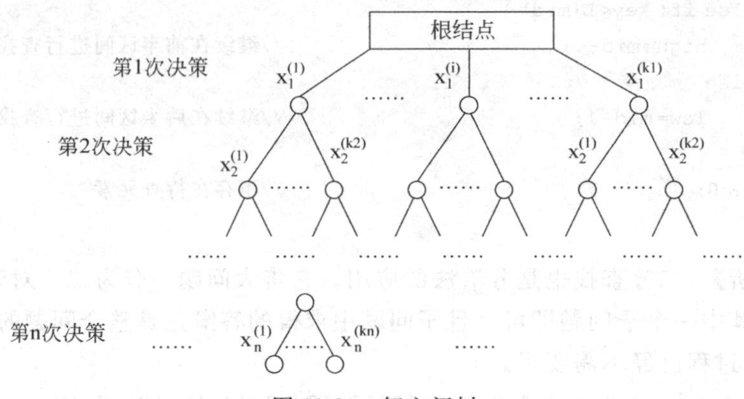

图 11-23 解空间树

的权值。因而，寻找问题的一个解等价于在这棵树中搜索一个叶子结点，要求从根到该叶子结点的路径上的 n 条边所带的 n 个权 $x_1, x_2, \cdots, x_n$ 满足全部约束条件。

这种问题最朴素的解决方法就是枚举法，即对所有 n 元组逐一地检测其是否满足问题的全部约束，若满足则为问题的一个解。但是枚举法的计算量往往是相当大的。

回溯法的基本思想是：确定了解空间的树状结构后，回溯法就从开始结点（根结点）出发，以深度优先的方式搜索整个解空间。首先从当前结点出发，向纵深方向搜索至一个新结点。然后判断这时确定的部分变量（即从根至当前点的路径权值）是否满足约束，如果此时约束条件就已经无法满足，则不必再向纵深方向搜索，而应向上回移（回溯）至最近的父结点处，并从该处向其他分支结点搜索。若某结点的向下的分支全部搜索完毕，则也需要回退至上层结点，再搜索其他分支。

回溯法是一种选优搜索法，按选优条件向前搜索，以达到目标。但当探索到某一步时，发现原先选择并不优或达不到目标，就退回一步重新选择，这种走不通就退回再走的技术为回溯法，而满足回溯条件的某个状态的点称为“回溯点”。

在回溯法中，搜索每一个结点的过程都是相似的，因而沿着深度方向向下搜索和回退的过程正是递归调用的工作方式。一般情况下可用递归函数来实现回溯法，其总体框架如下：

```
try(i):                                   //尝试第 i 次决策，即决定 xi 的值
    若(i>n):                               //找到了一个解
        处理和输出结果;
    否则:
        循环(每个 a∈Si):                   //Si 为第 i 次决策的可选值集合
            xi←a;
            若((x1,x2,…,xi)满足限界函数和约束条件):
                try(i+1);                 //尝试第 i+1 次决策
```

其中，i 是递归深度；n 是深度控制，即解空间树的高度；

一般运用回溯法解题通常包含以下三个步骤：

(1) 针对所给问题，定义问题的解空间。

(2) 确定易于搜索的解空间结构。

(3) 以深度优先的方式搜索解空间,并在搜索过程中用剪枝函数避免无效搜索。

2. 回溯法应用举例

【例 11-9】 八皇后问题。

下面用回溯法解答在前面枚举法中所提到的八皇后问题。

【问题分析】 若 8 个棋子位于 8 行 8 列的棋盘中,要求任意两个不同行、不同列、不同一斜线,则任一解必然是各行、各列只包含一个棋子,其他情况必然不是解。于是可以考察从上至下逐行放置棋子的过程(即 8 次决策过程)。

假定变量 $L_1, L_2, \cdots, L_8$ 表示在棋盘第 1～8 行中棋子的位置。显然每个变量的取值范围是 1～8,任一组合($L_1, L_2, \cdots, L_8$)都代表一种摆法,它们必然不同行,但可能同列或同一对角线。在回溯法中,需要用递归的方式依次确定 $L_1, L_2, \cdots, L_8$。在确定 L_i 的值时,依次尝试 L_i 取 1～8,若当前 L_i 的值与已确定的 L_1～L_{i-1} 有冲突(有同列或同一对角线情形),则舍弃当前 L_i 的值,换下一个再次尝试。若 1～8 全部取遍仍无法得到合法位置,则说明前面的变量 L_{i-1} 的当前取法不当,应退回 i-1 行,测试 L_{i-1} 的下一个值。这个递归过程可以描述为下面的框架:

```
测试 Li 的取值:
    循环试探 Li 为 1~8:
        若 Li 当前取值与 L1~Li-1 有冲突,则继续试探 Li 下一个值
        否则 测试 Li+1 的取值
```

但是,在上面的框架中只考虑了不断递归前进,没有考虑当 8 行棋子全确定后输出解或计算解的数量的问题。因此需要循环试探前加上下面一句判断:

```
若 L1~L8 全部确定,则输出解或计算解的数量
```

在实现算法时,可以用一维数组解决问题。可以用数组 L[1..8]表示变量 $L_1, L_2, \cdots$、L_8。即 L[1]存储第 1 行棋子的列号,L[2]存储第 2 行棋子的列号,依次类推。L 数组每个元素的取值范围是 1～8。这样数组元素 L[1]～L[8]的每一个排列都对应着一种摆法。

当摆放第 i 行棋子时,判断可行性的方法为:第 i 行棋子和第 1～i－1 行的棋子不在同一列,也不在同一对角线上。假设当前正在把第 i 行棋子放置在第 j 列上,则第 k($1 \leqslant k \leqslant i-1$)行的棋子与当前棋子同列就是 L[k]＝j,第 k($1 \leqslant k \leqslant i-1$)行的棋子与当前棋子位于同一斜线内就是 $|k-i| = |L[k]-j|$。对于所有 k($1 \leqslant k \leqslant i-1$),若两个条件 L[k]＝j 或 $|k-i| = |L[k]-j|$ 有一项满足,则 j 位置不合理。

【算法描述】 下面用更加形式化的递归函数描述第 i 个棋子的摆放过程。

```
tryit(i):                                        // 尝试在第 i 行放棋子
    若(行号 i>8):
        产生新解(由 L[1]~L[8]表示),将解的个数加 1,结束本函数;
```

```
循环(令第 i 行棋子位置 j 从 1 到 8):
    循环(令行号 k 从 1 到 i-1):              //逐行判定棋子 i 与前面棋子冲突否
        若(L[k]=j 或 |k-i|=|L[k]-j|):
            则提前终止本层循环;
        若(k 等于 i):              //说明前面循环没有提前终止,当前棋子与其他无冲突
            L[i]←j;                //放置棋子 i 到第 j 列
            tryit(i+1);            //尝试在下一行放置皇后
```

以上算法中,当内层循环结束时,利用了循环变量 k 的值来判定前面循环的执行情况。若 k 等于 i,就表明内层循环没有提前终止,也就意味着棋子 i 与前面棋子无冲突。否则就是 k<i,说明棋子 i 的位置不合适,应该尝试放到下一列。

【源程序】

```
#include <iostream.h>
int sum, L[9];                    //全局变量,sum 表示解的数量,L[i]-第 i 行放棋子的列号
//回溯法解八皇后问题
void  tryit(int i)
{
    int j;
    if(i>8)                                       //一组新的解产生了
    {
        sum++;                                    //解的数量加 1,可以在此打印一组解
        return;
    }
    for(j=1; j<=8; j++)                           //将当前棋子 i 逐一尝试放置在不同的列
    {
        int k;
        for(k=1; k<i; k++)                        //逐一判定棋子 i 与前面的棋子是否冲突
            if( L[k]==j||(k-i)==(L[k]-j)||(i-k)==(L[k]-j)) break;
                                                  //冲突,试下一个 j
        if (k==i)                                 //放置棋子 i,尝试第 i+1 个皇后
        {
            L[i]=j;
            tryit(i+1);                           //递归调用
        }
    }
}
int main( )                                       //主函数
{
    sum=0;
    tryit(1);                                     //从第 1 行开始
    cout<<"八皇后问题解的数目为:"<<sum<<endl;
    return 0;
}
```

【例 11-10】 迷宫求解问题。

有一个包含 m×n 个方格的长方形迷宫，其中有些方格为道路，有些方格为墙壁。要求从某个位置 A 出发，每次可走动一格，且每次移动都不可出边界或碰墙。请找到一条从 A 走到 B 的不包含环路的通路。如图 11-24 所示就是一个 5×6 的迷宫问题，其中深色区域代表墙壁。

【问题分析】 首先考察其解空间。显然，从迷宫的某处出发，可以有右、下、左、上四个试探方向。如果迷宫没有边界、没有墙壁、且可以重复进入某位置，则以出发点为树根，向右、下、左、上四个位置试探作为向下的分支，且到达每个位置后均如此处理。则可以画出一棵很大的、每个点有四个孩子结点的解空间树。用回溯法求解这一问题，就是利用搜索过程中不能出界、不能碰壁、不能重复进入某方格的约束条件，搜索一条两个方格之间的简单路径。与八皇后问题不同的是，在本问题的递归回溯过程中，并不知道要递归调用多少层就能得到答案，而是以到达方格 B 作为程序结束条件。

在具体实现中，可将迷宫用二维数组存储，以 0、1 分别代表迷宫中的通路和障碍，如图 11-25 所示。

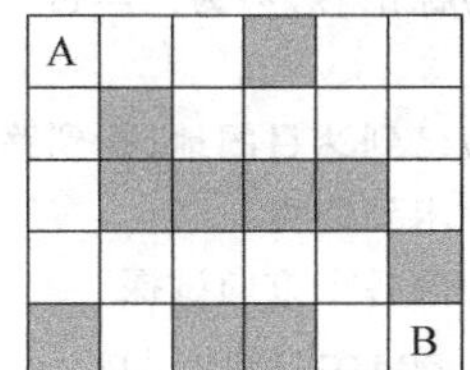

图 11-24 迷宫问题原型

0	0	0	1	0	0
0	1	0	0	0	0
0	1	1	1	1	0
0	0	0	0	0	1
1	0	1	1	0	0

图 11-25 迷宫存储形式

然后以递归回溯的方式，从 A 位置出发，搜索一条到达 B 的通路。其思路如下：每次到达一个位置后，先将其纳入当前路径；这时若右侧相邻位置没出界、不是墙壁、不是走过的位置，则向右侧走到相邻位置后继续递归搜索。当向右搜索完成后，按照同样方式继续向下、向左、向上试探，如果这些相邻位置最终均不可行，则当前位置也不可行，于是应将当前位置从路径中删除，并且顺着来的方向退回到前一位置。

下面的算法用二维数组 mase[1..m][1..n]存储迷宫，其中用 0 代表可行位置，用 1 代表墙壁。如果将某位置纳入路径时，设置数组在此位置值为 2；若经过试探，此位置无法到达目的地，则还需将此位置还原为 0。

【算法描述】

```
//变量 ok 为 1 表示已经找到了 A 到 B 的路径,ok 为 0 表示没找到路径
设 ok 为 0;                                          //尚未找到路径
search(x, y):                                        //试探位置 (x,y)
    设 mase[x][y]为 2;                                   //标记 (x,y)为已经过
    若((x,y)为目的地):
        设 ok 为 1;
    否则:
        若(ok=0 且 (x,y+1)既未超界也未经过): search(x,y+1);          //向右搜索
        若(ok=0 且 (x+1,y)既未超界也未经过): search(x+1,y);          //向下搜索
```

```
        若(ok=0 且 (x, y-1)既未超界也未经过): search(x,y-1);          //向左搜索
        若(ok=0 且 (x-1, y)既未超界也未经过): search(x-1,y);          //向上搜索
    若(经过(x,y)无路可通,即 ok 仍为 0):                              //则该点还原为 0,
        恢复 mase[x][y]为 0;
```

【源程序】

```
#include <iostream>
using namespace std;
#define m 5                                                    //宏,定义常量
#define n 6                                                    //定义常量
int ok=0;                              //全局变量,1 表示找到了 A 到 B 的路径,0 表示没找到
int mase[m][n]={{0,0,0,1,0,0},{0,1,0,0,0,0},{0,1,1,1,1,0},
                {0,0,0,0,0,1},{1,0,1,1,0,0}};                  //迷宫布局,1 是障碍
//试探位置(x,y)
void search(int x,int y)
{
    mase[x][y]=2;                                              //标记(x,y)为已经过
    if((x==m-1)&&(y==n-1))
        ok=1;                                                  //已到达目的地,找到路径
    else                                                       //未到终点
    {                                                          //向各个方向试探
        if((ok!=1)&&(y!=n-1)&&mase[x][y+1]==0)    search(x,y+1);
        if((ok!=1)&&(x!=m-1)&&mase[x+1][y]==0) search(x+1,y);
        if((ok!=1)&&(y!=0)&&mase[x][y-1]==0)      search(x,y-1);
        if((ok!=1)&&(x!=0)&&mase[x-1][y]==0)      search(x-1,y);
    }
    if(ok!=1)     mase[x][y]=0;                                //不可行,回溯
}
int main()                                                     //主函数
{
    int i=0,j=0;
    search(0,0);                                               //从(0,0)开始求解
    for(i=0;i<m;i++)
    {
        for(j=0;j<n;j++)
            cout<<mase[i][j]<<" ";                             //打印布局及路径
        cout<<endl;
    }
    return 0;
}
```

```
2 0 0 1 0 0
2 1 0 0 0 0
2 1 1 1 1 0
2 2 2 2 2 1
1 0 1 1 2 2
```

图 11-26　算法运行结果

【问题分析】 本算法运行时只需调用 search(0,0)即可。算法运行结果如图 11-26 所示,其中所有数字 2 组成的路线就是本问题的解。本算法找到了一个解,并未寻找所有解。在上面

的算法中用变量 ok 的状态表示是否找到了 A 到 B 的路径，若找到路径则设 ok 为 1，此后各层递归调用将一路回退并结束程序。

11.3.4 贪心算法

1. 贪心法的基本思想

贪心算法是指在对问题求解时，总是做出在当前看来是最好的选择。也就是说，不从整体最优上加以考虑，所做出的仅是在某种意义上的局部最优解。贪心算法不是对所有问题都能得到整体最优解，但对范围相当广泛的许多问题能产生整体最优解或者是整体最优解的近似解。

在现实生活中，贪心算法也经常应用。例如在买东西时，售货员就常常计算最少需要找多少张零钱，以便简化工作流程。比如买东西需要 48.5 元，交给售货员 100 元整，按照现在的货币体系，则售货员最少需要找三张零钞：50 元一张、1 元一张、5 角一张。这就是贪心算法的应用，即找零时先按大面值的钞票找尽可能多的钱，这样可以使得找零的钞票张数最少。

贪心算法的基本思路如下：

(1) 建立数学模型来描述问题。

(2) 把求解的问题分成若干个子问题。

(3) 对每一子问题求解，得到子问题的局部最优解。

(4) 把子问题的解局部最优解合成原来解问题的一个解。

贪心算法要想找到最优解，需要两个条件。第一，原问题具有最优子结构。这样才能得到局部最优解。第二，原问题的最优解包含了子问题的最优解。这样才能由局部最优合成全局最优。

2. 贪心算法应用举例

【例 11-11】 活动安排问题。

设有 n 个活动的集合 S={1,2,…,n}，具中每个活动都要求使用同一资源，如演讲会场等，而在同一时间内只有一个活动能使用这一资源。每个活动 i 都有使用的起始时间 b_i 和结束时间 e_i（显然 $b_i \leqslant e_i$）。对于活动 i 和 j，若 $b_i \geqslant e_j$ 或 $b_j \geqslant e_i$（即一个活动结束后另一个才开始），则称活动 i 与活动 j 相容，求相容的最大活动集合。

假如有表 11-1 所列的 9 个活动，希望找出其中的最大相容活动集合。

表 11-1 活动开始和结束时间列表

i	1	2	3	4	5	6	7	8	9
b[i]	1	2	0	5	4	5	7	9	11
e[i]	3	5	5	7	9	9	10	12	15

【问题分析】 为了更好地考察问题，可以将所有活动的时间分布图画出来，如图 11-27 所示。图中以时间作为横坐标，将所有活动的时间范围依次且不重叠地画在横坐标

上方。

通过直观的观察，容易得到下面的贪心策略：优先选取结束时间早且与已选择的活动相容的活动作为相容集合中的元素，以便为未安排的活动留下尽可能多的时间。也就是说，该算法的贪心选择的意义是使剩余的可安排时间段极大化，以便安排尽可能多的相容活动。

利用这一策略，可以对图 11-27 中的活动作如下选择：

```
首先选取活动 1 放入相容集合 A,因为其结束时间最早；
而后在与活动 1 相容的集合{4,5,6,7,8,9}中，选择结束时间最早的活动 4 放入相容集合 A;
再次在与活动 1 和 4 都相容的集合{7,8,9}中，选择结束时间最早的活动 7 放入相容集合 A;
最后，在选择与活动 1、4、7 都相容的集合{9}中，选择活动 9 放入相容集合 A。
```

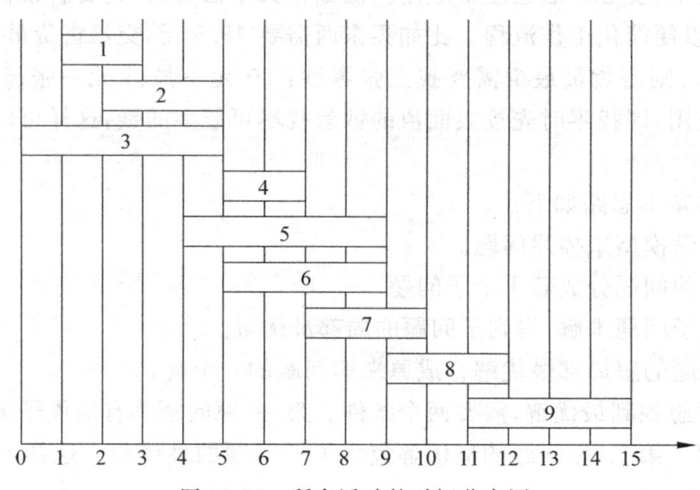

图 11-27　所有活动的时间分布图

上述选择过程并未要求活动 1～9 的结束时间按递增顺序排列。如果这些活动是按结束时间递增顺序排列的(如表 11-1 所示)，那么选择过程还可以简化。比如当活动 1、4 被选入 A 之后，下一次选择活动时，只需找出与活动 4 相容的第一个后续活动即可。也就是选择活动 7 即可。因为活动 7 后面的活动即使与活动 4 相容，其结束时间也大于或等于活动 7，故活动 7 应优先选择。同时，活动 7 只要与活动 4 相容，就必然与前面选中的活动 1 相容，因为先前的活动结束时间更早。

用数学归纳法可以证明，上述贪心算法可以求得活动安排问题的一个整体最优解。并且此算法效率极高，当输入的活动已按结束时间递增排列时，算法只需 O(n)的时间就可安排 n 个活动，使最多的活动能相容地使用公共资源。

【算法描述】 在下列算法描述中，n 为活动个数，数组 b 为活动开始时间，数组 e 为活动结束时间。假设输入的活动按结束时间递增排列：e[1]≤e[2]≤…≤e[n]。数组 A 记录所选择的集合，A[i]=1 表示活动 i 被选中，A[i]=0 表示活动 i 未被选中。

```
选中活动 1 放入 A;                                    //即设 A[1]=1
j 记录最后选中的活动，即活动 1;
循环 (活动编号 i 从 2 到 n ) {
```

```
    若(活动 i 开始时间≥活动 j 的结束时间):
    {
        选中活动 i 放入 A;                              //即 A[i]=1
        j 记录最后选中的活动 i;
    }
}
```

【源程序】

```
#include <iostream>
using namespace std;
//    n:活动个数           b:活动开始时间           e:活动结束时间
//    假设输入的活动按结束时间递增序排列:e[1]<=e[2]<=…<=e[n]
//    A:记录所选择的集合
void GreedyActivitySelector(int n, int *b, int *e, int *A)
{
    int i, j;
    A[1]=1;
    j=1;
    for(i=1; i <=n; i++)
    {
        if(b[i]>=e[j])
        {
            A[i]=1;  j=i;
        }
    }
}

int main()
{
    int A[10];
    int b[]={0, 1,    2,    0,    5,    4,    5,    7,    9,    11};
    int e[]={0, 3,    5,    5,    7,    9,    9,    10,   12,   15};
    GreedyActivitySelector(9, b, e, A);
    for(int i=1;i<=9;i++)
        if(A[i]==1)    cout<<i<<" ";
    return 0;
}
```

【问题分析】 上面的程序中,数组 b、e、A 的使用范围是从 1 开始的,0 号下标的单元没有用到。这主要是配合活动的编号是从 1 开始的。

习题 11

1. 用 vector 建立一个以 string 字符串为元素的向量,编程完成以下几步操作:

(1) 首先出入元素“China”、“Japan”、“Itali”、“French”,显示向量内容。

(2) 将“American”插入到列表的第二个位置(“Japan”之前),显示向量内容。

(3) 对元素排序,显示向量内容。

(4) 删除元素“Japan”,显示向量内容。

2. 一个四则运算表达式是由数字、运算符和小括号连接起来的。正确的表达式其左右括号数量应相等。比如 3.1+((2.3-1.2)*6-4.2) 或 3.14*(2-1.2)*((5-1.2)/2)等。假定表达式以字符方式读入,用栈编写一个程序,判断一个表达式左右括号是否匹配。

3. 用栈辅助实现将输入的十进制正整数转换为二进制整数,要求将二进制整数逐位存储在字符数组中,最后在屏幕上输出。

4. 编写程序输出集合{1、2、3}的所有非空子集。

5. 编写程序实现如下功能:将数字 1~6 填入连续的 6 个方格中,使得相邻的两个数字之和为素数。

6. 给定三种物品和一个背包。物品的重量是 18、15、10,其价值为 25、24、15,背包的载重量为 20。在选择物品装入背包时,可以选择物品的一部分,而不一定要全部装入背包。应如何选择装入背包的物品,使得装入背包中物品的总价值最大。

7. 跳棋问题

假定跳棋子的走法有平移和跳跃两种,平移是向没有子的上下左右相邻位置移动一格,跳跃是跳过一个有子的位置到达镜像位置的另一边,如果满足条件,可以连续跳跃。假定有 4*4 的棋盘,棋盘状态由用户输入,0 代表没有子,1 代表有子,2 代表将要移动的棋子。编写程序输出给定位置跳棋子的所有一步可达位置。

示例输入如下:

```
0010
0100
1001
0120
```

示例输出如下:

```
0010
3130
1031
3123
```

其中,3 表示 2 位置的棋子一步可以到达的所有位置。

ASCII字符表

符　号	十进制	八进制	十六进制	符　号	十进制	八进制	十六进制
NUL 空字符(Null)	0	0	0H		28	34	1CH
	1	1	1H		29	35	1DH
	2	2	2H		30	36	1EH
	3	3	3H		31	37	1FH
	4	4	4H	空格符	32	40	20H
	5	5	5H	!	33	41	21H
	6	6	6H	"	34	42	22H
BEEP 响铃	7	7	7H	#	35	43	23H
退格	8	10	8H	$	36	44	24H
'\t'水平制表符	9	11	9H	%	37	45	25H
'\n'换行	10	12	AH	&	38	46	26H
'\v'垂直制表符	11	13	BH	’	39	47	27H
'\f'换页	12	14	CH	(	40	50	28H
'\r'回车	13	15	DH	)	41	51	29H
shift out	14	16	EH	*	42	52	2AH
shift in	15	17	FH	+	43	53	2BH
	16	20	10H	,	44	54	2CH
	17	21	11H	—	45	55	2DH
	18	22	12H	.	46	56	2EH
	19	23	13H	/	47	57	2FH
	20	24	14H	0	48	60	30H
	21	25	15H	1	49	61	31H
	22	26	16H	2	50	62	32H
	23	27	17H	3	51	63	33H
取消	24	30	18H	4	52	64	34H
	25	31	19H	5	53	65	35H
	26	32	1AH	6	54	66	36H
ESC	27	33	1BH	7	55	67	37H

续表

符　号	十进制	八进制	十六进制	符　号	十进制	八进制	十六进制
8	56	70	38H	]	93	135	5DH
9	57	71	39H	^	94	136	5EH
:	58	72	3AH	_	95	137	5FH
;	59	73	3BH	`	96	140	60H
<	60	74	3CH	a	97	141	61H
=	61	75	3DH	b	98	142	62H
>	62	76	3EH	c	99	143	63H
?	63	77	3FH	d	100	144	64H
@	64	100	40H	e	101	145	65H
A	65	101	41H	f	102	146	66H
B	66	102	42H	g	103	147	67H
C	67	103	43H	h	104	150	68H
D	68	104	44H	i	105	151	69H
E	69	105	45H	j	106	152	6AH
F	70	106	46H	k	107	153	6BH
G	71	107	47H	l	108	154	6CH
H	72	110	48H	m	109	155	6DH
I	73	111	49H	n	110	156	6EH
J	74	112	4AH	o	111	157	6FH
K	75	113	4BH	p	112	160	70H
L	76	114	4CH	q	113	161	71H
M	77	115	4DH	r	114	162	72H
N	78	116	4EH	s	115	163	73H
O	79	117	4FH	t	116	164	74H
P	80	120	50H	u	117	165	75H
Q	81	121	51H	v	118	166	76H
R	82	122	52H	w	119	167	77H
S	83	123	53H	x	120	170	78H
T	84	124	54H	y	121	171	79H
U	85	125	55H	z	122	172	7AH
V	86	126	56H	{	123	173	7BH
W	87	127	57H	|	124	174	7CH
X	88	130	58H	}	125	175	7DH
Y	89	131	59H	~	126	176	7EH
Z	90	132	5AH	删除	127	177	7FH
[	91	133	5BH				
\	92	134	5CH				

附录B

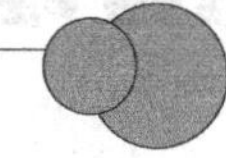

常用数学库函数

下面的函数包含在cmath(math.h)头文件中。

1) int abs(int i),返回整型参数i的绝对值;

2) double fabs(double x),返回双精度参数x的绝对值;

3) long labs(long n),返回长整型参数n的绝对值;

4) double exp(double x),返回指数函数e^x的值;

5) double log(double x),返回log_e^x的值;

6) double log10(double x),返回log_{10}^x的值;

7) double pow(double x,double y),返回x^y的值;

8) double pow10(int p),返回10^p的值;

9) double sqrt(double x),返回$+\sqrt{x}$的值;

10) double acos(double x),返回x的反余弦$cos^{-1}(x)$值,x为弧度,x的定义域为[-1.0,1.0],值域为[0,π];

11) double asin(double x),返回x的反正弦$sin^{-1}(x)$值,x为弧度,x的定义域为[-1.0,1.0],值域为[-π/2,+π/2];

12) double atan(double x),返回x的反正切$tan^{-1}(x)$值,x为弧度,值域为(-π/2,+π/2);

13) double cos(double x),返回x的余弦cos(x)值,x为弧度;

14) double sin(double x),返回x的正弦sin(x)值,x为弧度;

15) double tan(double x),返回x的正切tan(x)值,x为弧度;

16) double cosh(double x),返回x的双曲余弦值,x为弧度,$cosh(x)=(e^x+e^{-x})/2$;

17) double sinh(double x),返回x的双曲正弦值,x为弧度,$sinh(x)=(e^x-e^{-x})/2$;

18) double tanh(double x),返回x的双曲正切值,x为弧度,

$$tanh(x)=(e^x-e^{-x})/(e^x+e^{-x});$$

19) double ceil(double x),返回不小于x的最小整数;

20) double floor(double x),返回不大于x的最大整数;

21) void srand(unsigned seed),初始化随机数发生器,常见用法是:srand(time(NULL));需另包含头文件time.h;

22) int rand(),返回一个[0, RAND_MAX]内的随机数。RAND_MAX的值可以通过cout<< RAND_MAX;观察到。

附录C 常用的字符串处理函数

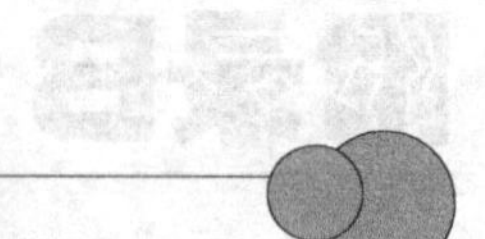

下列函数包含在头文件 cstring(string. h)中。

1) char * strcat(char * dest,const char * src)，将字符串 src 添加到 dest 末尾，返回 dest 。注意，dest 应有足够的空间容纳 src。

2) char * strchr(const char * s,int c)，检索并返回字符 c 在字符串 s 中第一次出现的位置(内存地址，指针)，如果找不到匹配字符，返回 NULL。

3) int strcmp(const char * s1,const char * s2)，比较字符串 s1 与 s2 的大小，并返回 s1-s2 (结果大于 0 表示 s1 大于 s2；结果小于 0 表示 s1 小于 s2；结果等于 0 表示它们相同)。

4) char * strcpy(char * dest,const char * src)，将字符串 src 复制到 dest ，返回 dest。

举例：

```
#include <iostream>
using namespace std;
#include<cstring>
void main()
{
 char str1[100];                    //定义字符数组，存放字符串
 char str2[100];
 char str3[80]="Li Xian crashes out of men's 110m hurdles 2012-08-07.";
 strcpy(str1,str3);                 //用法一，函数语句
 cout<<str1<<endl;                  //
 cout<<strcpy(str2,str3)<<endl; //用法二，函数作为表达式的一部分
 cout<<str2<<endl;                  //
}
```

运行结果：

```
Li Xian crashes out of men's 110m hurdles 2012-08-07.
Li Xian crashes out of men's 110m hurdles 2012-08-07.
Li Xian crashes out of men's 110m hurdles 2012-08-07.
```

5) size_t strcspn(const char * s1,const char * s2)，扫描 s1，返回在 s1 中有，在 s2

中也有的第一个字符的下标。

6) int stricmp(const char * s1,const char * s2),比较字符串 s1 和 s2,不区分大小写,返回 s1－s2,不改变 s1 和 s2。

7) size_t strlen(const char * s),返回字符串 s 的长度。

8) char * strncat(char * dest,const char * src,size_t maxlen),将字符串 src 中最多 maxlen 个字符连接到字符串 dest 后面,返回 dest。

9) int strncmp(const char * s1,const char * s2,size_t maxlen),比较字符串 s1 与 s2 中的前 maxlen 个字符(至多),s1＞s2 返回正数,s1＜s2 返回负数,s1＝s2 返回 0。

10) char * strncpy(char * dest,const char * src,size_t maxlen),复制 src 中的前 maxlen(至多)个字符到 dest 中, 返回 dest。

11) int strnicmp(const char * s1,const char * s2,size_t maxlen),不区分大小写地比较字符串 s1 与 s2 中的至多前 maxlen 个字符 。

12) char * strrchr(const char * s,int c),返回字符 c 在字符串 s 中最后一次出现的位置(指针),如果找不到,返回 NULL。

13) size_t strspn(const char * s1,const char * s2),返回 s1 中第 1 个由 s2 中的字符组成的字符串的长度,或者说返回 s1 中第 1 个不是 s2 中的字符的字符的下标。

如 s1[]＝"sfdddxyzabfcabcffff",s2[]＝"fsabfcd",则结果为 5。

14) char * strstr(const char * s1,const char * s2),在字符串 s1 中查找字符串 s2,找到则返回第一次出现的位置(指针),找不到则返回 NULL。

15) char * strlwr(char * s),将字符串 s 中的大写字母全部转换成小写字母,返回 s。

16) char * strupr(char * s),将字符串 s 中的小写字母全部转换成大写字母,返回 s。

17) char * strrev(char * s),将字符串 s 中的字符全部颠倒顺序重新排列,返回 s。

18) char * strset(char * s,int ch),将字符串 s 中的所有字符替换成给定字符 ch。

附录D

常用字符串和数的转换函数

下列函数包含在cstdlib(stdlib.h)中。

1) double atof(char * nptr)，将字符串nptr转换成浮点数并返回，错误返回0。

2) double atoi(char * nptr)，将字符串nptr转换成整数并返回，错误返回0。

3) double atol(char * nptr)，将字符串nptr转换成长整数并返回，错误返回0。

4) char * ecvt(double value,int ndigit,int * decpt,int * sign)，将浮点数value转换成字符串并返回该字符串，其中value是待转换的双精度数，ndigit是转换后保留的数字位数，decpt是输出参数，保存双精度数的整数位数，sign是输出参数，保留双精度数的符号。例如：

```
#include <iostream>
using namespace std;
#include<cmath>
void main()
{
    int     decimal,  sign;
    char     * buffer;
    int     precision=8;
    double  source=-13.1415926535;
    buffer=ecvt( source, precision, &decimal, &sign );    //转换
    cout.setf (ios::fixed);cout.precision(10);            //显示双精度数小数点后10位
    cout<<source<<endl;                                    //原数
    cout<<buffer<<endl;                                    //precision=8;保留8位
    cout<<decimal<<endl;                                   //整数部分13,两位
    cout<<sign<<endl;                                      //负数1,整数0
}
```

运行结果为：

```
-13.1415926535
13141593
2
1
```

5) char * itoa(int value,char * string,int radix) 将整数value转换成字符串存入

string，radix 为转换时所用基数。例如：

```
#include <iostream>
using namespace std;
#include<cmath>
void main()
{
    char buffer[20];
    int  i=3445;
    itoa( i, buffer, 16 );                          //以 16 为基数转换为字符串
    cout<<i<<"  "<<buffer<<endl;                    //显示
    itoa( i, buffer, 2  );                          //以 2 位基数转换为字符串
    cout<<i<<"  "<<buffer<<endl;                    //显示
}
```

运行结果为：

```
3445  d75
3445  110101110101
```

附录E

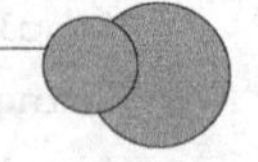

string类的常用方法

使用 string 类，需要包含头文件 string。

1. string 类的构造函数

(1) string(const char * s);　　//用字符串 s 初始化，例如 string str1("Olympic 2012");

(2) string(int n,char c);　　//用 n 个字符 c 初始化，如 string str2(10, 'v');

此外，string 类还支持默认构造函数和拷贝构造函数，如 string s1; string s2＝"hello"; 都是正确的写法。当构造的 string 太长而无法表达时会抛出 length_error 异常。

2. string 类对象的输入输出操作

(1) string 类重载运算符“＞＞”用于输入，重载运算符“＜＜”用于输出操作，如 string s; cin＞＞s;cout＜＜s;

(2) 函数 getline(istream &in,string &s);用于从输入流 in 中读取字符串到 s 中，以换行符'\n'分开，例如 string s;getling(cin,s);cout＜＜s;。

3. string 类对象可直接使用的运算符

string 类重载了＝、＋、＋＝、＞、＜、＞＝、＜＝、＝＝、!＝、[]等运算符。

(1) ＝，赋值，如 string s1,s2;s1 ＝"downpour",s2＝s1;

(2) ＋、＋＝是连接运算；

(3) ＞、＜、＞＝、＜＝、＝＝、! ＝是比较运算。

(4) 还可以使用 assign()、append()、compare()等成员函数实现赋值、连接和比较。

(5) []，取指定下标的字符，原型为：char &operator[](int n);　//返回第 n 个字符(从 0 开始)，也可以出现在等号的左边。例如 string str1("Olympic 2012"); cout＜＜str1[2]; 结果为 y。str1[2]＝Y;原小写 y 改为大写 Y。

4. 反映 string 的特征的成员函数

(1) int capacity()const;　　//返回当前容量(即 string 中不必增加内存即可存放的元素个数)。

(2) int max_size()const; //返回 string 对象中可存放的最大字符串的长度。

(3) int size()const; //返回当前字符串的大小。

(4) int length()const; //返回当前字符串的长度。

(5) bool empty()const; //判断当前字符串是否为空。

(6) void resize(int len,char c); //把字符串当前大小置为 len,多余的部分删除,如果不足用字符 c 填充。

5. string 类的字符操作(复制、查找、插入、替换、取子串等)成员函数

(1) char &at(int n); //返回第 n 个字符(从 0 开始),例如 string str1("Olympic 2012"); cout<<str1. at(2); 结果为 y。

(2) const char * data()const; //返回一个非 null 终止的 char 型字符数组。

(3) const char * c_str()const; //返回一个以 null 终止的 char 型字符串。

(4) int copy(char * s, int n, int pos = 0) const; //把当前串中以 pos 开始的 n 个字符复制到以 s 为起始位置的字符数组中,返回实际复制的数目。

(5) string substr(int pos = 0,int n = npos) const; //返回 pos 开始的 n 个字符组成的字符串。

(6) void swap(string &s2); //交换当前字符串与 s2 的值。

(7) int find(char c, int pos = 0) const; //从pos 开始查找字符 c 在当前字符串的位置。

(8) int find(const char * s, int pos = 0) const; //从 pos 开始查找字符串 s 在当前串中的位置。

(9) int find(const string &s, int pos = 0) const; //从 pos 开始查找字符串 s 在当前串中的位置。

(10) string &replace(int p0, int n0,const char * s); //删除从 p0 开始的 n0 个字符,然后在 p0 处插入串 s。

(11) string &replace(int p0, int n0,const string &s); //删除从 p0 开始的 n0 个字符,然后在 p0 处插入串 s。

(12) string &insert(int p0, const char * s); //在 p0 处插入字符串 s。

(13) string &insert(int p0,const string &s); //在 p0 处插入字符串 s。

(14) string &insert(int p0, int n, char c); //此函数在 p0 处插入 n 个字符 c。

(15) string &erase(int pos = 0, int n = npos); //删除 pos 开始的 n 个字符,返回修改后的字符串。

参考文献

[1] Stanley B. Lippman,etc. C++ Primer 英文版(第 5 版). 北京：电子工业出版社. 2013.

[2] Stephen Prata. C++ Primer Plus,6th Edition. 张海龙,袁国忠译. 北京：人民邮电出版社,2012.

[3] Eric S. Roberts. C 程序设计的抽象思维(Programming Abstractions in C). 闪四清译. 北京：机械工业出版社,2012.

[4] 赵英良,夏秦,仇国巍等. 大学计算机基础(第 4 版). 北京：清华大学出版社，2011.

[5] 苏小红,王宇颖等. C 语言程序设计. 北京：高等教育出版社,2011.

[6] 罗建军等. C/C++ 语言程序设计案例教程. 北京：清华大学出版社，2010.

[7] 郑莉,董渊,何江舟等. C++ 语言程序设计(第 4 版). 北京：清华大学出版社 2010.

[8] 钱能. C++ 程序设计教程(修订版)——设计思想与实现. 北京：清华大学出版社，2009.

[9] 罗建军,朱丹军,顾刚等. C++ 程序设计教程(第 2 版). 北京：高等教育出版社,2007.

[10] 吴乃陵，况迎辉. C++ 程序设计(第 2 版). 北京：高等教育出版社,2006.

大学计算机基础教育规划教材

近　期　书　目

- 大学计算机基础(第4版)(“国家精品课程”、“高等教育国家级教学成果奖”配套教材、普通高等教育“十一五”国家级规划教材)
- 大学计算机基础实验指导书(“国家精品课程”、“高等教育国家级教学成果奖”配套教材)
- 大学计算机应用基础(第2版)(“国家精品课程”、“高等教育国家级教学成果奖”配套教材、普通高等教育“十一五”国家级规划教材)
- 大学计算机应用基础实验指导(“国家精品课程”、“高等教育国家级教学成果奖”配套教材)
- 计算机程序设计基础——精讲多练C/C++语言(“国家精品课程”、“高等教育国家级教学成果奖”配套教材、普通高等教育“十一五”国家级规划教材)
- C/C++语言程序设计案例教程(“国家精品课程”、“高等教育国家级教学成果奖”配套教材)
- C程序设计导引
- C程序设计实验教程
- C++程序设计实验教程
- Visual Basic 2005程序设计(“国家精品课程”、“高等教育国家级教学成果奖”配套教材、普通高等教育“十一五”国家级规划教材)
- Visual Basic程序设计语言
- Java语言程序设计基础(第2版)(普通高等教育“十一五”国家级规划教材)
- Java语言应用开发基础(普通高等教育“十一五”国家级规划教材)
- 微机原理及接口技术(第2版)
- 单片机及嵌入式系统(第2版)
- 数据库技术及应用——Access
- SQL Server数据库应用教程(第2版)(普通高等教育“十一五”国家级规划教材)
- Visual FoxPro 8.0程序设计
- 多媒体技术及应用(“高等教育国家级教学成果奖”配套教材、普通高等教育“十一五”国家级规划教材)
- 多媒体文化基础(北京市高等教育精品教材立项项目)
- 网络应用基础(“高等教育国家级教学成果奖”配套教材)
- 计算机网络技术及应用(第2版)
- 计算机网络基本原理与Internet实践
- Web应用程序设计基础
- Web标准网页设计与ASP
- MATLAB基础教程